Online-Marketing für Selbstständige

David Asen

Online-Marketing für Selbstständige

Wie Sie im Internet neue Kunden erreichen und Ihren Umsatz steigern

mitp

Bibliografische Information der Deutschen Nationalbibliothek
Die Deutsche Nationalbibliothek verzeichnet diese Publikation in der Deutschen
Nationalbibliografie; detaillierte bibliografische Daten sind im Internet über
<http://dnb.d-nb.de> abrufbar.

Bei der Herstellung des Werkes haben wir uns zukunftsbewusst für
umweltverträgliche und wiederverwertbare Materialien entschieden.
Der Inhalt ist auf elementar chlorfreiem Papier gedruckt.

ISBN 978-3-8266-9478-3
1. Auflage 2013

www.mitp.de
E-Mail: kundenbetreuung@hjr-verlag.de
Telefon: +49 6221 / 489 -555
Telefax: +49 6221 / 489 -410

Lektorat: Miriam Robels
Sprachkorrektorat: Petra Heubach-Erdmann
Covergestaltung: Anika Wilms
Coverbild: © tovovan – Fotolia.de
Satz: III-satz, Husby, www.drei-satz.de
Druck: Westermann Druck Zwickau GmbH

Inhalt

Vorwort

Ich sitze hier gerade in Foz do Iguacu im schönen Brasilien unweit einiger der imposantesten Wasserfälle der Welt. Ich mache hier Station auf meiner Südamerika-Reise, die mir bis jetzt schon wieder unbezahlbare Eindrücke und Freundschaften geschenkt hat. Gestern habe ich die Iguacu-Wasserfälle mit einigen Freunden besucht. Wir fuhren mit speziellen Booten fast unter die Wasserfälle. Das Wasser prasselte mit solcher Gewalt auf uns ein, dass uns der Atem wegblieb. Eine Freundin und ich stellten fest: »Wir waren schon an vielen Orten, aber so etwas Imposantes hatten wir noch selten gesehen.« Womit wir schon beim eigentlichen Thema sind.

Seit ich mein eigenes Internet-Business betreibe, gehört es zu meinem Lebensstil, jedes Jahr eine Weltreise zu unternehmen. So war ich schon mehrmals in den Vereinigten Staaten, Kanada, Mexiko, in Indien, China, Australien, Neuseeland, ganz Europa und jetzt auch in Südamerika. Das verdanke ich dem Internet und den drei grandiosen Vorteilen, die das Internet für Geschäftsleute bietet.

- Über das Internet lässt sich viel Geld verdienen (ich kann mir meine Reisen leisten).
- Die Arbeit im Internet ist effektiv und zeitsparend (ich habe Zeit zum Reisen).
- Im Internet kann man von der ganzen Welt aus arbeiten (ich kann während meiner Reisen arbeiten).

Nun bin ich mir der Tatsache bewusst, dass Sie, lieber Leser, sich wahrscheinlich in einer anderen Situation als ich befinden, denn dieses Buch richtet sich an Menschen, die bereits ein Unternehmen haben und nun das Internet nutzen wollen, um ihren Kundenkreis zu vergrößern. Ihnen wird es also nicht so wichtig sein, wie viel Zeit Sie zum Reisen haben und von wo aus Sie überall arbeiten können. Sie haben schließlich Ihr Büro. Trotzdem ist es mir ein Anliegen, Ihnen die obigen drei Vorteile aufzuzeigen, da diese auch in Ihrer Situation von großer Bedeutung sind. Kombinieren wir die ersten zwei Vorteile zu einem Satz und sehen wir uns dessen Bedeutung für Sie an:

Über das Internet lässt sich viel Geld verdienen und die Arbeit im Internet ist effektiv und zeitsparend.

Was bedeutet das für Sie?

Denken Sie radikal um! Das Internet ist *das* Geschäftsmedium der Zukunft! Wenn Sie es richtig angehen, und in diesem Buch erfahren Sie, »wie«, werden Sie den Umsatz Ihres Unternehmens merklich steigern und damit meine ich vervielfachen. Das Internet ist kein Zusatzmedium mehr, in das man eine Website wie eine Visitenkarte einstellt und bestehende Interessenten und Kunden dorthin verweist. Das Internet ist ein völlig eigenständiges Medium, um neue Kunden zu gewinnen! Und zwar, ohne dass es unterstützende Marketing-Maßnahmen in anderen Bereichen wie Fernsehen oder Zeitschriften benötigt. Es gibt kein anderes Medium, mit dem Sie Ihrem Unternehmen mit so wenig Aufwand eine so große Umsatzsteigerung bescheren können. Maximaler Umsatz bei minimalstem Aufwand – der Traum eines jeden Unternehmers. Und das ist nur der Anfang einer langen Liste von Vorteilen, die das Internet für Unternehmen bietet.

So sind die Investitionen für eine umsatzstarke Präsenz Ihres Unternehmens im Internet geradezu lächerlich gering. Des Weiteren kommt kein anderes Medium auch nur annähernd an das Internet heran, wenn es darum geht, Werbung bestmöglich auf eine bestimmte Zielgruppe auszurichten beziehungsweise eine spezifische Zielgruppe damit zu erreichen. Hier ein einfaches Beispiel: Sie betreiben einen Shop für Tennis-Zubehör. Sie wissen, dass Sie über Facebook Millionen von potenziellen Kunden erreichen, und entschließen sich, eine Werbung auf Facebook zu schalten. Beim Einrichten der Werbung legen Sie fest, dass Ihre Anzeige nur Facebook-Nutzern gezeigt werden soll, die sportlich sind, eine Vorliebe für Tennis haben, Fans von berühmten Tennisspielern wie Roger Federer sind und sich im Altersbereich von 18 bis 70 Jahren befinden. Über das Internet können Sie solche zielgruppenspezifischen Selektionen mit ein paar Mausklicks vornehmen.

Nirgendwo können Marketing-Kampagnen so gnadenlos analysiert und somit optimiert werden wie im Internet. Es gibt den berühmten Spruch von Henry Ford:

> *»50 Prozent meines Werbebudgets sind hinausgeworfenes Geld. Niemand kann mir allerdings sagen, welche 50 Prozent das sind.«*

Nicht so im Internet. Hier haben Sie völlige Kontrolle. Hier haben Sie mit minimalem Input maximalen Output, um einmal »modernes« Deutsch zu gebrauchen. :)

In diesem Sinne wünsche ich Ihnen viel Spaß beim Lesen dieses Buches und viel Erfolg bei der Anwendung der hier beschriebenen Strategien.

Mit freundlichen Grüßen

David Asen

Einleitung

Mit diesem Buch erhalten Sie eine mittlerweile tausendfach erprobte Strategie, wie Sie sich auch als kleines Unternehmen im Internet gegen bekannte Marken und riesige Konzerne behaupten können, um alleine über das Internet neue Kunden zu gewinnen und Ihre Produkte oder Dienstleistungen erfolgreich zu vermarkten.

Es richtet sich an Selbstständige und Unternehmer, die das Potenzial des Internets nutzen wollen, um ihren Kundenkreis massiv zu erweitern. Die Strategien, die ich in diesem Buch beschreibe, sind für das von zu Hause geführte Einmann-Unternehmen, die zahnärztliche Praxis, den spezialisierten Tischlereibetrieb oder das umweltbewusste Kosmetik-Unternehmen mit beachtlichen 50 Mitarbeitern gleichermaßen perfekt geeignet. Egal ob Sie alleine arbeiten oder ein Unternehmen führen: Wenn Sie ein Produkt oder eine Dienstleistung anbieten und nun nach Wegen suchen, wie Sie diese über das Internet effektiv vermarkten können, haben Sie mit diesem Buch genau die Informationen zur Hand, die Sie dafür benötigen.

Wenn Sie sich mit Ihrem Unternehmen dauerhaft behaupten wollen, kommen Sie nicht darum herum, Internet-Marketing zu einem integralen Bestandteil Ihrer Marketing-Bemühungen zu machen. Dieses Buch bietet Ihnen ein umfassendes Verständnis, wie Sie Internet-Marketing für den Erfolg Ihres Unternehmens nutzen können. Es macht Sie mit dem richtigen Ansatz des Internet-Marketings vertraut und ermöglicht Ihnen so ein richtiges Verständnis, wie und was Sie tun müssen, um über das Internet Umsätze und Gewinn für Ihr Unternehmen zu generieren.

In diesem Buch erfahren Sie ...

- was Leute im Internet suchen

- wie Sie sich nach den Bedürfnissen der Internet-User richten

- wie Sie Produkte anbieten, die Ihnen die Leute aus den Händen reißen

- welche Wege es gibt, um im Internet Geld zu verdienen und Sie lernen ebenso zu bewerten, welcher für Sie am besten geeignet ist

Ich zeige Ihnen die verschiedenen Wege, wie Sie Ihr Internet-Geschäft erfolgreich vermarkten, Ihre Umsätze oft durch einfache Kniffe vervielfachen und Kunden dauerhaft an sich binden. Für alle, die mit den Fachbegriffen noch nicht vertraut sind, beinhaltet dieses Buch ein umfangreiches Glossar. Und Sie bekommen eine Antwort auf die allseits beliebte Frage: »Ich habe eine Homepage im Internet und trotzdem verdiene ich nichts. Wieso?«

Die ersten Kapitel dieses Buches behandeln die Theorie. Ach, wie blöd, mögen Sie jetzt denken. Sie wollen doch sofort praktisch loslegen! Aber genau das ist der Punkt: Wie Sie bereits erkannt haben, bietet die Theorie die Grundlage, das Fundament, auf dem Sie dann ganz praktisch Ihr Haus bauen können.

Jeder Hausbau beginnt mit dem Keller. Von der Ferne mag man noch gar keinen Fortschritt erkennen, weil sich alles unter der Erde abspielt, aber wenn der Keller mal steht, werden Sie das Haus sehr schnell bauen können. Derjenige jedoch, der ganz ungeduldig sofort mit dem Hausbau beginnt, wird sehr schnell daran erinnert werden, dass er doch lieber zuerst ein solides Fundament schaffen sollte. Spätestens dann, wenn sein schönes Haus beim kleinsten Windstoß zusammenbricht.

Sie sollten wirklich bei null anfangen und **vor allem** die Grundlagen kennen und verstehen. Sie sollten Ihr Internet-Business Schritt für Schritt aufbauen. In der virtuellen Welt des Internets geht vieles schneller als in der »realen« Welt, aber trotzdem brauchen die Dinge Zeit und Planung. Also stürzen Sie sich ganz praktisch in die Theorie und machen Sie sich anschließend mit einem umfassenden und tiefen Verständnis daran, Ihren Erfolg im Internet in die Tat umzusetzen.

Kapitel 1

Das Erfolgsgeheimnis

Es gibt eine Vielzahl wichtiger Richtlinien, um Erfolg zu haben. Eine sticht jedoch besonders heraus, weil sie am meisten übersehen wird, obwohl sie Ihre Effektivität sofort um ein Vielfaches erhöht. Die Rede ist von der 80-20-Regel.

Im Geschäftsleben entscheidet oft die Geschwindigkeit, mit der Sie Ihre Ziele umsetzen, über Erfolg oder Niederlage. Wie Sie sicher wissen, liegen die Schwierigkeiten im Detail. Für die letzten 20 Prozent eines Projekts braucht man viel länger als für die ersten 80 Prozent. Im Internet ist es genauso. Ich selbst bin ja ein völliger Perfektionist und habe mich nie mit unvollkommenen Dingen zufriedengegeben. Ich bin aus der Design-Branche ins Internet eingestiegen und mir war es immer immens wichtig, dass meine Websites auch ja tipptopp aussehen. Oft war die Website schon längst fertig, aber irgendeine Kleinigkeit hat mich einfach total gestört. So gestört, dass ich noch tagelang mit den Abständen zwischen Absätzen und der Platzierung eines Bildes gespielt habe. Machen wir es kurz: Ich habe nun die »perfekte« Website. Der andere nicht. Aber er hat in den Tagen meiner verzweifelten Verbesserungen 1.000 Euro verdient. Ich kann Ihnen deshalb nur aus eigener Erfahrung raten: Bitte, bitte, geben Sie Ihren Perfektionismus auf!

Ihre Website muss nicht perfekt sein. Sie muss gut sein. Das heißt, übersichtlich, informativ, Vertrauen schaffend und überzeugend etc. Alles Punkte, über die Sie in diesem Buch noch mehr erfahren. Auf keinen Fall sollten Sie Müll ins Netz stellen. Das bringt weder Ihnen noch sonst jemandem etwas. Schauen Sie ruhig, dass Sie 80 Prozent der Perfektion erreichen, aber dann machen Sie Schluss. Lassen Sie die kleinen Fehler und Details ruhen. In der Zeit, in der Sie die Fehler ausbessern und die Details optimieren, um die restlichen 20 Prozent mehr aus Ihrem Internet-Business herauszuholen, können Sie schon wieder neue Bereiche Ihres Internet-Business angehen!

Sie können sich also entscheiden: Wollen Sie einen Bereich Ihres Internet-Business so weit optimieren, dass Sie auch noch die letzten 500 Euro rausholen, oder aber wollen Sie in der Zeit lieber einen neuen Bereich starten, mit dem Sie 2.000 Euro verdienen? Ich denke, die Rechnung ist selbsterklärend.

1.1 Wie funktioniert der Markt »Internet«?

Ich gebe Ihnen im Folgenden eine komprimierte Übersicht über das Verkaufen im Internet. Lesen Sie sich diese Übersicht immer und immer wieder durch. Vergleichen Sie diese mit Ihren bisherigen Vorstellungen zum Thema Internet-Marketing. Machen Sie sich selbst auf die Unterschiede zwischen Ihrer bisherigen Vorstellung und den Informationen hier aufmerksam. Denken Sie nach, wieso Sie bisher so gedacht haben, wie Sie dachten und warum die hier gegebenen Informationen viel logischer und schlüssiger sind. Setzen Sie sich auf diese Art und Weise mit den folgenden Informationen auseinander. Das hilft Ihnen, das neue Wissen bewusster und nachhaltiger aufzunehmen.

Wenn Sie die folgende Übersicht einfach nur überfliegen, werden Sie die Unterschiede nicht erkennen und sich denken: »Ja, ja, so sehe ich das auch.« Das ist die Garantie dafür, dass Sie die gleichen Fehler machen wie 90 Prozent aller Leute, die im Internet ein Geschäft aufbauen wollen und dabei scheitern. Ich möchte Ihnen hier natürlich nichts unterstellen. Vielleicht haben Sie schon die richtige Vorstellung vom Verkaufen im Internet. Aus Erfahrung weiß ich aber, dass ein überragender Teil der Menschen *nicht* versteht, wie das Verkaufen im Internet funktioniert. Das hat nichts mit Unvermögen zu tun, sondern ganz einfach mit falschen Informationen, die sie aufgefangen haben, und mit fehlender Erfahrung. Lesen Sie sich die folgende Einführung also ganz bewusst durch. Das ist der sprichwörtliche Grundstein für Ihren Erfolg im Internet.

1.1.1 Die Vorteile des Internets gegenüber anderen Märkten

- **Nur sehr geringe Investitionen nötig:** Im Internet brauchen Sie nur ein Zehntel des Geldes zu investieren, das Sie mindestens brauchen würden, um in der Welt »da draußen« ein Unternehmen aufzubauen. Die Verdienstmöglichkeiten sind jedoch gleich, oft sogar wesentlich größer.

- **Geringe Erhaltungskosten:** Für ein Internet-Business müssen Sie weder große Firmenräumlichkeiten mieten noch in neue Maschinen investieren. Es fallen einzig sehr geringe Ausgaben für das Hosting Ihrer Websites an.

- **Weltweiter Markt:** Durch die globale Vernetzung können Sie über das Internet die gesamte Weltbevölkerung ansprechen. Die einzigen Limits sind kulturelle und sprachliche Unterschiede. Das heißt aber nicht, dass Sie nur global agieren können.

- **Lokale Fokussierung:** Sie können im Internet auch ganz lokal agieren und Ihr Angebot auf einen bestimmten Ort oder eine bestimmte Sprache ausrichten, beispielsweise um den Kundenkreis Ihrer Wiener Zahnarztpraxis zu vergrößern.

- **Große Chancengleichheit:** Im Internet können Sie – wenn Sie es geschickt anstellen – auch mit großen Firmen in Konkurrenz treten.

- **Gezieltes Identifizieren von Zielgruppen:** Im Internet können Sie die Wünsche, Bedürfnisse und den Charakter Ihrer Zielgruppen so einfach und detailliert erkennen wie in sonst keinem anderen Markt, und das mit vergleichsweise geringem Aufwand. Sie können Ihre Vermarktung dynamisch und mit geringen Ausgaben gezielt auf jede einzelne dieser Gruppen abstimmen.

- **Kaufbereite Besucher:** Internet-User, die über einen spezifischen Suchbegriff auf Ihre Website gelangen, bringen für das Thema eine weit höhere Kaufbereitschaft mit als Schaufensterbummler und Passanten, die an irgendeinem Geschäft in irgendeiner Stadt vorübergehen.

- **Großes Automatisierungs-Potenzial:** Wenn Sie ein Geschäftslokal betreiben, müssen Sie – oder Ihre Mitarbeiter – während der Öffnungszeiten jeden Tag dort anwesend sein. Nur so können Sie verkaufen. Mit Ihrem Internet-Business können Sie diese Verkaufsprozesse weitgehend, bei digitalen Produkten sogar vollständig, automatisieren. Das heißt: Sie können tatsächlich gerade am Strand liegen und die Sonne und das Meer genießen und verkaufen im gleichen Moment Ihre Produkte, ohne dass Sie etwas dafür tun müssen. (So verlockend und wahr diese Vorstellung auch ist: Für ein seriöses Internet-Business werden Sie immer eine gewisse Arbeit leisten müssen.)

- **Örtliche Unabhängigkeit:** Mit einem Notebook und einem Internetanschluss können Sie Ihr Internet-Business von der ganzen Welt aus betreiben. Egal, ob Sie sich in Österreich, Deutschland oder auf einer sonnigen Karibikinsel aufhalten.

1.1.2 Die Nachteile des Internets gegenüber anderen Märkten

- **Kein direkter Kontakt:** Sie können Ihre Präsenz und gewinnende Persönlichkeit durch die Einschränkungen des Mediums Internet nur bedingt in der Kommunikation mit Ihrem Kunden einsetzen.

- **Keine sofortige Anpassungsmöglichkeit:** Da Sie den Kunden nicht direkt vor sich haben, können Sie dessen erste Einschätzung Ihres Angebots nicht erkennen. Somit ist es Ihnen nicht möglich, exakt auf dessen persönliche Bedürfnisse zu reagieren. Sie können Ihr Angebot zwar sehr eng auf gewisse Zielgruppen ausrichten, aber nicht auf jede einzelne Person. Im direkten Verkaufsgespräch wäre dies jedoch möglich.

- **Der erste Eindruck zählt:** Sie haben nur *eine* Chance. Im persönlichen Gespräch könnten Sie sich berichtigen oder an den Kunden anpassen. Im Internet ist dies nicht so leicht möglich. Der Kunde trifft die Entscheidung, ob ihm Ihre Website gefällt oder nicht, innerhalb der ersten Sekunden. Wenn Sie ihn in dieser Zeit mit dem Angebot auf Ihrer Website nicht überzeugen konnten, verschwindet er mit nur einem Mausklick wieder. Hier sei erwähnt, dass es sehr detaillierte Richtlinien und Tipps gibt, wie Sie es sehr erfolgreich schaffen, Ihren Kunden innerhalb dieser ersten kritischen Sekunden von Ihrem Angebot zu überzeugen. Auf diese Taktiken gehe ich in den späteren Teilen dieses Buches ein.

- **Angst vor Betrug:** Manche Menschen haben aus Angst vor Betrug nach wie vor Hemmungen, über das Internet etwas zu kaufen beziehungsweise für etwas zu bezahlen. Diese Angst nimmt jedoch kontinuierlich ab, da das Internet immer mehr zu einem festen Bestandteil des Alltags wird. Mittlerweile kaufen Kunden sogar schon mobil von ihrem Smartphone aus!

1.1.3 Der Unterschied zwischen dem Internet und herkömmlichen Märkten

90 Prozent aller reinen Internet-Geschäfte machen innerhalb des ersten Jahres schlapp, weil sie den grundlegenden Unterschied zwischen dem Handel außerhalb des Internets (offline) und dem Handel im Internet (online) nicht verstehen. Keine Angst, Ihnen wird das nicht passieren, da Sie in diesem Buch ausführlich lernen, was es mit diesem Unterschied auf sich hat. Vergessen Sie zudem nicht, dass die Investition in eine Internet-Präsenz im Vergleich zu herkömmlichen Investitionen verschwindend gering ist. Wenn Sie ein Restaurant eröffnen und nicht den gewünschten Erfolg verzeichnen, haben Sie mehrere Zehntausend Euro in den Sand gesetzt. Sollten Sie mit Ihrem Internet-Auftritt hingegen nicht den gewünschten Gewinn erzielen, haben Sie im schlimmsten Fall ein paar Hundert oder ein paar Tausend Euro verloren, je nachdem ob Sie sich die Website von einer Agentur gestalten lassen oder selbst erstellt haben. Das Risiko ist also wirklich sehr kalkulierbar und angesichts des potenziellen Nutzens verschwindend gering.

Worin besteht also der Unterschied zwischen dem Handel außerhalb des Internets (offline) und dem Handel im Internet (online)? Im herkömmlichen Handel, also im Offline-Handel, eröffnen Sie ein Geschäft dort, wo die meisten Leute vorbeikommen. Wenn Sie es beispielsweise schaffen, ein Geschäft in der Mariahilfer Straße (die größte Einkaufsstraße Wiens) zu eröffnen, haben Sie bereits gewonnen. Durch den guten Ort Ihres Geschäfts haben Sie viele Kunden und Sie machen große Gewinne. Selbstverständlich setzen wir hier voraus, dass Sie auch gute Produkte verkaufen.

In der Welt außerhalb des Internets dreht sich alles um den »besten Platz für Ihr Geschäft«. Die Lokalität ist entscheidend. Im Online-Handel gibt es keinen Ort. Niemand kommt einfach so bei Ihnen vorbei. Es dreht sich alles ausschließlich um Information. Jeder sucht nach »Information, Information, Information.« Es genügt daher nicht, einfach eine Website ins Internet zu stellen und Produkte anzubieten. Niemand wird Sie finden! Folglich wird auch niemand bei Ihnen kaufen!

1.1.4 Passen Sie Ihr Geschäftskonzept an das Internet an

Um im Internet erfolgreich zu sein, müssen Sie Ihr Konzept und Ihre Website daher dem Verhalten der Internet-Anwender anpassen. Wie verhalten sich Internet-User? Nun, was machen *Sie*, wenn Sie im Internet surfen? Kaufen Sie sofort bei jedem beliebigen Webshop ein oder suchen Sie vorher lieber nach hochwertigen Informationen? Genau! Wenn Sie nicht schon von vornherein vorhaben, bei Amazon oder eBay einzukaufen, surfen Sie im Internet, um Informationen zu bekommen. Das kann durchaus auch eine Information zu einem Produkt sein beziehungsweise eine Information, die indirekt zu der Entscheidung führt, ein gewisses Produkt zu kaufen. Hier ist wichtig: Sie gehen vorrangig mit der Absicht ins Internet, sich zu informieren, und nicht, um etwas zu kaufen.

Laut Statistischem Bundesamt haben in Deutschland im Jahr 2012 bereits 74 Prozent aller Internet-User ab zehn Jahren auch über das Internet eingekauft. Das bedeutet aber nicht, dass diese bei Ihnen kaufen. Das Internet ist nach wie vor ein Informationsmedium. Der Anteil an Verkäufen im Internet ist im Vergleich zu Suchanfragen für Informationen noch immer verschwindend gering. Nur wenigen Firmen ist es gelungen, sich eine so große Bekanntheit und Reputation aufzubauen, dass Internet-User gezielt zu diesen surfen, um einzukaufen. Eine Firma, die das geschafft hat, ist beispielsweise Amazon. Allerdings musste Amazon jahrelang millionenschwere rote Zahlen hinnehmen, bis es die ersten Gewinne einfuhr.

Als kleines Unternehmen, das nur über ein begrenztes Budget für Internet-Marketing verfügt, können Sie aber auf keinen Fall mit Amazon oder ähnlichen Internet-Geschäften konkurrieren. Sie müssen also sachliche Informationen anbieten.

Gute, einzigartige Informationen. Nicht nur Produktbeschreibungen. Informationen, die das Thema Ihres Angebots relevant und umfassend behandeln. Das gleich aus zwei Gründen:

- Ein User sucht nach Informationen zu einem Thema. Da Sie auf Ihrer Website genau zu diesem Thema sehr gute Informationen anbieten, listen die Suchmaschinen Ihre Website zu diesem Thema an gut sichtbaren Positionen in den Suchergebnissen auf. Der User klickt auf Ihre Website. Nur mit der Beschreibung eines Produkts oder einer Dienstleistung würden Sie in den Suchergebnissen nie dieselben Top-Positionen erreichen können.

- Der User liest Ihre Informationen, die kompetent, sachlich und praktisch sind. Der User merkt, dass Sie ein Experte sind, und fasst Vertrauen zu Ihnen. Das Vertrauen, das der Kunde zu Amazon aufgrund der Markenpopularität hat, fasst der Kunde nun aufgrund der Qualität Ihrer Informationen zu Ihnen!

Indem Sie Ihr Geschäft also an die Vorgaben des Internets anpassen, können Sie sogar trotz großer Firmen wie Amazon Internet-User erreichen und diese zu Kunden machen!

Fazit

Information muss die Grundlage Ihres Internet-Geschäfts bilden. Egal ob Sie eine Internet-Präsenz für Ihre Zahnarztpraxis, Ihr Übersetzungsbüro oder Ihr Geschäft für Fahrradzubehör aufbauen wollen: Informationen sind immer das Fundament. Erstellen Sie eine Website und füllen Sie diese mit sachlichen, relevanten Informationen, die zum Thema Ihrer Dienstleistungen beziehungsweise Produkte passen. Sobald Sie das getan haben, beginnt alles zu fließen. Ein Beispiel, wie das praktisch aussieht, erhalten Sie in Abschnitt 1.2.2.

Wie komme ich an informative Texte für meine Website? Ich bin selbst kein Schreiber!

Ich rate Ihnen, die Sachtexte für Ihre Website selbst zu verfassen. Wenn Sie beispielsweise seit Jahren erfolgreich eine Gärtnerei betreiben, haben Sie sicherlich so viel Leidenschaft und Erfahrung zu diesem Thema, dass Sie viel dazu sagen können. Vielleicht tun Sie sich anfangs schwer, Ihre Begeisterung und Erfahrung aufs Papier zu bringen, aber in Kapitel 4.2 gebe ich Ihnen diesbezüglich noch sehr gute Tipps, um Ihre kreativen Säfte in Schwung zu bekommen.

Wenn Sie aus bestimmten Gründen Ihre Website-Texte aber wirklich nicht selbst verfassen können, gibt es sogenannte Ghostwriter und/oder Content-Agenturen, die diese für Sie verfassen können. Stellen Sie hierbei aber bitte unbedingt sicher, dass diese mit den Strategien aus diesem Buch vertraut sind und verstehen, wie man Inhalte richtig einsetzt und gestaltet (auch hinsichtlich Keyword- und Suchmaschinenoptimierung), um eine gewinnbringende Website zu betreiben. Am besten geben Sie Ihrem Schreiber dieses Buch zu lesen …

Mehr Information zu Content-Agenturen finden Sie im Online-Lesebereich unter:

`http://insider.david-asen.de`

1.1.5 Erhöhen Sie die Kaufbereitschaft – PREselling

Wie ist es möglich, dass völlig fremde Menschen (die Besucher Ihrer Website) Vertrauen zu Ihnen fassen? Das ist nur möglich, indem Sie ihnen relevante und persönliche (also auf Ihrer eigenen Erfahrung basierende) Informationen bieten. Stellen Sie auf Ihrer Website *mehr* Informationen zur Verfügung, als sich Ihr Besucher erhofft. Vermitteln Sie diese Informationen auf Ihre eigene unverwechselbare Art und Weise, mit Ihrer eigenen Stimme. Bieten Sie einen echten Mehrwert!

Potenzielle Kunden haben mindestens fünf, aber meistens auch noch einen sechsten Sinn dafür, ob Sie gute Lösungen für ihre Probleme anbieten oder nur auf das schnelle Geld aus sind. Das hört sich fast ein wenig esoterisch an, ist aber bei genauerer Betrachtung eine sehr nachvollziehbare Tatsache. Ich kann Ihnen aus eigener Erfahrung berichten, dass es extrem schwer ist, sich in die Bedürfnisse seiner Kunden hineinzuversetzen. Selbst jetzt – nach langer Internet-Erfahrung – passiert es mir noch manchmal, dass ich einem Kunden etwas nach bestem Wissen und Gewissen erkläre und dieser sich trotzdem hinten und vorne nicht auskennt. Warum? Weil ich nicht in seine Schuhe gestiegen bin. Weil ich viel zu viel vorausgesetzt und deshalb in einer Fachsprache gesprochen habe, die dem Kunden völlig unverständlich war.

Sie mögen sogar die beste Absicht haben, Ihren Kunden einen wirklichen Mehrwert zu bieten. Sie haben zu sich selbst gesagt: »Mir geht es in erster Linie nicht ums Geld, sondern um zufriedene Kunden.« Um Ihre Kunden zufriedenzustellen, haben Sie auch ein wirklich tolles Produkt parat, das Sie ganz enthusiastisch verkaufen wollen. Was Sie in diesem Moment vergessen: Ihre Kunden teilen Ihre Freude über das Produkt nicht. Ihre Kunden sind skeptisch, aber was noch wichtiger ist: Ihre Kunden sind nicht die Bohne an Ihrem Produkt interessiert. Ihre Kunden sind einzig und allein an einer Lösung für ein ganz bestimmtes Problem interessiert. Sie mögen wissen, dass Ihr Produkt die perfekte Lösung für das Problem Ihres Kunden ist, aber das wird Ihnen Ihr Kunde nicht glauben, wenn Sie ständig nur Ihr Produkt anpreisen. Sie dürfen nicht mit der Tür ins Haus fallen. Sie müssen auf Ihre Kunden und deren Anliegen eingehen. Erst dann können Sie Ihr Produkt als Lösung anbieten.

Wenn Sie Ihre Kunden auf der Ebene ihrer Bedürfnisse und Sorgen ansprechen, werden sie sich verstanden fühlen und Vertrauen zu Ihnen fassen. Formulieren Sie die Probleme und Bedürfnisse des Kunden aus. So merkt er, dass Sie ihn verstehen. Wenn Sie dann hochqualitative Produkte oder Dienstleistungen anbieten, die eine echte Lösung für das Anliegen Ihrer Kunden darstellen, werden Ihre Kunden diese gerne kaufen, und – was noch dazukommt – sie werden immer wieder gerne bei Ihnen kaufen. Wenn Sie Ihre Kunden jedoch immer von Ihrer eigenen Sichtweise aus ansprechen, werden Sie sie einfach nicht erreichen. Henry Ford, der berühmte Gründer der Ford-Automobil-Werke, drückte es einmal so aus:

> *»Wenn ein Kunde einen Bohrer kauft, möchte er eigentlich keinen Bohrer, sondern ein Loch!«*

Verstehen Sie? Es geht nicht darum, Ihren Kunden ein Produkt anzubieten. Es geht darum, Ihren Kunden eine Lösung für ihre Probleme zu bieten. Vermeiden Sie es daher, eine Website aufzubauen, die produktzentriert ist. Erstellen Sie eine Website, die Ihren Kunden effiziente Lösungen für ihre Probleme bietet. Bieten Sie Ihren Kunden so viel praktische Informationen wie möglich und legen Sie viel Wert darauf, eine Beziehung zu Ihren Kunden herzustellen. Versuchen Sie nicht, Ihre Kunden zum Kauf eines Produkts zu überreden. Bieten Sie stattdessen hochwertige Informationen. Ihre Fast-Kunden werden sonst einfach mit ein paar Mausklicks zur nächsten Seite verschwinden und Ihre Seite nie wieder besuchen.

1.1.6 Warum hochwertiger Inhalt langfristig die einzige Möglichkeit ist, um Besucher zu generieren

Es gibt viele Websites, die klein, aber mit viel sachlicher und hochwertiger Information angefangen haben. Diese Websites haben von Monat zu Monat ihre Besucherzahl vervielfacht und das, ohne irgendeine zusätzliche Vermarktung betrieben zu haben! Wie ist das möglich? Durch den Schneeballeffekt, den hochwertiger Inhalt erzielt.

Zuerst entdecken nur wenige Besucher die neue Website. Doch diese sind begeistert, verweilen lange und kommen immer wieder. Das sind deutliche Zeichen für Google, dass die Website relevant und hochwertig ist. Aus diesem Grund positioniert Google die Website immer weiter vorne in den Suchergebnissen. Nun wächst die Besucherzahl weiter an. Die Besucher erzählen ihren Freunden davon, posten über die Website in Foren. Dadurch wächst die Besucherzahl weiter an. Viele

Leute beginnen, von ihren eigenen Websites auf die neue Website zu verweisen. Das fassen die Suchmaschinen sehr positiv auf und die neue Website gelangt auf eine noch bessere Position in Google. Das könnte ich jetzt immer so weiterführen.

Erkennen Sie, worauf ich hinauswill? Dieser tolle Schneeballeffekt, der zur explosionsartigen Vervielfachung der Besucherzahlen geführt hat, rührt ausschließlich von gutem Inhalt! Es wurden keine zusätzlichen Vermarktungs-Aktionen durchgeführt!

An dieser Stelle möchte ich darauf hinweisen, dass es durchaus Sinn macht, unterstützende Marketing-Aktionen durchzuführen. Gerade zu Beginn einer neuen Website helfen diese zusätzlichen Aktionen, den oben beschriebenen Schneeballeffekt ins Rollen zu bringen und zu intensivieren. Hier ist es wichtig zu verstehen: Marketing-Aktionen zur Beschaffung von Besuchern sind immer nur unterstützend! Sie können niemals guten Inhalt ersetzen.

Fazit

Wenn Sie an Ihre Besucher denken und deren Bedürfnisse an erste Stelle setzen, erzielen Sie die größten Gewinne. Sie müssen eine Win-win-Situation schaffen: Sie erfüllen mit guten Inhalten, guten Produkten und Services die Bedürfnisse Ihrer Kunden. Ihre Kunden wiederum sind dadurch zufrieden und kaufen gerne bei Ihnen. (Wohlgemerkt: Zufriedene Kunden kommen immer wieder.) Nun sind auch Sie zufrieden.

Schauen wir uns nun an, was passiert, wenn wir uns *nicht* um unsere Kunden kümmern, sondern nur daran denken, wie wir unseren Umsatz und Gewinn maximieren:

Wir bieten eine Website mit wenig und sehr minderwertigem Inhalt an, die den Besucher nicht anspricht. Dadurch kommt der oben beschriebene Schneeballeffekt nie ins Rollen. Die Folge ist, dass wir unheimliche Anstrengungen unternehmen müssen, um zumindest ein paar Besucher auf die Website zu bringen. Wenn wir betrügen, ist es ein wenig einfacher, Besucher zu erhalten. Zum Beispiel können wir in Blogs, Foren etc. unsere »hochwertige« Website anpreisen, obwohl diese eigentlich total minderwertig ist. Das Problem: Spätestens, wenn ein Besucher schließlich auf unserer Website landet, erkennt er die miese Qualität der Website, ist einfach nur verärgert, verschwindet mit einem Mausklick und kommt nie wieder. Hier sehen wir: Mit gutem Inhalt hätten wir an dieser Stelle im besten Fall einen lebenslangen Interessenten, so haben wir einen Menschen, der unsere Website (selbst wenn diese besser wird) ab jetzt wie die Pest meidet.

Hinweis

Ohne guten Inhalt braucht es unverhältnismäßig große Anstrengungen, um ein paar Besucher zu erhalten. Wenn Sie, ohne guten Inhalt zu bieten, Ihre Besucherzahlen vervielfachen, werden Sie zwar auch Ihren Gewinn entsprechend vervielfachen, aber da Sie durch die schlechte Qualität Ihrer Website eine miese Verkaufsrate haben, fällt diese Vervielfachung sehr gering aus. Deshalb: Bilden Sie die Grundlage für Ihr erfolgreiches Internet-Business, indem Sie Ihre Kunden glücklich machen. Bieten Sie hohe Qualität an. Sowohl in Ihren Inhalten, in Ihren Produkten als auch in Ihrem Service!

Folgendes Beispiel verdeutlicht, wie bezahlt sich gute Qualität macht: Herr A betreibt eine gute Website. Durch den Schneeballeffekt hat er nach 5 Monaten 500 Besucher pro Tag. Herr B betreibt eine minderwertige Website. Durch unheimlich viel Mehraufwand schafft er es sogar, gleich viele Besucher wie Herr A zu haben.

Doch nun kommt es erst: Die Besucher von Herrn A sind zufrieden, vertrauen seinen Aussagen und kaufen viel bei ihm. Dadurch hat er eine gute Verkaufsrate von 5 Prozent. Von 500 Besuchern kaufen 25 ein Produkt. Die Besucher von Herrn B hingegen sind frustriert über dessen miese Website und kaufen nur wenig. Er hat eine Verkaufsrate von nur 0,6 Prozent. Von 500 Besuchern kaufen also nur 3 ein Produkt. Herr A und B verkaufen das gleiche Produkt. Bei jedem Verkauf machen sie 5 Euro Gewinn. Das bedeutet: Herr A macht mit seiner guten Website pro Tag 125 Euro Gewinn. Herr B macht mit seiner minderwertigen Website pro Tag 15 Euro Gewinn. Herr A macht pro Monat 3.750 Euro Gewinn, Herr B nur 450 Euro! Ein ganz schöner Unterschied, oder? Stellen Sie sich aber jetzt mal vor: Nun starten beide Herren eine Marketing-Aktion, durch die sie ihre Besucherzahlen verdoppeln (also auch ihren Gewinn): Herr A verdient durch die Marketing-Aktion 3.750 Euro mehr, Herr B jedoch nur 450 Euro! Herr A hat also im Vergleich zum Gewinn viel weniger Aufwand, zufriedene Kunden und das schöne Gefühl, anderen Menschen wirklich zu helfen. Herr B hat die ganze Arbeit, die sehr wenig Früchte trägt, ein schlechtes Gewissen (sollte er zumindest haben) und nur einen sehr kleinen Gewinn.

Fazit

Helfen Sie Ihren Besuchern durch hochwertige Inhalte und Sie werden viel Geld verdienen.

1.1.7 Finden Sie eine Nische und Sie werden gefunden

Bisher habe ich von der Wichtigkeit von Informationen berichtet und festgestellt, dass die Qualität Ihrer Informationen darüber entscheidet, ob ein Besucher Vertrauen zu Ihnen fasst und Ihr Produkt kauft. Hierfür habe ich immer vorausgesetzt, dass Ihre Website auch Besucher hat. Tatsache ist jedoch: Das mit Abstand größte Problem eines jeden Internet-Business ist es, Besucher zu bekommen. Die Konkurrenz ist riesengroß und nur einen Schritt beziehungsweise Klick entfernt. Sie haben bereits gelesen, dass die Suchmaschinen gute Inhalte lieben. Wenn Sie auf Ihrer Website also umfassende und themenrelevante Inhalte anbieten, haben Sie gute Chancen, in den Suchergebnissen gelistet zu werden, jedoch nur unter der folgenden Voraussetzung:

Das Thema Ihrer Website deckt eine Nische ab, die über wenig Konkurrenz und genügend Nachfrage verfügt.

Bedenken Sie: Im Internet gibt es Milliarden Websites und jeden Tag kommen Zehntausende hinzu. Sie können also noch so gute Inhalte zum übergeordneten Thema »Auto« bieten. Sie werden nicht gefunden werden. Die Konkurrenz ist einfach übergroß! Was also tun?

Die Lösung besteht darin, dass Sie sich spezialisieren. Um beim Beispiel »Auto« zu bleiben: Sie könnten sich auf Ersatzteile für Young- oder Oldtimer spezialisieren. Natürlich besteht hierfür keine so große Nachfrage wie für den viel weitgreifenderen Begriff »Auto«, aber dafür haben Sie jetzt eine reale Chance, diesen Marktbereich erfolgreich zu besetzen! Und solange die Nachfrage groß genug ist, um damit einige Tausend Euro im Monat einzunehmen, sagen Sie sicher nicht nein.

Ein weiterer Vorteil der Spezialisierung besteht darin, dass Sie damit viel zielgerichteter Interessenten ansprechen. Ein Internet-User, der nach dem Begriff »Auto« sucht, kann alles Mögliche wollen. Er könnte nach Autobildern, Autoersatzteilen, nach BMW, Mercedes, Audi, alten Sammler-Autoprospekten, Testberichten oder Spielzeugautos suchen. Es wäre für Sie gar nicht machbar, alle Produkte im Sortiment zu haben, um all diese Möglichkeiten abzudecken. Auf diese Weise werden Sie viele Interessenten – selbst wenn diese Sie im Internet finden – wieder verlieren. Wenn Sie sich jedoch auf »Nissan Skyline Ersatzteile« spezialisieren, werden praktisch alle Interessenten, die genau danach suchen, auf Ihrer Seite fündig werden. Sie brauchen sich also nur mehr um Ersatzteile für diesen Autotyp zu kümmern, und ein erstaunlich hoher Prozentsatz Ihrer Website-Besucher wird bei Ihnen kaufen.

Fazit

Um im Internet gefunden zu werden, sprich viele Besucher zu erhalten, brauchen Sie eine Nische mit ausreichend Nachfrage (der Markt muss vorhanden sein) und wenig Konkurrenz. Eine Schritt-für-Schritt-Anleitung, wie Sie eine gute Nische im Internet ausfindig machen, erhalten Sie im Kapitel 2.2.

1.1.8 Das Keyword als Schlüssel zum Erfolg

Sie wissen nun, dass der überwältigende Teil der Internet-User nach Informationen sucht und nicht mit einer direkten Kaufabsicht ins Internet einsteigt. Des Weiteren haben wir festgestellt, dass wir diesen Umstand vortrefflich zu unserem Vorteil nutzen können, indem wir hochwertige Informationen zu einem Nischenthema anbieten. Doch wie sieht das in der Praxis aus? Es beginnt alles mit dem User, der im Internet nach Informationen sucht. Er gibt in eine Suchmaschine wie Google einen bestimmten Suchbegriff ein. Dieser Suchbegriff ist das Keyword.

Mithilfe einer sogenannten Keyword-Recherche können Sie feststellen, wie oft mit einem Keyword gesucht wird, sprich, ob es für ein Thema oder Produkt eine ausreichende Nachfrage gibt. Sie können ebenfalls feststellen, wie viel Angebot es zu einem bestimmten Keyword gibt, sprich, wie groß die Konkurrenz zu einem bestimmten Thema ist.

Im Verlauf dieses Buches zeige ich Ihnen anhand einer 1:1 umsetzbaren Schritt-für-Schritt-Anleitung, wie Sie selbst eine professionelle Keyword-Recherche durchführen können. Auf diese Weise können Sie eine Liste der profitabelsten Keywords passend zu Ihrem Produkt oder Ihrer Dienstleistung für Ihre Website erstellen. Eine solche Liste ist das Gerüst, das Skelett, das Ihr ganzes Internet-Business tragen wird. Wenn Sie es schaffen, für ein bestimmtes Thema eine Keyword-Liste mit relevanten Keywords zu erstellen, die viel Nachfrage und wenig Konkurrenz aufweisen, halten Sie einen wahren Goldschatz in den Händen!

Nehmen wir an, Sie besitzen einen Tischlereibetrieb und stellen verschiedenste Arten von Maßmöbeln her. Da das Thema Möbel sehr breit ist, führen Sie nicht nur eine Keyword-Recherche durch, sondern gleich mehrere zu verschiedenen Unterthemen wie Kindermöbel, Massivholzmöbel etc. Für das Keyword »kindermöbel« recherchieren Sie eine Keyword-Liste mit 50 weiteren Keywords, die alle mit dem Thema »kindermöbel« zusammenhängen. Darunter befinden sich Keywords wie »skandinavische kindermöbel«, »französische kindermöbel« oder »lackierte kindermöbel«.

Sie entscheiden sich nun dazu, Ihre Website mit dem Informationsbereich für Kindermöbel zu starten. Sie schreiben nun für jedes einzelne Keyword einen eigenen Text, in dem Sie sich speziell auf dieses eine Keyword konzentrieren. Einen Text zu skandinavischen Kindermöbeln, einen zu französischen und einen, in dem es um die speziellen Lackierungen von Kindermöbeln geht. Jeder einzelne Text wird eine eigene Seite Ihres Informations-Portals, sprich Ihrer Website. Zusätzlich werden Sie jede einzelne Seite gemäß ganz spezifischer Richtlinien auf das jeweilige Keyword optimieren.

Kurzum: Sie erstellen in diesem Fall ein Informations-Portal, das für den Bereich Kindermöbel 50 Seiten umfasst. Jede Seite fokussiert sich inhaltlich auf ein Keyword und ist auch suchmaschinentechnisch auf dieses Keyword optimiert. Nur so gehen Sie sicher, dass die Suchmaschinen die Relevanz jeder einzelnen Seite für das entsprechende Keyword erkennen und die Seite für dieses Keyword gut in den Suchergebnissen listen.

In Abschnitt 5.2.4 dieses Buches gebe ich Ihnen 1:1 umsetzbare Richtlinien, wie Sie Ihre Website-Texte für die Suchmaschinen perfekt auf ein bestimmtes Keyword optimieren. Wenn Sie für eine gute Anzahl viel gesuchter Keywords auf der ersten Seite der Suchergebnisse von Google und Co. stehen, erhalten Sie viele Besucher. Und Sie wissen ja: Viele Besucher bedeuten viel Gewinn.

1.1.9 Wenn Sie nichts verdienen wollen, verdienen Sie am meisten

Obwohl Sie mit Ihrer Internet-Präsenz natürlich Geld verdienen wollen, sollten Sie Ihr Hauptaugenmerk ganz bewusst darauf richten, Ihre Kunden durch einen tollen Service zufriedenzustellen. Wie ich bereits beschrieben habe, merken Ihre Kunden, ob Sie nur Geld verdienen wollen oder eine echte Lösung anbieten. Sie werden mit Ihrem Internet-Business nur dann wirklich dauerhaft Geld verdienen, wenn Sie Ihren Kunden das Gefühl vermitteln, dass sie das Wichtigste in Ihrem Leben sind.

Insgesamt müssen Sie drei Voraussetzungen erfüllen, damit Sie Geld im Internet verdienen:

- Sie müssen eine Website mit hochwertigen Inhalten anbieten.

- Sie müssen eine genügend große Anzahl an Besuchern haben.

- Ihre Besucher müssen Vertrauen zu Ihnen haben.

Wenn Sie diese drei Voraussetzungen erfüllen, brauchen Sie Ihre kaufbereiten Besucher nur mehr zu Ihrem Angebot zu verweisen und werden automatisch Geld verdienen. Es geht gar nicht anders. Es kommt von ganz alleine. Sie brauchen sich also nur um diese drei Voraussetzungen zu kümmern. Der letzte Schritt folgt als natürliches Resultat von selbst. Bitte machen Sie sich diese Tatsache bewusst. Sie können ohne viel Anstrengung Gewinn machen. Sollten Sie diese drei Aspekte jedoch missachten und ignorieren, können Sie versuchen, was Sie wollen, um doch noch Geld zu verdienen. Sie werden nur frustriert aufgeben. Der Beweis hierfür sind die gescheiterten 90 Prozent aller Internet-Geschäfte.

Die obigen drei Aspekte sind der Motor, der Ihr Internet-Business antreibt und zum Gewinn führt. Wenn Sie den Motor pflegen, werden Sie ein stabiles und gutes Einkommen mit Ihrem Internet-Business aufbauen können. Steigen Sie nicht mitten auf dem Weg aus und versuchen Sie bitte nicht, eine Abkürzung zu nehmen. Es zahlt sich nicht aus. Das Einzige, was passieren wird, ist, dass Sie zusammen mit vielen anderen gescheiterten Internet-Marketern verloren gehen.

1.1.10 Verwenden Sie unterschiedliche Einkommensquellen

Als Selbstständiger beziehungsweise Unternehmer haben Sie aller Voraussicht nach schon ein vorhandenes Produkt oder eine Dienstleistung, die Sie vermarkten wollen. Dennoch zeige ich Ihnen im Folgenden nochmals einige der Einkommensquellen auf, die Sie im Internet verwenden können. Viele der hier angeführten Einkommensquellen (wie die Vermarktung von Werbefläche auf Ihrer Website) können Sie zusätzlich zu Ihrem Hauptprodukt gewinnbringend nutzen und speziell die hier angeführten digitalen Produkte bringen Sie vielleicht noch auf Ideen, wie Sie zusätzlich zu Ihrem Produkt weitere digitale Produkte generieren können.

Eine Vielfalt an Einkommensquellen ist die Grundlage für maximalen Gewinn, Wachstum und Stabilität. Die meisten Neueinsteiger denken, man darf nur eine Einkommensquelle haben. Sie sind in dem Glauben, dass sie sich nur auf eine Quelle spezialisieren sollten. Sie verkaufen entweder »normale« Produkte *oder* digitale Produkte oder sie verdienen Geld mit Google AdSense oder Sie bieten Dienstleistungen an. Oder, oder, oder. Denken Sie bei den Einkommensmöglichkeiten nicht »oder-oder-oder«. Denken Sie »und-und-und«!

Folgende Einkommensquellen sind hervorragend für das Internet geeignet:

- Verkauf digitaler Produkte, wie Bilder, Musik, Filme, Software etc. zum Herunterladen (Download). Diese Produkte haben Sie entweder selbst kreiert oder die Rechte für deren Verkauf erworben.

- Empfehlungen für Produkte von Drittanbietern, für die Sie bei Verkauf eine Provision erhalten (Affiliate- oder Partnerprogramme genannt)

- Verkauf von Werbefläche auf der Website wie AdSense, Bannerwerbung etc.

Auch gut, aber mit höherem Aufwand verbunden, sind die klassischen Einkommensquellen, zu denen Ihr Angebot wahrscheinlich zählt:

- Verkauf herkömmlicher Produkte, wie Kleidung, Bücher, Musik-CDs, Elektronik-Geräte etc.

- Verkauf von Dienstleistungen (bspw. Anwalt, Arzt), telefonische Beratung, Beratung vor Ort, Makler-Dienstleistungen, Korrekturlesen von Texten, die Erstellung von Websites etc.

1.1.11 Die CTPM-Strategie

Die vorangegangenen Ausführungen über die essenzielle Bedeutung von gutem Inhalt, um Vertrauen zu schaffen, Besucher zu generieren und auf Ihrer Website zu halten und schließlich Geld zu verdienen, leiten sich von der CTPM-Strategie (Content-Traffic-Preselling-Monetizing) ab. Mittlerweile verwenden Tausende erfolgreiche Internet-Unternehmen (vorwiegend Klein- und Mittelbetriebe, wie Sie es sind, in der »Fachsprache« KMUs genannt) die CTPM-Strategie, um dauerhaft ein solides und erfolgreiches Geschäft im Internet aufzubauen.

Diese Strategie wurde von Dr. Ken Evoy, einem (oder wahrscheinlich sogar *dem*) führenden Internet-Marketing-Experten für KMUs erstellt. Ich verwende diese Strategie selbst erfolgreich und erachte sie als die *einzige*, die Ihnen ein dauerhaftes und stabiles Geschäft ermöglicht. Es gibt Tausende anderer Strategien und gerade für den Anfänger besteht die Gefahr, von diesen mehr verwirrt und verführt denn geschult und aufgeklärt zu werden. Tatsache ist jedoch: Alle anderen außer der CTPM-Strategie sind kurzsichtig und führen deshalb nicht zu dauerhaften Ergebnissen.

Lassen Sie mich klarstellen: Es gibt durchaus viele spezifische Marketing-Strategien, wie etwa E-Mail-Marketing oder Social-Marketing, die sehr erfolgreich sein können, aber *nur*, wenn sie auf der Grundlage der CTPM-Strategie angewandt werden.

Content – Inhalt

Sie finden eine Nische. Eine Nische ist in diesem Kontext ein Themengebiet im Internet, nach dem ausreichend gesucht wird (es ist also ein Markt vorhanden), für das es aber gleichzeitig nicht viel Angebot gibt. Für Sie als Unternehmer ist es selbstredend notwendig, dass diese Nische in Zusammenhang mit Ihrem Angebot steht. Für diese Nische schreiben Sie nun hochwertige, sprich informative Inhalte.

Traffic – Besucher

Durch die Qualität, die Masse und den Nischen-Charakter Ihres Inhalts werden Sie in den Suchmaschinen auf guten Positionen für relevante Suchbegriffe gelistet und so gefunden. Auf diese Weise erhalten Sie viele zielgerichtete Besucher, die eine hohe Kaufbereitschaft aufweisen. Die Anzahl der Besucher können Sie noch erhöhen, indem Sie die eigene Website durch diverse weitere Strategien bekannt machen. Siehe hierzu die Kapitel 5.4 und 6.

Preselling – schaffen Sie Vertrauen

Wenn Sie daran denken, Ihren Besuchern etwas verkaufen zu wollen, müssen Sie wissen, dass das nur möglich ist, wenn Sie es schaffen, das Vertrauen Ihrer Besucher zu gewinnen. Im Internet schaffen Sie das am besten, indem Sie gut recherchierte, zutreffende und praktisch anwendbare Informationen zur Verfügung stellen. Ihr Kunde erkennt die Qualität Ihrer Inhalte und wird Sie als Experte anerkennen, sprich Vertrauen zu Ihnen fassen. Hat er einmal Vertrauen zu Ihnen gefasst, vertraut er natürlicherweise auch dem Produkt, das Sie verkaufen oder empfehlen.

In der Praxis bedeutet dieser Punkt keinen extra Aufwand, denn Inhalte müssen Sie ja sowieso erstellen. Sie brauchen nur darauf zu achten, dass diese auch hochwertig sind und auf eine Weise verfasst werden, die Ihre Besucher verstehen können (also kein Fachchinesisch, wenn es sich vermeiden lässt). Dieser Punkt wird extra angeführt, um zu verdeutlichen, wie wichtig es ist, eine Beziehung zu den Besuchern Ihrer Website aufzubauen.

Inhalt alleine genügt also nicht. Er sollte …

- Kompetenz widerspiegeln
- persönlich sein (eigene Erfahrung wiedergeben)
- praktisch anwendbar sein

Monetization – Geld verdienen

Die meisten Leute bauen ein Internet-Geschäft auf, um damit Geld zu verdienen. Das ist auch richtig so. Wichtig ist aber, dass dabei Folgendes beachtet wird: Für uns als Unternehmer ist Geldverdienen oftmals der letztendliche Zweck unserer Bemühungen, nicht aber für unsere Kunden. Deren Interesse besteht vielmehr darin, ein geeignetes Produkt zu erwerben. Da es aber die zahlenden Kunden sind, die uns ihr Geld geben, sprich, uns überhaupt erst ermöglichen, im Internet Geld zu verdienen, müssen wir die Bedürfnisse unserer Kunden an die erste Position stellen. Zufriedene Kunden bedeuten große Gewinne. Wenn wir allerdings das Geldverdienen an die erste Stelle setzen, haben wir meist unzufriedene Kunden und dadurch wenig oder keinen Gewinn. Das ist die paradoxe Wahrheit.

Ein gewinnbringendes Internet-Business erhalten Sie, indem Sie eine Win-win-Situation aufbauen. Sie stellen Ihre Kunden durch relevante Informationen und Produkte zufrieden, und Ihre Kunden ermöglichen Ihnen, dass Sie von Ihren Online-Aktivitäten leben können. Das Beste am Geldverdienen ist aber: Wenn Sie die ersten drei Punkte der CTPM-Strategie (Inhalt, Besucher, Vertrauen aufbauen) erfolgreich gemeistert haben, folgt der vierte Punkt, das Geldverdienen, ganz von alleine. Kümmern Sie sich einfach um die ersten drei Punkte, und Sie werden ganz ohne zusätzlichen Aufwand ein solides Einkommen mit Ihrem Internet-Business aufbauen. Das Geldverdienen ist das Ergebnis des vorbildlichen Umgangs mit Ihren Kunden.

1.2   Das ganzheitliche Business-Konzept

Es gibt eine Vielzahl von verschiedenen Website-Arten. Ich möchte diese zum besseren Verständnis der in diesem Buch dargelegten Strategie in zwei Archetypen aufteilen:

- Das Informations-Portal

- Der Webshop

Vorweg: Einen Sonderstatus nehmen die sogenannten Social Networks ein. Diese lassen sich obigen zwei Archetypen nicht fix zuteilen. Beispiele für Social Networks sind Twitter, Facebook, aber auch diverse Dating-Communitys. Auch mit dieser Art von Websites lässt sich viel Geld verdienen. Das Problem mit dem Aufbau eines solchen Geschäfts ist aber, dass eine geeignete Website aufwendig programmiert werden muss und auch schwieriger zu vermarkten ist als ein Informations-Portal oder eine Kombination aus Info-Portal und Webshop.

Eine weitere Form von Websites sind Blogs. Je nachdem, wie diese genutzt werden, kann man sie zu den Info-Portalen rechnen, doch unterscheiden sie sich von diesen in einem wesentlichen Aspekt. Wie Sie im Verlauf dieses Buches noch sehen werden, sind Info-Portale nicht nur von den Texten her, sondern von der ganzen inhaltlichen Struktur, der Gliederung in verschiedene Ebenen und der internen Verlinkung speziell für die Suchmaschinen optimiert. Dies ist bei einem klassischen Blog, in dem private Blogger einfach täglich oder wöchentlich einen Beitrag veröffentlichen, bei Weitem nicht in diesem Ausmaß der Fall.

Widmen wir uns nun dem Informations-Portal. Wenn ich bisher davon gesprochen habe, dass Sie eine Website mit hochwertigen Informationen erstellen sollten, um über die Suchmaschinen viele Besucher zu generieren, habe ich damit immer ein Informations-Portal gemeint. Anhand des Beispiels »kindermöbel« habe ich bereits die Keyword-Recherche angesprochen, mit deren Hilfe Sie eine Liste extrem profitabler Keywords erstellen werden. In weiterer Folge habe ich erwähnt, dass Sie eine Website erstellen, bei der jede einzelne Seite auf ein bestimmtes Keyword aus dieser Liste fokussiert und optimiert ist. Bei einer solchen Website handelt es sich um ein Informations-Portal.

Ein Beispiel für ein Info-Portal ist Yahoo. Das ist natürlich ein sehr großes Beispiel. Es gibt aber auch weniger gewichtige Beispiele, wie etwa die Internet-Präsenz von Dr. Medikus, dem praktischen Arzt aus Hintertupfing. Warum sind diese beiden Websites Beispiele für Info-Portale? Was haben sie gemeinsam? Nun, beide haben zum Ziel, den Besucher über ein Thema zu informieren. Freilich, Yahoo geht hier in großem Stil vor, während der praktische Arzt Dr. Medikus nur seine Praxis vorstellt und fachliche Informationen für seine Patienten bereitstellt.

Im Gegensatz zum Webshop ist das Informations-Portal umfassend für die Suchmaschinen optimiert und bietet dem Besucher themenbezogene Informationen und *keine* produktbezogenen. Mit dem Info-Portal wollen Sie den Besucher nicht zum Kauf bewegen. Sie wollen sein Vertrauen gewinnen. Das Info-Portal dient Ihnen dazu, einen massiven Besucherstrom zu generieren. Massen an Besuchern, die Ihnen vertrauen und dadurch eine Kaufbereitschaft Ihren Produkten gegenüber aufweisen. Solche Besucher sind natürlich ein wahrer Goldschatz. Diesen Goldschatz erschließen Sie mit dem Informations-Portal.

Nun kommen wir zum Webshop. Das Paradebeispiel eines Webshops ist Amazon. Jeder kennt diese Website, die Tausende Produkte anbietet. Es gibt aber auch viele andere Arten von Webshops. Wenn jemand E-Books (Bücher beispielsweise im PDF-Format zum Herunterladen) anbietet, betreibt auch er einen Webshop. Wenn ein Webdesigner seine Dienstleistungen über eine Website anbietet, ist das vom Prinzip her ebenfalls ein Webshop. Alle Websites, die Produkte oder Dienstleistungen anbieten, fallen in diese Kategorie.

Im Gegensatz zum Informations-Portal ist ein Webshop nicht für die Suchmaschinen optimiert. Ein Webshop bietet produktbezogene Informationen an, die sich im Normalfall bei Weitem nicht so gut für die Suchmaschinen aufbereiten lassen wie themenbezogene Inhalte. Auch verfügt ein Webshop bei Weitem nicht über die

Masse an fokussierten Inhalten, die notwendig sind, um in den Suchergebnissen gut gereiht zu werden.

> **Ganz wichtig**
>
> Ein Webshop ist nicht notwendigerweise eine eigene Website. Er kann auch Teil Ihres Info-Portals sein. Eine einzige Seite Ihres Info-Portals, die im Gegensatz zu den restlichen Seiten einen angebotsbezogenen Inhalt aufweist und den Leser zu einer kommerziellen Handlung bewegen möchte, ist bereits ein Webshop!

Wenn Sie also ein sehr umfangreiches Informations-Portal mit lauter sachlichen Texten betreiben, darin aber eine Seite haben, die den Besucher beispielsweise zur kommerziellen Kontaktaufnahme bewegen soll, ist diese eine Seite der Webshop-Bereich Ihres Informations-Portals. Wenn Sie ein Dienstleister wie beispielsweise Anwalt, Makler, Arzt sind und es Ihnen vorwiegend darum geht, dass die Besucher Ihres Info-Portals Kontakt mit Ihnen aufnehmen, macht so ein kleiner Webshop-Bereich innerhalb Ihres Info-Portals total Sinn. Sie brauchen in diesem Fall keinen extra Webshop unter einer anderen Domain. Sind Sie aber zum Beispiel Inhaber eines Fahrrad-Geschäfts, erstellen Sie zusätzlich zu Ihrem Informations-Portal sehr wohl einen extra Webshop, in dem Sie Ihre breite Produktpalette auch online anbieten.

Ab circa zehn verschiedenen Produkten/Dienstleistungen macht es Sinn, Ihren Webshop aus Ihrem Info-Portal auszugliedern. Diese Trennung verschafft Ihrem Info-Portal ein objektiveres Auftreten und ist auch suchmaschinenoptimierungstechnisch von Vorteil.

1.2.1 Die Verbindung von Info-Portal und Webshop

Sie kennen nun die Eigenheiten, Vor- und Nachteile von Info-Portal und Webshop und als aufmerksamer Leser merken Sie schon längst: Beides gehört verbunden.

Durch das Info-Portal haben Sie ja bereits einen Strom kaufbereiter Besucher. Diese leiten Sie jetzt einfach auf den in Ihrem Info-Portal enthaltenen Webshop-Bereich oder den extra Webshop weiter. Während Sie im Info-Portal das Vertrauen des Besuchers durch persönliche, aber objektive Informationen gewinnen wollen und Verkaufssprache tunlichst vermeiden, bringen Sie im Webshop ganz klar die Gründe zum Ausdruck, warum sich der Kunde für Ihr Angebot anstatt das der Konkurrenz entscheiden soll.

Kurz und bündig ...

- Mit dem Informations-Portal generieren Sie zielgerichtete und kaufbereite Besucher und leiten diese zu Ihrem Webshop.

- Mit dem Webshop machen Sie den Verkauf.

Sehen Sie die Stärke dieses Konzepts? Ja, es ist tatsächlich ein sehr einfaches und logisches Konzept, aber dennoch übersehen es viele, viele angehende Internet-Unternehmer. Bitte merken Sie sich: Sie werden mit Ihrem Webshop nur dann etwas verkaufen, wenn Sie Besucher haben. Ohne Besucher keine Verkäufe! Sie können nicht einfach einen Webshop ins Netz stellen und darauf warten, dass Sie Millionär werden. Genau an diesem Punkt setzt dieses Konzept an. Es verschafft Ihnen interessierte und kaufbereite Besucher für Ihren Webshop. Wenn nun Ihr Webshop auch nur halbwegs professionell ist, garantiere ich Ihnen, dass Sie ein solides Einkommen mit Ihrem Internet-Business aufbauen werden. Im Folgenden ein Beispiel, wie Sie dieses Konzept in der Praxis umsetzen können.

1.2.2 Das Infoportal – Ein Praxisbeispiel

In diesem Beispiel begleiten wir den beliebten Zahnarzt Dr. Müller aus Wien, der seinen Patientenkreis gerne ordentlich erweitern möchte und dies mithilfe einer starken Internet-Präsenz erreichen will.

Nach der Lektüre dieses Buches entschließt sich Dr. Müller für die kraftvolle Kombination aus einem Informations-Portal zum Thema Zahnpflege und zahnärztliche Dienstleistungen und einem Webshop, in dem er seine Dienstleistungen und passende Produkte anbietet.

- Dr. Müller führt basierend auf verschiedenen Keywords wie »zahnarzt wien«, »zahnpflege« und »zahnfüllung« eine Keyword-Recherche durch und erstellt eine Liste ca. 60 sehr gefragter Keywords mit machbarer Konkurrenz.

- Er schreibt nun ein Informations-Portal mit ca. 60 Seiten, wobei er jede Seite auf eines der 60 Keywords optimiert. Natürlich achtet er streng darauf, hochwertige und suchmaschinenoptimierte Inhalte anzubieten.

- Sein Informations-Portal wird nach und nach wohlwollend von den Suchmaschinen aufgenommen und aufgrund der hohen Qualität landet sein Informations-Portal für verschiedenste Suchbegriffe passend zu seinem zahnärztlichen Angebot auf den ersten Seiten der Suchergebnisse. Anfangs gelingt ihm dies für Keywords mit weniger Nachfrage, aber nach und nach auch für die mehr umkämpften Keywords, die aber natürlich auch mehr Nachfrage mit sich bringen.

- Aufgrund der guten Positionierung seines Info-Portals in den Suchmaschinen und der klaren Optimierung auf spezifische Keywords erhält Dr. Müller viele Besucher, die wirklich genau nach dem suchen, was er anbietet. Sie sind »zielgerichtet«.

- Mit informativen und persönlichen Texten über Zahnpflege, die verschiedenen Vor- und Nachteile von Füllstoffen, Tipps zur Kariesvorbeugung etc. baut er eine Beziehung zu seinen Besuchern auf. Diese fassen Vertrauen zu ihm. Er etabliert sich als Experte auf seinem Gebiet.

- Schlau, wie er nach der Lektüre dieses Buches ist, verweist Dr. Müller in den Texten seines Info-Portals dezent und sachlich auf sein eigenes Angebot. Wie er das genau anstellt und formuliert, erkläre ich Ihnen noch im Verlauf dieses Buches.

- Weil die Besucher von Dr. Müllers Info-Portal dem Herrn Doktor vertrauen, klicken sie auf diese Verweise zu seinem Angebot und landen so in seinem Webshop. Anfangs bestand Dr. Müllers Webshop nur aus einer Seite, die seine Besucher freundlich dazu motivierte, Kontakt mit ihm aufzunehmen, und natürlich gleich ein Kontaktformular beinhaltete. Diese Seite war Teil seines Info-Portals. Mittlerweile betreibt Dr. Müller einen größeren Webshop, den er aus dem Info-Portal ausgegliedert hat, unter einer eigenen Domain. In dem neuen Webshop finden seine Besucher eine übersichtliche und genaue Darstellung seiner Dienstleistungen und zahnärztlichen Produkte zusammen mit positiven Rückmeldungen von zufriedenen Patienten Dr. Müllers. Durch das Info-Portal bereits kaufbereit, sind die Besucher vom Webshop nun restlos angetan und beschließen, einen Termin zu vereinbaren oder ein Produkt zu kaufen.

- Voilà, Dr. Müller hat schon wieder einen neuen Patienten durch die grandiose Kombination aus Informations-Portal und Webshop gewonnen.

Auf diese Weise können alle Selbstständigen und Unternehmer ihren Umsatz gewaltig durch das Internet steigern. Wenn Sie Rechtsanwalt sind, gründen Sie beispielsweise ein Informations-Portal zum Thema Online-Recht, um Webmastern und Webshop-Betreibern mit Rat und Tat zur Seite zu stehen, und natürlich, um Ihre Kanzlei weiter auslasten, ja vielleicht sogar ausbauen zu können. Auch wenn Sie ein Geschäft haben, ja vielleicht sogar schon einen Online-Shop betreiben, ist die Verbindung von Info-Portal und Webshop die Lösung, die Ihr Internet-Business erst richtig profitabel werden lässt.

Der Sommelier Artur Winehouse ist ein guter Freund Dr. Müllers. Er kommt ursprünglich aus England, lebt aber schon Jahre in Wien. Artur Winehouse betreibt bereits einen Webshop, in dem er diverse erlesenste Weine aus der ganzen Welt anbietet. Bisher bekam er durch diesen Webshop aber nur Bestellungen von Kunden, die er außerhalb des Internets akquiriert hatte. Motiviert vom Erfolg Dr. Müllers erstellt Herr Winehouse nun ein umfangreiches Info-Portal zum Thema Wein und stellt dort unter anderem jede einzelne Sorte seiner Weine vor, beschreibt deren Geschichte, deren Geschmack und worauf man achten muss, um wirklich das Original zu erhalten. Das Info-Portal verschafft ihm bereits in wenigen Monaten einen kaufbereiten und hochinteressierten Besucherstrom, den er nur mehr auf seinen bereits bestehenden Webshop weiterleiten muss. Die Bestellungen in Herrn Winehouses Online-Shop verdreifachen sich und zwei Drittel davon kommen einfach direkt durch das Internet, sprich das Info-Portal, ohne dass Herr Winehouse großartig Werbung (was Ausgaben bedeutet) betreiben müsste.

1.2.3 Der Webshop

Ich habe bereits erwähnt, dass ein Webshop eine einzige kommerziell ausgerichtete Seite Ihres Info-Portals sein kann. Sie können in Ihrem Info-Portal aber auch einen kleinen kommerziellen Bereich mit mehreren Seiten beispielsweise unter dem Punkt *Angebot* einrichten. Bieten Sie mehr als zehn verschiedene Dienstleistungen oder Produkte an, empfehle ich Ihnen, den Webshop in eine eigene Website auszugliedern.

Wenn Sie wenige Produkte oder Dienstleistungen anbieten, empfehle ich Ihnen sehr stark, ausführliche Verkaufstexte für jedes einzelne/jede einzelne zu verfassen. Sehen Sie sich einmal die Verkaufsseite meines E-Book-Pakets »Erfolg im Internet« unter *erfolg-im-internet.david-asen.de* an, um zu sehen, was ich meine. Dieser Verkaufstext ist nicht mehr sachlich. Sein Zweck besteht darin, den Leser nun zum Kauf zu bewegen. Solche Verkaufstexte sind extrem wirksam, machen aber nur Sinn, wenn Sie ein oder wenige Produkte/Dienstleistungen anbieten, die Sie mit Leidenschaft präsentieren. Wenn Sie einen Webshop mit über 200 Produkten für Babyzubehör betreiben, ist es alleine aufgrund der notwendigen Zeit schon nicht zu empfehlen, für jedes Produkt solch einen umfangreichen Verkaufstext zu verfassen. Auch eignen sich nicht alle Produkte gleichermaßen für einen umfangreichen Verkaufstext. Mein E-Book »Erfolg im Internet« ist für einen langen Verkaufstext wie geschaffen. Der Leser möchte wissen, warum er gerade mein Buch kaufen soll, was ihn darin erwartet, wie es ihm hilft, seine Ziele zu verwirklichen, etc. Darüber kann ich viel schreiben. Bei Babywindeln möchte der Leser das alles nicht wissen. Da ist es ihm viel wichtiger, dass diese schnell geliefert werden oder von anderen Müttern als extrem aufnahmefähig empfohlen werden, also Kundenbewertungen vorhanden sind.

Wenn Sie nur wenige Produkte oder Dienstleistungen anbieten und diese mit ausführlichen und überzeugenden Verkaufstexten vermarkten, nenne ich das Mini-Webshop. Einen solchen Mini-Webshop können Sie extern betreiben, aber auch problemlos als einen eigenen kleinen Bereich in Ihr Info-Portal integrieren. Diese Art von Webshop sollten Sie speziell dann wählen, wenn Sie wenige, aber exklusive Dienstleistungen oder Produkte anbieten. Je teurer Ihr Angebot ist und je bedeutender die Entscheidung für Ihr Angebot für Ihren Kunden ist, desto mehr müssen Sie ihn davon überzeugen.

Dr. Müller bietet beispielsweise eine kieferorthopädische Behandlung mit einer speziellen herausnehmbaren Zahnspange, dem Crozat-Gerät an. Diese Behandlung kostet mehrere Tausend Euro. Das ist also kein Angebot, das der Kunde mal schnell in den Warenkorb legt und bestellt. Bevor er sich entscheidet, muss er erst einmal darüber schlafen und damit er das kann, muss er zuvor so viel wie möglich darüber wissen. Dr. Müller weiß das und schreibt daher einen ausführlichen Verkaufstext für diese Behandlung. Er beschreibt ihren Ablauf, zählt die Vorteile des Crozat-Geräts gegenüber festsitzenden Zahnspangen auf, erzählt von seiner Erfahrung und seinen Erfolgen damit und fordert den Leser letztendlich auf, einen Beratungstermin mit ihm zu vereinbaren. Dr. Müller bietet noch ein paar weitere solcher Dienstleistungen an, die er ebenfalls auf diese Weise vermarktet. Er geht hier also gemäß dem Prinzip des Mini-Webshops vor.

Dr. Müller betreibt aber auch einen größeren Webshop mit über 50 verschiedenen Produkten zur Zahnpflege. Dort verkauft er unter anderem eine sehr gute Zahnbürste für 7 Euro und ein Zahnbleichungsgel für 15 Euro. Für diese Produkte gibt es natürlich eine Produktbeschreibung, aber Dr. Müller verfasst dafür keine großartigen Verkaufstexte. Der Kunde weiß, was er von einer Zahnbürste zu erwarten hat, und legt sich diese schnell mal in den Warenkorb. Er muss nicht großartig überzeugt werden.

Dr. Müller hat seinen gesamten Internet-Auftritt übrigens so gestaltet:

- Er betreibt sein umfangreiches Info-Portal unter *drmuellers-zahnpflege-tipps.com*. Von dort verweist er in den Sachtexten nicht zur Startseite seines Webshops, sondern gleich direkt zu den passenden spezifischen Produkten und Dienstleistungen. In dem Sachtext über Mundhygiene verlinkt er direkt zum Verkaufstext seiner Mundhygiene-Dienstleistung. Das ist ganz wichtig: Verlinken Sie immer direkt zu einer Dienstleistung oder einem Produkt. Nicht zur Startseite des Webshops, wo der Kunde erst wieder nach dem gewünschten Angebot suchen muss! Im Sachtext über Zahnspangen verlinkt er direkt zu seinem Verkaufstext über die Behandlung mit dem Crozat-Gerät. Im Sachtext, wo er beschreibt, was eine gute Zahnbürste ausmacht, verweist er direkt auf die Zahnbürste in seinem Webshop.

- Dr. Müller betreibt seinen Webshop unter *drmuellers-zahnpflegeshop.com*. Dort hat er verschiedene Rubriken wie Pflegeprodukte, Bücher, Nahrungsergänzungen etc. Darunter bietet er im Stile eines Online-Versandhauses eine große Auswahl an Produkten an, die man einfach in den Warenkorb legen und bestellen kann.

- Dr. Müller hat in seinem Webshop aber auch eine Rubrik namens *Dienstleistungen*, wo er seine wenigen, aber exklusiven Dienstleistungen wie erwähnt anhand ausführlicher Verkaufstexte vorstellt. Hier geht er im Stile eines Mini-Webshops vor.

Sie können also Mini-Webshop und Online-Versandhaus durchaus in einer Website vereinen.

Mini-Webshops sind durch ihren geringen Umfang schnell zu erstellen und leicht zu warten. Dadurch, dass Sie nur wenige Produkte oder vielleicht überhaupt nur ein Produkt/Dienstleistung verkaufen, brauchen Sie auch keine komplizierte Shop-Software, um Ihren Shop zu verwalten. Mit geringen HTML-Kenntnissen stellen Sie einfach einen ansprechenden Verkaufstext online, bauen eine vorgefertigte Zahlungsmöglichkeit über einen Drittanbieter (PayPal etc.) ein, und schon steht Ihr Shop!

> **Tipp**
>
> Weiterführende Informationen, wie Sie einen Mini-Shop mit Zahlungsmöglichkeit und automatisierter Bestellungsentgegennahme und Auslieferung erstellen, erhalten Sie in Kapitel 7.4.

Marketingtechnisch betrachtet unterscheidet sich der Mini-Webshop auch noch durch folgenden Faktor deutlich vom Online-Versandhaus: Mini-Webshops sind sehr persönlich gestaltet. Online-Versandhäuser hingegen überzeugen mehr durch Masse. Für Sie als angehenden Marketing-Experten ist es sehr wichtig, Folgendes zu verstehen:

Mini-Webshops sind wie der unscheinbare Gemüseladen um die Ecke. Normalerweise geht dort kaum noch jemand hin. Jeder geht zu einem großen Lebensmittelgeschäft wie Spar oder Aldi. Trotzdem gibt es Menschen, die den Gemüseladen um die Ecke bevorzugen. Warum? Weil dieser persönlich ist! Weil Sie mit dem Besitzer per Du sind, bei jedem Einkauf fröhlich willkommen geheißen werden und sich dort als *Jemand* fühlen. Auch haben Sie das Gefühl, dass dort noch jemand arbeitet, der sich wirklich mit dem Produkt auskennt und helfen kann. Genauso verhält es sich mit Ihrem Mini-Webshop. Sie können mit so einem Shop nur gewinnen, wenn Sie *sofort* eine Beziehung zu Ihrem Besucher aufbauen. Sie müssen ihm klar machen, dass Sie seine Bedürfnisse verstehen. So erhalten Sie sein Vertrauen.

Nachdem Sie die Besucher Ihres Mini-Shops jedoch nicht von Angesicht zu Angesicht sehen, müssen Sie diese Beziehung über den Verkaufstext aufbauen. Ein guter Verkaufstext weckt als Erstes das Interesse. Dann erzeugt er im Kunden das Gefühl, verstanden zu werden, und schließlich liefert er die Lösung für dessen Problem, nämlich Ihr Produkt.

Kurzum ...

- Als Mini-Shop haben Sie keine Identität, keine Marke. Dafür können Sie aber leichter mit Persönlichkeit punkten.

- Als Online-Versandhaus beziehen Sie Ihre Glaubwürdigkeit aus Ihrer Marke und nicht aus dem persönlichen Austausch mit Ihren Kunden.

Ich persönlich tendiere mehr zu Mini-Webshops. Ich mag es gerne, wenn sich meine Kunden auf einer persönlichen Ebene angesprochen fühlen. Je größer ein Webshop wird, desto unpersönlicher wird er auch. Das ist nicht negativ gemeint. Was ich damit zum Ausdruck bringen will, ist, dass man einen großen Shop mit Hunderten Produkten einfach nicht so persönlich gestalten kann wie einen Mini-Webshop. Sie können nicht für jedes einzelne der hundert Produkte einen ebenso hochwertigen, persönlichen und ausführlichen Verkaufstext schreiben wie für das Produkt aus Ihrem Mini-Webshop. Aber das ist auch gar nicht nötig. Ein Online-Versandhaus trumpft nämlich mit anderen Features auf:

- Eine große Produktauswahl und günstige Konditionen: Der Kunde kann in einem Aufwasch einen umfassenden Kauf tätigen. Bei einem größeren Einkauf entfallen sogar die Versandkosten.

- Glaubwürdigkeit: ein ganz, ganz wichtiger Punkt. Sie sind groß. Viele Leute kaufen bei Ihnen ein. Zeigen Sie das, indem Kunden in Ihrem Shop beispielsweise Produktbewertungen abgeben können. Viele Kunden erzeugen automatisch Glaubwürdigkeit. Kein Mensch hat Angst, übers Ohr gehauen zu werden, wenn er bei Aldi oder Spar einkaufen geht. Bei einem dubiosen Hinterhof-Geschäft wäre das ganz anders.

So weit, so gut. Wir wissen nun, was ein Online-Versandhaus auszeichnet: Die Masse an Produkten und die Masse an Kunden. Beides erweckt (hoffentlich nicht zu Unrecht ☺) den Eindruck von Professionalität und Glaubwürdigkeit. Die Schwierigkeit beim Aufbau eines Online-Versandhauses besteht darin, dass Sie sich eine Marke aufbauen müssen. Sie müssen sich einen Namen machen und das ist weitaus anstrengender, als wenn Sie Ihre Besucher über einen persönlich gestalteten Mini-Webshop mit einem guten Verkaufstext ansprechen.

Bitte beachten Sie bei dieser ganzen Ausführung, dass ich Ihnen hier zwei Extreme vorstelle. Ich zeige Ihnen hier die Eigenheiten und Vorteile dieser zwei Arten von Webshops auf sehr ausgeprägte Art und Weise, damit Sie eine klare Vorstellung von den jeweiligen Möglichkeiten erhalten. Im Alltag sieht es so aus, dass es durchaus möglich, ja sogar sinnvoll ist, diese beiden Extreme miteinander zu verbinden beziehungsweise einen Mittelweg zu finden. Auf diese Weise können Sie sich die Eigenheiten und Vorteile beider Webshop-Arten zunutze machen.

Ich gehe davon aus, dass es die meisten Leser dieses Buches nicht interessieren wird, ein zweites *amazon.com* aus dem Boden zu stampfen. Zu groß ist die Konkurrenz und zu vage die Erfolgschancen. Ich bin mir aber auch sicher, dass viele von Ihnen mit einem Mini-Webshop nicht zufrieden sein werden und durchaus eine größere Produktauswahl anbieten möchten.

Aus diesem Grund werde ich Ihnen im Folgenden sechs allgemeingültige Erfolgsregeln für Ihren Webshop geben. Diese Regeln sind für jede Art von Webshop gültig, egal ob dieser »mini« ist oder sich schon eher in Richtung Online-Versandhaus orientiert.

1.2.4 Sechs Regeln für Ihren erfolgreichen Webshop

Spezialisieren Sie sich: Egal, ob Mini-Webshop oder großer Webshop: Ich empfehle Ihnen nicht, mit den großen Online-Versandhäusern zu konkurrieren. Sie sollten sich immer auf eine profitable Nische spezialisieren, selbst dann, wenn Sie 100 oder mehr Produkte anbieten. Ein Beispiel hierfür ist der Online-Shop `http://www.meinebabyflasche.de/` (siehe Abbildung 1.1). Dieser hat sich auf Babyflaschen spezialisiert, bietet dabei aber eine Vielzahl von verschiedenen Produkten an.

Natürlich – wenn Ihr spezialisierter Shop einmal gut läuft, ist es eine wunderbare Idee, Ihr Sortiment mit passenden Produkten zu erweitern. Doch das sollte ganz natürlich kommen. Am Anfang müssen Sie sich ganz klar spezialisieren. Das ist der Grundstein dafür, dass Sie sich am Online-Markt durchsetzen.

Übersichtlichkeit: Das Kauferlebnis setzt sich aus zwei Teilen zusammen: der Benutzerfreundlichkeit des Webshops und der Qualität des Supports (Kundenbetreuung). Denken Sie daran: Ihre Konkurrenz ist nur einen Klick entfernt. Sie müssen Ihrem potenziellen Kunden also sofort klarmachen, dass er bei Ihnen findet, was er sucht. Das erreichen Sie, indem Sie Ihren Webshop klar und übersichtlich strukturieren und eine intuitiv verständliche Navigation anbieten.

Abb. 1.1: meineBabyflasche.de

Der Zahlungsprozess: Ihr Shop kann noch so gut sein: Wenn der Kunde aus dem Zahlungsprozess aussteigt, bekommen Sie kein Geld. Beim Bezahlen ist es daher sehr wichtig, dass der Prozess für den Kunden transparent ist. Der Kunde muss zu jeder Zeit wissen, was von ihm verlangt wird und mit welchem Klick er die Bestellung tatsächlich verbindlich aufgibt. Praktisch sieht das so aus:

Ihr Kunde hat sich Ihre Produkte angesehen. Er entscheidet sich jetzt dazu, eines zu kaufen. Er klickt auf »Bestellen« und gelangt so in den Zahlungsprozess. Bieten Sie Ihrem Kunden sofort eine Orientierung. Sagen Sie ihm klar, welche Daten er eingeben muss. Danach erhält der Kunde nochmals eine Übersicht über die von ihm eingegebenen Daten, die bestellten Produkte und die Preise. Nun weisen Sie den Kunden darauf hin, dass der Zahlungsprozess mit Klick auf die Schaltfläche »Jetzt bezahlen« verbindlich erfolgt.

Sie müssen den Zahlungsprozess nicht selbst programmieren. Der Grund, warum ich Ihnen hier erkläre, wie ein guter Zahlungsprozess abläuft, ist der, dass Sie zwischen mäßigen und hochwertigen Zahlungsanbietern unterscheiden können sollten. Gute Zahlungsanbieter wie PayPal arbeiten immer nach den hier beschriebenen Richtlinien (siehe Abbildung 1.2).

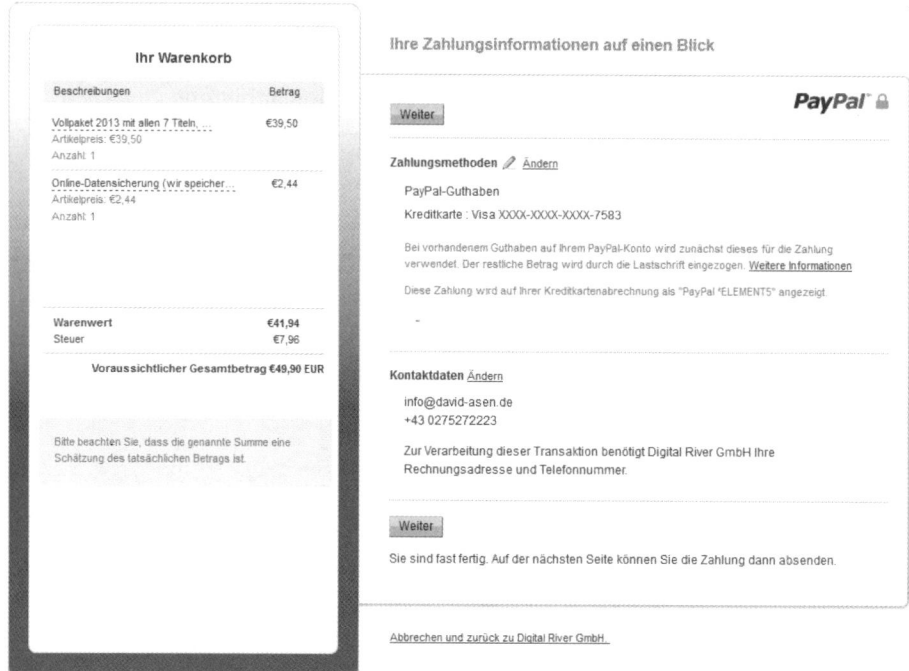

Abb. 1.2: Zahlungsinformationen bei PayPal

Schneller Kundensupport: Nicht nur schnell, sondern vor allem auch hilfreich sollte der Kundensupport sein. In der Praxis zeigt sich aber, dass beides perfekt zusammenpasst, ja zusammengehört. :-) Selbst wenn Sie eine wunderbare Frage-und-Antwort-Rubrik in Ihrem Webshop haben und alle Details zum Produkt auf der Produkt-Seite beantworten: Viele Ihrer potenziellen Kunden werden noch immer eine Frage haben, ganz einfach deshalb, weil sie entweder nicht alle Infos gelesen haben, oder – und das ist ein sehr wichtiger Grund – einfach eine ganz persönliche Antwort beziehungsweise Rückmeldung suchen.

Vielen Kunden geht es gar nicht so sehr um die Frage an sich, sondern vielmehr darum, dass sie einfach herausfinden wollen, wer sich hinter dem Webshop verbirgt. Wenn sie dann erkennen, dass es da tatsächlich jemanden gibt – eine fassbare, greifbare Person –, verschwinden letzte Hemmungen und sie können beruhigt ihre Bestellung tätigen. Sie haben jetzt das Vertrauen, dass es eine Person gibt, an die sie sich jederzeit wenden können, wenn es Komplikationen gibt.

Glaubwürdigkeit: Sie müssen zeigen, dass Sie gut sind. Zum einen, indem Sie vorhergehende Punkte berücksichtigen, zum anderen, indem Sie überzeugende Verkaufstexte beziehungsweise informative Produktbeschreibungen verfassen, die Ihre Kunden ansprechen. Die mit Abstand beste Möglichkeit, Ihre Glaubwürdigkeit zu demonstrieren, besteht aber darin, dass Sie Ihre Kunden zu Wort kommen lassen. Lassen Sie Ihre zufriedenen Kunden über Ihre Glaubwürdigkeit sprechen! Das ist das beste Mittel, um neue Kunden zu überzeugen.

Wenn Sie einen größeren Shop mit einem professionellen Shop-System betreiben, geben Sie Ihren Kunden die Möglichkeit, Produktrezensionen zu schreiben und Produkte zu bewerten. Durch das System geschieht dies automatisch und bedeutet für Sie keinen Mehraufwand. Sie zeigen jedoch deutlich, dass Ihr Shop ein lebendiger Marktplatz ist, der viel besucht wird und auf dem ein reger Meinungsaustausch stattfindet.

Positiver Umgang mit negativen Kundenmeinungen: Fürchten Sie sich auch nicht vor negativen Meinungen und verstecken Sie diese keinesfalls. Unterscheiden Sie klar zwischen negativen Meinungen zu einem Produkt und negativen Meinungen zu Ihrem Shop und dessen Service.

Negative Meinungen zu einem Produkt sind nicht schlecht. Wenn fünf Leute ein Produkt empfehlen und einer es ablehnt, verstärkt dies den Eindruck von Objektivität und ist überhaupt kein Problem. Wenn der Großteil der Kunden ein Produkt schlecht bewertet, sollten Sie sich vielleicht überlegen, es aus dem Sortiment zu nehmen.

Sehr zu Herzen nehmen sollten Sie sich negative Meinungen zu Ihrem Shop und dessen Service. Negative Meinungen zeigen Ihnen ganz klar, was Sie verbessern müssen. Das ist gut! Wenn Sie auf eine negative Meinung mit Verständnis und Entgegenkommen reagieren, können Sie damit im Ansehen Ihrer Kunden sogar mehr steigen, als wenn es gar keine negativen Meinungen gäbe. Damit meine ich nicht nur die Kunden, auf deren Anliegen Sie antworten, sondern auch unbeteiligte Kunden, die sehen, dass Sie auf Kundenanliegen eingehen. Ein klassisches Beispiel ist die Facebook-Seite, die Sie zu Marketing-Zwecken für Ihr Angebot betreiben. Wenn sich dort einmal ein Kunde über Sie aufregt, gehen Sie unbedingt auf ihn ein. Zeigen Sie auf diese Weise allen anderen Besuchern Ihrer Facebook-Seite, dass Ihnen die Anliegen Ihrer Kunden wichtig sind. Das schafft extreme Pluspunkte. Natürlich, wenn der Kunde völlig haltlos einfach nur über Sie lästert, sagen Sie ihm ganz klar, dass er bitte eine klare konstruktive Kritik abgeben soll, Sie aber Pöbelei nicht dulden. Das zeugt davon, dass Sie offen sind, aber auch Selbstwert haben.

1.3 Ein Überblick: In 10 Schritten zu einem erfolgreichen Internet-Business

Gratulation! Sie haben sich bis hierher durchgekämpft! Sie sind nun – zumindest von der Theorie her – bestens gerüstet, Ihr eigenes Internet-Business aufzubauen. Sie haben gelernt, wie wichtig es ist, eine Nische ausfindig zu machen. Sie haben gelernt, dass es nicht genügt, bloß eine Website ins Netz zu stellen. Sie brauchen auch zielgerichtete Besucher! Sie haben die CTPM-Strategie kennengelernt und Sie wissen, dass sich Informations-Portal und Webshop perfekt ergänzen.

Bis jetzt habe ich Ihnen die notwendigen Grundlagen vermittelt, wie Sie ein funktionierendes Internet-Business aufbauen. Nun wird es Zeit, dass ich Ihnen erkläre, wie Sie dieses ganze Wissen praktisch anwenden. Wie finden Sie eine Nische? Wie erstellen Sie einen Webshop? Es wird Zeit, all diese Fragen zu beantworten.

Ich fange damit an, dass ich Ihnen im Folgenden eine Übersicht gebe, wie Sie in 10 Schritten Ihr eigenes profitables Internet-Business aufbauen. Diese Übersicht ist quasi das Bindeglied zwischen dem bisherigen theoretischen Teil und den praktischen Schritt-für-Schritt-Anleitungen, die Sie in den weiteren Teilen dieses Buches finden. Lesen Sie sich die folgende Übersicht immer wieder durch, um das große Bild im Auge zu behalten. Glauben Sie mir, wenn Sie einmal eingetaucht sind, kann es leicht passieren, dass Sie die Übersicht verlieren. Das zeugt natürlich von Ihrem Enthusiasmus und ist ein gutes Zeichen. Es kann aber auch dazu führen, dass Sie der Mut verlässt, weil Sie von der Fülle der Details überwältigt werden und nicht mehr weiterwissen. Sie sind umgeben vom Meer und es ist kein Land in Sicht!

Diese Übersicht ist wie eine Karte, die Ihnen immer zeigt, wo Sie gerade sind und welcher Weg noch vor Ihnen liegt. Und noch besser: Diese Karte unterteilt den – auf den ersten Blick sehr lang erscheinenden Weg – in einfache, machbare Schritte. Die praktischen Details zu jedem Schritt erhalten Sie zum passenden Zeitpunkt in den weiteren Teilen dieses Buches.

Sie haben bis jetzt eine allgemeine Schulung für Ihre Abenteuer-Reise in den Internet-Dschungel erhalten. Nun wird es Zeit, dass das Abenteuer beginnt. Nehmen Sie die Karte in die Hand und sehen Sie sich den aufregenden Weg an, der vor Ihnen liegt. Danach gibt es kein Zurück mehr, denn mit den Praxis-Anleitungen aus den weiteren Teilen dieses Buches springen wir mitten in den Dschungel hinein und machen uns Schritt für Schritt auf den Weg zu Ihrem erfolgreichen Internet-Business.

Die Schritte 1 bis 5 dienen der Vorbereitung. Sie bereiten sich vor, bis Sie den perfekten Plan, das perfekte Konzept und den perfekt dazu passenden Domain-Namen für Ihr Informations-Portal haben. Mit den Schritten 6 bis 10 bauen Sie gemäß Ihrer Bauanleitung (dem Konzept aus den vorhergehenden Schritten) die Website. Eine Website, die dem erfolgserprobten Model des CTPM folgt und dadurch von all den wissbegierigen, zielgerichteten Besuchern gefunden wird, die nach Ihren Keywords suchen.

Und bitte beachten Sie: Lassen Sie sich nicht von der Planung entmutigen. Es mag scheinen, als ob Sie in der Planungsphase keine vorzeigbaren Ergebnisse erzielen würden, aber das täuscht. In dieser lebenswichtigen Phase bauen Sie ein solides Fundament, auf das Sie anschließend ein florierendes und gewinnbringendes Internet-Business errichten können, während alle anderen, die die Planungsphase übersprungen haben, kläglich scheitern.

1. Meistern Sie die Grundlagen

Diesen Schritt haben Sie bereits bravourös gemeistert, indem Sie bis hierher gelesen haben. Ich gratuliere! :-)

2. Erstellen Sie die Keywordliste und den Content-Blueprint für Ihr Site-Konzept

Das Site-Konzept umfasst alle Bereiche Ihres Informations-Portals.

- das Themengebiet
- die Keyword-Liste
- den Content-Blueprint
- die Domain
- die Einkommensmöglichkeiten

Zuerst werden Sie sich drei Herangehensweisen überlegen, die zu Ihrem Angebot passen. Wenn Sie wie Dr. Müller aus unserem Beispiel vorhin Zahnarzt sind, wären drei Herangehensweisen, die infrage kommen, zum Beispiel die örtliche mit dem Keyword »zahnarzt wien«, die auf eine spezifische Dienstleistung spezialisierte, beispielsweise mit dem Keyword »zahnfüllung keramik« oder die auf eine bestimmte Zielgruppe gerichtete Herangehensweise beispielsweise mit dem Keyword »zahnästhetik«, wo Sie ein betuchteres Klientel ansprechen. Für alle drei Herangehensweisen führen wir nun eine Keyword-Recherche durch, um festzustellen, welche die größte Markttauglichkeit besitzt. Ein weiterer Grund, warum

Sie nicht nur eine, sondern drei Herangehensweisen recherchieren sollten, ist, dass Sie so sofort Vergleichswerte erhalten, die Ihnen die Recherche erleichtern.

Nachdem Sie durch die Keyword-Recherche die markttauglichste Herangehensweise identifiziert haben, löschen Sie die restlichen zwei Keyword-Listen. Es kann aber natürlich sein, dass alle drei Herangehensweisen über ausreichend Nachfrage und akzeptable Konkurrenz verfügen und sich ideal ergänzen. Hier ist es natürlich nicht verboten, alle drei Herangehensweisen in einem Info-Portal zu vereinen oder vielleicht sogar drei jeweils auf eine Herangehensweise fokussierte Info-Portale aufzubauen. Beginnen Sie mit der Herangehensweise, die am profitabelsten und für Sie am einfachsten umzusetzen ist. Wenn das gut läuft, ergänzen Sie Ihr Info-Portal um die anderen Herangehensweisen beziehungsweise erstellen Sie zusätzliche Info-Portale.

Nun beginnen Sie, die Keywords in eine inhaltliche Struktur zu ordnen. Diese Struktur hat drei Ebenen und sorgt dafür, dass sich sowohl Ihre zukünftigen Besucher als auch die Suchmaschinen auf Ihrem Informations-Portal wohlfühlen werden und gut orientieren können. Das steigert sowohl Ihre Verkäufe als auch Ihre guten Positionierungen in den Suchergebnissen, was sich wiederum positiv auf Ihre Verkäufe auswirkt. Diese inhaltliche Struktur wird auch Content-Blueprint genannt.

Tipp

Die Schritt-für-Schritt-Anleitung zur Durchführung einer Keyword-Recherche und eine Anleitung, wie Sie eine Keyword-Liste in einen strukturierten Content-Blueprint aufbereiten, erhalten Sie in Kapitel 2 dieses Buches.

---

3. Ermitteln Sie die besten Einkommensquellen

Sie halten nun eine hochwertige Keyword-Liste mit gefragten und profitablen Keywords zu Ihrem Thema in Händen. Nicht nur das, Sie haben diese Keyword-Liste sogar schon in eine inhaltliche Struktur gebracht. Sie sind also im Besitz eines fertigen Content-Blueprints für Ihr Info-Portal.

Nun ist es an der Zeit, sich zu überlegen, welche Einkommensquellen Sie erschließen möchten. Allen voran werden Sie natürlich Ihre Produkte und Dienstleistungen vermarkten wollen. Doch stellen Sie vielleicht fest, dass es auch noch weitere Einkommensmöglichkeiten gibt, die Sie nutzen könnten. Sind Sie beispielsweise Anwalt, können Sie über das Internet nicht nur Ihre Dienstleistung vermarkten, sondern auch einen preiswerten Praxisleitfaden zum Thema Online-Recht als E-Book zum Download anbieten.

Tipp

Denken Sie bei der Wahl Ihrer Einkommensquellen immer »und-und-und« anstatt »oder-oder-oder«. Wenn möglich, entscheiden Sie sich nicht nur für eine Einkommensquelle. Betrachten Sie die Einkommensquellen als Standbeine Ihres Internet-Business. Je mehr Standbeine Sie haben, desto stabiler ist Ihr Geschäft. Alle Infos zum Thema Einkommensquellen finden Sie in Kapitel 3.

4. Verfeinern Sie Ihr Site-Konzept und registrieren Sie den perfekten Domainnamen

Das ist der Tag der Wahrheit. An diesem Tag ziehen Sie Resümee. Hat Ihr Site-Konzept Ihren Prüfungen standgehalten?

- Besitzt das Themengebiet Nachfrage und nicht zu viel Konkurrenz?
- Haben Sie genügend Keywords passend zum Thema gefunden?
- Lassen sich die Keywords in eine nachvollziehbare und logische inhaltliche Struktur bringen?

Sollte Ihr Site-Konzept einer oder mehreren dieser Anforderungen nicht entsprechen: Macht nichts! Noch sind Sie ja in der Planungsphase. Gehen Sie einfach zurück und überlegen Sie sich weitere Herangehensweisen, wie Sie Ihre Produkte und Dienstleistungen vermarkten könnten. Wiederholen Sie die vorhergehenden Schritte. Investieren Sie jetzt lieber nochmals ein bis zwei Tage (oder so lange, wie Sie brauchen) und genießen Sie dafür nachher jahrelang ein florierendes Internet-Business, als dass Sie jetzt Zeit »sparen« und dafür nachher nur Misserfolg haben. Was sind zwei Tage Arbeit im Vergleich zu einem jahrelang erfolgreichen Internet-Business? Nehmen Sie sich also die Zeit zur Planung!

Sollte Ihr Site-Konzept alle Anforderungen bereits erfüllen, ist das natürlich wunderbar. In diesem Fall wird es Zeit, dass Sie passend zu Ihrem Site-Konzept Ihre Domain registrieren!

WICHTIG

Registrieren Sie Ihre Domain **nicht**, bevor Sie Ihr Site-Konzept völlig ausgearbeitet haben. Erst wenn Ihr Site-Konzept inklusive Keyword-Liste und Content-Blueprint steht, wissen Sie, was Ihr Hauptkeyword ist.

Und dieses brauchen Sie aus folgendem Grund für Ihre Domain:

Um möglichst gute Positionen in den Suchergebnissen zu erzielen, sollte die Domain das Hauptkeyword Ihrer recherchierten Keyword-Liste beinhalten. Ist Ihre Herangehensweise beispielsweise »zahnarzt wien«, so sollte die Domain *zahnarzt-wien.at* heißen. Wenn diese Domain schon vergeben ist (und das ist sie zur Drucklegung dieses Buches), können Sie auch noch ein weiteres Keyword aus Ihrer Keyword-Liste in den Domain-Namen integrieren, solange das Hauptkeyword erhalten bleibt. Sie können die Domain dann beispielsweise *zahnarzt-wien-meidling.at* nennen oder aber auch *zahnarzt-wien-online.at*. Hat sich nach der Keyword-Recherche herauskristallisiert, dass das Keyword »zahnästhetik« das Hauptkeyword Ihres Info-Portals wird, sollte die Domain dementsprechend zum Beispiel *zahnaesthetik.at* oder *zahnaesthetik-wien.at* lauten.

> **Tipp**
>
> Die Schritt-für-Schritt-Anleitung zur Überprüfung Ihres Site-Konzepts und zur Registrierung des passenden Domain-Namens finden Sie in Kapitel 2 dieses Buches.

5. Bauen Sie eine Website, die den Klick bekommt

- Erstellen Sie ein einfaches und ansprechendes Design.
- Erstellen Sie eine übersichtliche Navigation.
- Erstellen Sie ein Impressum und ein Kontakt-Formular.
- Schreiben Sie für jedes Keyword Ihrer Keyword-Liste eine eigene Seite.
- Optimieren Sie jede Seite gemäß gültiger Suchmaschinenoptimierungs-Richtlinien auf das jeweilige Keyword.
- Bauen Sie eventuell AdSense in Ihre Website ein.

Bauen Sie jetzt noch keine Verweise zu kommerziellen Angeboten in Ihre Texte oder sonst wo auf Ihrer Website ein. In den nächsten Schritten werden Sie unter anderem Ihre Website noch in einigen Webkatalogen und Website-Verzeichnissen eintragen. Es ist leichter, dort eingetragen zu werden, wenn man als möglichst objektive Informations-Website ohne Verkaufsabsichten auftritt. Sie werden die Links zu Ihrem Angebot einbauen, wenn Sie aufgenommen wurden.

> **Tipp**
>
> Detaillierte Richtlinien zur Erstellung des Designs, der Navigation und der Texte für ein professionelles Informations-Portal erhalten Sie in Kapitel 4, detaillierte Richtlinien zur Suchmaschinenoptimierung in Kapitel 5.

6. Bauen Sie sich einen kostenlosen Besucherstrom auf (Traffic)

Die Suchmaschinen

Die erste Möglichkeit, um kostenlosen Traffic, das heißt Besucher zu erhalten, sind die Suchmaschinen. Die wichtigste Suchmaschine ist im Moment mit Abstand Google. Dennoch gibt es einige weitere Suchmaschinen wie beispielsweise Bing, die Ihnen Besucher bringen können. Um in die Suchergebnisse dieser Suchmaschinen aufgenommen zu werden, melden Sie die Startseite Ihrer Website dort an. Die Unterseiten werden von den Suchmaschinen selbst aufgenommen.

Webkataloge und weitere Möglichkeiten

Die zweite Möglichkeit sind Webkataloge. Webkataloge bringen bei Weitem nicht so viele Besucher wie Suchmaschinen, aber sie erfüllen einen anderen wichtigen Zweck. Suchmaschinen bewerten Ihre Website besser, wenn viele andere als relevant eingestufte Websites mit ähnlichem Themengebiet auf Ihre Website verweisen. Nun gibt es einige Webkataloge, die von den Suchmaschinen als sehr wichtig eingestuft werden. Wenn diese Webkataloge Ihre Website aufnehmen, bewerten die Suchmaschinen Ihre Website besser und listen sie somit auch weiter oben in den Suchergebnissen. Neben Webkatalogen gibt es noch weitere gute Möglichkeiten zur Generierung von eingehenden Links. Mit diesen befassen Sie sich ebenfalls in diesem Schritt.

> **Tipp**
>
> In Kapitel 5 erfahren Sie, wie und wo Sie Ihre Website in den Suchmaschinen anmelden können und welche Möglichkeiten es gibt, wie Sie mit möglichst wenig Aufwand viele hochqualitative Links zu Ihrer Website generieren.

7. Bauen Sie Beziehungen zu Ihren Besuchern auf

In diesem Schritt vertiefen Sie die Beziehung zu Ihren Kunden und binden diese dauerhaft. Nach dem Motto: Ein Kunde, der zehnmal bei Ihnen kauft, ist zehnmal so viel wert wie einer, der nur einmal bei Ihnen kauft.

Bauen Sie Videos ein! Nichts schafft mehr Vertrauen, als wenn Sie sich Ihren Besuchern in einem Video zeigen. Ihre Besucher lieben es, Sie persönlich zu sehen, Ihre Gestik, Ihr Aussehen, Ihre Sprache etc. Sie erzeugen mit Videos in Ihren Besuchern das Gefühl, dass sie Sie kennen. Das nimmt viele Hemmschwellen.

Geben Sie Ihren Besuchern die Möglichkeit, Ihre Website mit einem einfachen Mausklick in ihre Lesezeichen und Online-Lesezeichen (wie Mister Wong etc.) zu übernehmen. Das verschafft Ihnen zum einen eingehende Links, zum anderen werden Ihre Besucher so wieder an Ihre Website erinnert.

Studien zeigen, dass die meisten Besucher Ihrer Website nicht beim ersten Besuch kaufen, sondern meistens erst zwischen der 7. bis 12. Begegnung. Es ist also wichtig, dass Sie die neuen Besucher Ihrer Website irgendwie fassen und immer wieder mit ihnen in Kontakt treten. Hierfür ist E-Mail-Marketing extrem gut geeignet. Sie bewegen Ihre Besucher dazu, sich in Ihren E-Mail-Verteiler einzutragen, und über diesen treten Sie dann mithilfe vorgefertigter, speziell dafür ausgerichteter Kampagnen in Kontakt mit Ihren Besuchern und erwärmen sie Schritt für Schritt für die Inanspruchnahme Ihres Angebots. Eine weitere geniale Möglichkeit zur Kundenbindung ist Social Media, speziell Facebook und Twitter.

Tipp

Wie Sie effektives E-Mail-Marketing und Social-Marketing betreiben, erfahren Sie in Kapitel 6 dieses Buches. Welche Anforderungen ein automatisiertes E-Mail-Newsletter-System inklusive Autoresponder erfüllen muss, welche Systeme ich empfehlen kann und wie Sie diese in Ihre Website integrieren, erfahren Sie in Kapitel 7.

---

8. Bauen Sie Ihre Produkt-Verweise ein

Bis jetzt haben Sie ein hochqualitatives Informations-Portal erstellt. Sie haben viele Besucher, zu denen Sie eine vertrauensvolle Beziehung aufgebaut haben. Mit Ihrem E-Mail-Newsletter und anderen Angeboten bleiben Sie zudem ständig mit Ihren Kunden in Kontakt und begeistern diese, weshalb sie immer wieder gerne Ihre Produkte kaufen oder Ihre Dienstleistungen in Anspruch nehmen.

Die Sache ist: Bisher haben wir noch gar keine Produkte eingebaut, die Sie verkaufen könnten! Das ändert sich mit diesem Schritt. Jetzt ist der Zeitpunkt gekommen, die Links zu Ihrem eigenen Angebot in Ihre Texte einzubauen. Im Prinzip bauen Sie jetzt alle Einkommensquellen in Ihre Website ein, die Sie im dritten Schritt festgelegt haben.

Tipp

Wie verweist man in einem Informations-Text locker und natürlich auf ein Produkt, ohne als »Verkäufer« zu wirken? Mehr dazu in Abschnitt 4.3.7.

---

9. Analysieren Sie Ihre Besucher

Das Analysieren unterscheidet den Profi vom Anfänger. Als Anfänger neigt man dazu, einfach mal drauflos zu arbeiten. Wenn etwas halbwegs gut funktioniert, versucht man, das Gemachte einfach zu kopieren, ohne genau zu wissen, wieso es überhaupt funktioniert. Der Profi weiß es besser und erspart sich damit viel, sehr viel Arbeit. Das Analysieren bedeutet zwar etwas Extra-Aufwand, aber dafür kann man dann mit einem Bruchteil der Arbeit ein Vielfaches an Gewinn machen.

Stellen Sie sich vor, Sie haben zwei Seiten in Ihrem Informations-Portal, von denen Sie auf Ihren Webshop verweisen. Von 100 Menschen, die diese zwei Seiten lesen, klicken 10 auf den Link zu Ihrem Webshop. Das bedeutet, Sie haben eine sogenannte Durchklickrate von 10 Prozent, was sehr gut ist. Sie denken sich: Toll, schreibe ich einfach noch zwei Seiten und verdopple auf diese Weise meine Verkäufe!

Durch eine Analyse beider Seiten jedoch würden Sie rasch feststellen, dass auf einer Seite ganz viele Leute auf Ihren Verweis zum Webshop klicken, auf der anderen Seite jedoch fast niemand. Aufgrund dieser Erkenntnis gehen Sie her und ändern die zweite Seite nach dem Vorbild der erfolgreichen ersten Seite um. Nun läuft die zweite Seite genauso gut wie die erste! Doch es kommt noch besser: Wenn Sie jetzt zwei weitere Seiten schreiben, haben Sie Ihren Gewinn nicht nur verdoppelt, wie es der günstigste Fall gewesen wäre, wenn Sie nicht analysiert hätten, sondern Sie haben Ihren Gewinn wahrscheinlich vervierfacht!

Beachten Sie hierzu: Wenn Sie Ihre Seiten nicht analysiert hätten, wüssten Sie nicht, welche Seite die erfolgreichere ist, und hätten fälschlicherweise auch leicht die schlechte Seite als Vorbild für weitere Seiten nehmen können. Dann hätten Sie nur Arbeit gehabt und Ihre Verkäufe wären überhaupt nicht gestiegen! Sie sehen: Analysieren zahlt sich aus!

10. Verdienen Sie und verdienen Sie mehr!

Sehen Sie sich an, was Sie bisher erreicht haben. Sie haben eine hochqualitative Website aufgebaut und gute Einkommensquellen integriert. Sie haben eine Beziehung zu Ihren Besuchern aufgebaut und Ihre Besucher analysiert. Sie sollten nun ein gutes Geschäft machen! Abgesehen davon, wie gut Ihr Geschäft nun läuft: Es geht immer noch besser.

Sehen Sie sich hier deshalb an, wie gut Ihre Einkommensmöglichkeiten in der Praxis zum Thema Ihrer Website passen. Haben Sie die Einkommensquellen richtig integriert? Verdienen Sie damit? Welche Einkommensquellen bringen Ihnen mehr Gewinne? Zieht eine kleine Einkommensquelle potenzielle Besucher von einer größeren weg?

Beispiel: Wenn Sie einen Text verfassen, in dem Sie Ihre Besucher im Laufe der hochwertigen Informationen auf ein Produkt aufmerksam machen, mit dem Sie pro Verkauf 100 Euro Gewinn machen, macht es keinen Sinn, dass Sie am Anfang des Textes Google-AdSense-Anzeigen schalten. Jeder Besucher, der auf so eine Anzeige klickt, verlässt damit nämlich Ihre Seite und Sie erhalten für den Klick nur einen kleinen Cent-Betrag. Unter Umständen hätte dieser Kunde aber das im Text angeführte Produkt gekauft, und Sie hätten auf diese Weise 100 Euro verdient. Sie sehen: Solche Überlegungen spielen eine große Rolle. Jetzt ist es an der Zeit, auf diese Weise Ihre Einkommensquellen zu optimieren.

Noch ein guter Tipp

Sie sollten für Ihr Informations-Portal weder völlig trockene, sachliche Texte, noch schreierische produktorientierte Werbetexte verfassen. Bieten Sie sachliche Informationen, aber bringen Sie ruhig Ihre persönliche Note ein. Sie sind ein Mensch mit eigener Meinung. Sie finden gewisse Dinge gut und andere schlecht. Sie haben mit gewissen Produkten schlechte Erfahrungen gemacht und mit anderen sehr gute, weshalb Sie eben auch nur gewisse Produkte empfehlen. Das ist Ihr Gefühl, mit dem Sie die Texte verfassen sollten.

Kapitel 2

Konzept und Website entwickeln

Bisher habe ich Ihnen eine grundlegende Übersicht vermittelt. Nun wird es Zeit, praktisch zu werden. Vorher möchte ich Sie in Ihrem Interesse aber unbedingt noch klar auf folgenden Punkt hinweisen: Wenn Sie noch nicht bis hierher gelesen haben, rate ich Ihnen, das dringend nachzuholen. Sie werden aus den folgenden Informationen nur einen Bruchteil herausholen können, wenn Sie nicht das Gesamtbild verstehen, das ich Ihnen in den ersten Kapiteln vermittle. Stellen Sie sich den Aufbau eines erfolgreichen Internet-Geschäfts wie den Bau eines Wohnhauses vor:

Zuallererst brauchen Sie einmal eine theoretische Ausbildung. Dabei lernen Sie umfassend alles zum Thema »Bauen« und bekommen ein allgemeines Verständnis, wie die einzelnen Bereiche des Bauens (Hochbau, Tiefbau, elektrische Systeme, Heizungs- und Rohrverlegung etc.) zusammengehören. Danach wird es Zeit, dass Sie das Fundament errichten. Je stabiler das Fundament ist, desto schöner und größer das Haus, das sie später darauf bauen können. Umgemünzt auf den Aufbau eines erfolgreichen Internet-Geschäfts bedeutet das:

Der erste Teil dieses Buches ist Ihre Ausbildung. Wenn Sie diesen gelesen haben, sind Sie bereit, in die Praxis einzutauchen. Mit dem zweiten Teil (also diesem hier) beginnen Sie nun mit der praktischen Arbeit an Ihrem fulminanten und gewinnbringenden Internet-Geschäft. Mit den Anleitungen aus diesem Teil erstellen Sie das Site-Konzept, sprich das Fundament für Ihr Internet-Geschäft. Nehmen Sie sich bitte für den Bau des Fundaments genügend Zeit. Alle Menschen, wirklich *alle* Menschen, die diesen Schritt überspringen oder nur oberflächlich erledigen, bereuen es später zutiefst. Ganz einfach deshalb, weil sie alle kläglich scheitern. Nehmen Sie sich also so viel Zeit, wie es braucht, um ein solides Fundament für Ihren Erfolg zu bauen. Sie werden es später mit Zehntausenden Euro zurückbekommen.

2.1 Das Site-Konzept

Das Gesamt-Konzept für Ihre Internet-Präsenz, sprich Info-Portal und Webshop, nennt man Site-Konzept. Ihr Internet-Business steht und fällt mit Ihrem Site-Konzept. Wenn Ihr Konzept durchdacht ist, wird auch Ihre Website ein Erfolg. Warum?

Ganz einfach. Die Website selbst ist nur das Fahrzeug. Ein Auto selber ist weder erfolglos noch erfolgreich. Sie können mit einem Auto nach Wien fahren, obwohl Sie eigentlich nach München wollten. Sie können mit einem Auto im Stau stecken und Sie können sich wundern, wieso Sie mitten im Niemandsland stehen, obwohl Sie doch nach Frankfurt wollten. Kurzum: Ein Auto alleine macht noch lange keinen Erfolg aus. Eine Website alleine genauso wenig. Wenn Sie nach Frankfurt wollen, ist es entscheidend, dass Sie wissen, wie Sie hinkommen. Sie brauchen einen Plan, eine gute Straßenkarte. Dann macht auch das Auto Sinn. Es macht nicht nur Sinn, sondern es wird sogar zu einem ganz entscheidenden Faktor Ihrer Unternehmung. Genauso verhält es sich mit dem richtigen Site-Konzept. Es ist die Landkarte, die Ihre Website zum Erfolg führt.

Ein Site-Konzept besteht aus folgenden Bereichen:

- dem Themengebiet
- der Keyword-Liste
- der inhaltlichen Struktur (in Englisch: Content-Blueprint)
- dem Domain-Namen
- den Einkommensquellen

2.1.1 Das Themengebiet

Ich gehe an dieser Stelle davon aus, dass Sie bereits eine klare Vorstellung vom Thema Ihrer Website haben, das in Zusammenhang mit Ihrem Angebot steht. Sind Sie beispielsweise Hochzeitsplaner, wäre das Thema Ihres Info-Portals ganz allgemein gesagt *Hochzeit*. Betreiben Sie Ihr eigenes Reisebüro, wo Sie speziellen Fokus auf individuelle Kundenwünsche legen, wäre das Thema beispielsweise *Exklusive Luxusreisen*. Sind Sie Fotograf und wollen im Internet Ihre Auftragslage verbessern, wäre das Thema Ihres Info-Portals ganz allgemein *Fotografie* oder beispielsweise spezialisierter *Modefotografie*. Betreiben Sie eine kleine, aber feine Pension in der Toskana, wäre Ihr Thema *Urlaub in der Toskana*.

Nun gibt es drei Möglichkeiten:

- Entweder Sie sind mit Ihrem Angebot bereits in einer sehr spezifischen Nische tätig,

- haben einen örtlichen Bezug

- oder operieren in einem umkämpften Markt und brauchen daher eine spezielle Herangehensweise, um sich im Internet gegen die Konkurrenz behaupten zu können.

Ein Beispiel für einen umkämpften Markt wäre das Thema *Fahrradzubehör*. Wenn Sie also ein Fahrradgeschäft besitzen und Ihre Produkte nun auch im Internet vermarkten wollen, bedarf es hier einer speziellen Herangehensweise, um Ihrer Konkurrenz aus dem Weg zu gehen. Aus dem Themengebiet heraus entsteht ...

2.1.2 Die Keyword-Liste

Im ersten Kapitel dieses Buches haben Sie gelernt, was ein Keyword ist. Sehen wir uns nun an, was die Keyword-Liste ist: Wenn Sie Ihr favorisiertes Themengebiet gefunden haben, wird es Zeit, dass Sie Online-Marktforschung betreiben. Sie müssen herausfinden, ob Ihr bevorzugtes Themengebiet auch einen Markt hat. Dazu müssen Sie im Internet Keyword-Recherche betreiben. Warum?

Jeder sucht im Internet mit Suchmaschinen nach Informationen. Was gibt man in Suchmaschinen ein? Einen Suchbegriff, sogenannte Keywords. Sie können also ganz leicht feststellen, ob es zu einem Thema Nachfrage gibt, indem Sie recherchieren, mit welchen Keywords wie oft danach gesucht wird, sprich: Wie viele Suchanfragen gibt es beispielsweise in Google pro Monat zu Ihrem Thema? Wie Sie eine Keyword-Recherche selbst professionell durchführen können, erfahren Sie in Kürze.

Das Keyword und die Keyword-Phrase ... Gibt es einen Unterschied?

Sie werden noch merken, dass ich in diesem Buch beide Begriffe verwende, damit aber praktisch das Gleiche meine. Wenn man pingelig ist, könnte man sagen, ein Keyword besteht aus nur einem Wort und eine Keyword-Phrase aus mehreren. Da man eine Keyword-Phrase aber wie ein Keyword behandelt, ist dieser Unterschied unbedeutend. Wenn ich nicht extra darauf hinweise, verwende ich diese Begriffe daher synonym.

Nachdem Sie eine umfangreiche Liste von profitablen Keywords für ein bestimmtes Themengebiet zusammengestellt haben, wird es Zeit, dass Sie diese Liste zu einer inhaltlichen Struktur (auch Content-Blueprint genannt) aufbereiten.

2.1.3 Die inhaltliche Struktur (Content-Blueprint)

Mit dem Content-Blueprint ordnen Sie die Keywords Ihrer Liste in eine übersichtliche Struktur, die Sie später auch für den Aufbau Ihrer Website verwenden werden. Wie sieht das praktisch aus?

Nehmen wir an, Sie haben eine Liste mit 60 für Ihr Themengebiet relevanten Keywords recherchiert. Sie werden für fast jedes Keyword Ihrer Liste eine eigene Seite schreiben, die genau auf dieses Keyword »suchmaschinenoptimiert« ist. Manche Keywords verwenden Sie nur ergänzend, da sie sich nicht für eine eigene Seite eignen. Doch dazu später mehr. Warum für jedes Keyword eine eigene Seite? Weil Sie nur so eine Seite Ihres Info-Portals inhaltlich ganz spezifisch auf ein bestimmtes Keyword fokussieren können. Diese Fokussierung ist die Voraussetzung dafür, dass diese Seite dann für das ihr zugewiesene Keyword von den Suchmaschinen als relevant eingestuft wird und an vorderen Positionen in den Suchergebnissen aufscheint.

Tipp

Wie Sie eine Seite und deren Metatags auf ein bestimmtes Keyword/Keyword-Phrase optimieren und was Sie dabei genau beachten müssen, erfahren Sie in Abschnitt 5.2.4.

Doch wollen Sie einfach eine Webseite erstellen und auf diese eine Wurst von 60 Verweisen zu Unterseiten hinklecksen? Sicher nicht. Das wirkt unübersichtlich und führt dazu, dass niemand lange auf Ihrer Website verweilen möchte. Wie jede gute Website brauchen Sie also eine inhaltliche Struktur. Sie müssen Ihre Keywords in ein Schema bringen.

Dieses Schema sieht wie folgt aus:

> Startseite
>> Rubrikseiten
>>> Detailseiten

Das umfassendste und allgemeinste Keyword Ihrer Nische (oft aber nicht immer das, mit dem Sie die Recherche begonnen haben) nehmen Sie für die Startseite Ihrer Website.

Wichtig

Bitte nehmen Sie nicht das tatsächlich allgemeinste Keyword. Nehmen Sie das allgemeinste Keyword *Ihrer Nische*.

Was ich meine? Hier ein Beispiel: Nehmen wir an, Sie sind freier Landschaftsgestalter und führen zu diesem Thema eine Keyword-Recherche durch. Schnell stellen Sie fest, dass es eine große Konkurrenz für Begriffe wie *Gartengestaltung* und *Landschaftsgestaltung* gibt. Sie entscheiden sich daher dafür, sich auf einen spezifischen Bereich der Landschaftsgestaltung zu konzentrieren, der weniger Konkurrenz aufweist. Ein solcher spezifischer Bereich wäre das Thema *Bonsaibäume*. Sie führen zu diesem Thema also eine Keyword-Recherche durch. Im Zuge Ihrer Recherchen stoßen Sie unter anderem auf folgende Keywords:

- pflege bonsaibäume trockenes klima
- pflege bonsaibäume dünger
- bäume
- bonsaibäume
- pflege bonsaibäume feuchtes klima

Wenn Sie obige Liste betrachten, werden Sie sehen, dass das Keyword »bäume« auf jeden Fall das allgemeinste ist. Allerdings haben allgemeine Keywords in der Regel nicht nur die meisten Suchanfragen (Nachfrage), sondern auch die meiste Konkurrenz (Angebot). Das Keyword »bäume« mag also das allgemeinste Keyword Ihrer Recherche sein, aber es ist nicht das allgemeinste Keyword Ihrer Nische. Dieses wäre »bonsaibäume«. Wenn möglich, sprich, wenn die Nachfrage dadurch nicht zu sehr abnimmt, können Sie sich noch mehr spezialisieren. Fokussieren Sie Ihr Info-Portal in diesem Fall beispielsweise auf das noch engere Thema »pflege bonsaibäume« und nehmen Sie dieses Keyword als Grundlage für Ihre Website, sprich als Keyword für Ihre Startseite. Wir belassen es in diesem Beispiel beim Keyword »bonsaibäume« für die Startseite.

Wichtig

Je spezifischer das Thema ist, das Sie für Ihr Info-Portal wählen, desto weniger Konkurrenz haben Sie. Achten Sie jedoch darauf, dass noch genügend Nachfrage herrscht.

Tipp

Wie Sie ein Thema finden, das zu Ihrem Angebot passt, möglichst viele Suchanfragen (Nachfrage) aufweist, gleichzeitig aber möglichst wenige Mitbewerber (konkurrierende Websites) aufweist, lernen Sie in Kapitel 2.2 ff.

Nachdem Sie das Keyword für die Startseite festgelegt haben, fassen Sie alle weiteren Keywords in einzelne Rubriken zusammen. In jeder Rubrik identifizieren Sie wiederum das allgemeinste Keyword dieser Rubrik und verwenden es für die Rubrikseite (die Hauptseite der jeweiligen Rubrik). Alle anderen Keywords einer Rubrik verwenden Sie für Detailseiten dieser Rubrik. Grafisch dargestellt, sieht das so aus, wie in der Abbildung dargestellt.

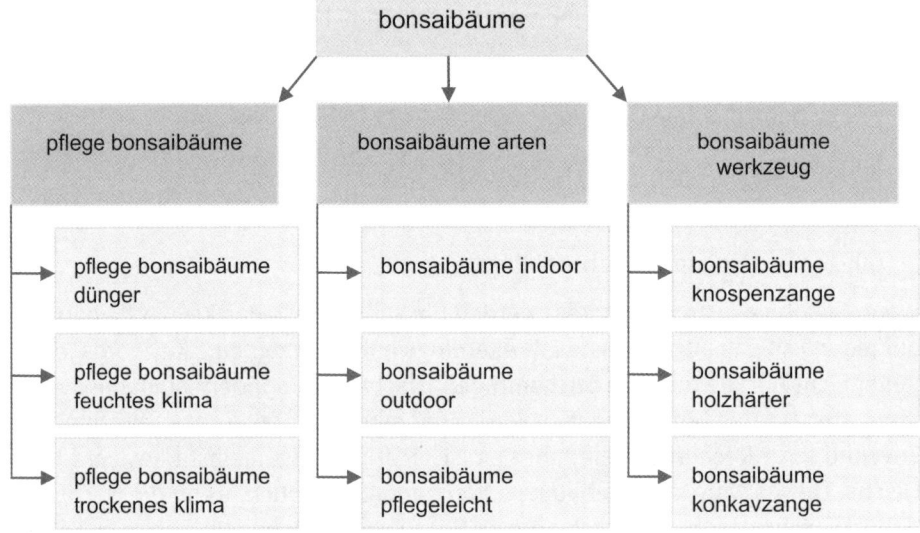

Abb. 2.1: Beispielstruktur

Diese inhaltliche Struktur macht es …

- Ihnen einfacher, Ihre Website mit gutem Inhalt zu füllen
- Ihren Besuchern einfacher, sich auf Ihrer Website zu orientieren
- den Suchmaschinen einfacher, das Thema Ihrer Website und die Relevanz Ihrer Website zu diesem Thema zu erkennen und zu bewerten

2.1.4 Der Domainname

Der Domainname wird die Adresse Ihrer Website. Machen Sie **nicht** den Fehler, Ihre Domain sofort zu registrieren. Registrieren Sie Ihre Domain erst, wenn Sie die Planung für Ihre Website, die Planung für Ihr Internet-Geschäft abgeschlossen haben. Warum? Es ist wichtig, dass sich der Inhalt Ihrer Website im Domain-Namen widerspiegelt. Das bringt Ihnen bei Ihren Besuchern zusätzliches Vertrauen und bei den Suchmaschinen einige Pluspunkte. Es ist ein zusätzlicher positiver Faktor, der es Ihnen leichter macht, für Ihre Keywords auf guten Positionen in den Suchergebnissen gelistet zu werden.

Planen Sie also zuerst Ihr Site-Konzept. Finden Sie Ihr Themengebiet, erstellen Sie aus der Keyword-Liste die inhaltliche Struktur und erst dann – wenn Sie wissen, wie und was genau Ihre Website inhaltlich präsentiert – registrieren Sie die dazu passende Domain. Hier können Sie sich merken:

> **Wichtig**
>
> Die Domain sollte immer das Hauptkeyword Ihrer Website, also das Keyword Ihrer Startseite, beinhalten.

Beispiel: Das Keyword Ihrer Startseite ist »bauchmuskeltraining für mütter«. Dann lautet Ihr Domainname dementsprechend idealerweise:
`www.bauchmuskeltraining-fuer-muetter.de`

2.1.5 Die Einkommensquellen

Sie haben sich so weit ein solides Konzept für den Inhalt Ihrer Website erarbeitet. Sie haben eine gute Keyword-Liste für ein Nischen-Themengebiet und Sie haben diese Keyword-Liste in einer inhaltlichen Struktur aufbereitet. Sie wissen, worüber Sie wie schreiben wollen.

Nun gilt es, die Frage zu beantworten, welche Einkommensquellen Sie nutzen wollen und wie Sie diese aufbereiten. Die logische Überlegung ist, dass Sie genau die Produkte und Dienstleistungen anbieten, die Sie als Selbstständiger bisher auch schon außerhalb des Internets angeboten haben. Sind Sie also beispielsweise Anwalt und erstellen nun ein Info-Portal über Wirtschaftsrecht, um über das Internet neue Kunden zu gewinnen, ist es naheliegend, dass Sie Ihre Anwalts-Dienstleistungen über das Info-Portal anbieten.

Ich möchte Sie an dieser Stelle jedoch darauf hinweisen, dass es im Internet außer Ihren eigenen Produkten und Dienstleistungen eine Vielzahl von Einkommensmöglichkeiten gibt, die Sie nicht unterschätzen sollten. Viele dieser Einkommensmöglichkeiten ergänzen Ihr bestehendes Angebot perfekt und sind mehr als eine Überlegung wert. Wer weiß, vielleicht wird eine Einkommensquelle, die Sie anfangs ergänzend zu Ihrem eigenen Angebot nutzen, später sogar einmal Ihre Haupteinkommensquelle!

Ich gebe Ihnen im Folgenden eine knappe Übersicht über die wichtigsten Einkommensquellen im Internet. Dann gebe ich ein paar Beispiele, wie Sie zusätzliche

Einkommensquellen als Selbstständiger ergänzend zu Ihrem bereits bestehenden Angebot nutzen können.

Eigene Produkte/Dienstleistungen:

- Sie besitzen eine Modeboutique, ein Fachgeschäft für Modelleisenbahnen, eine Buchhandlung oder ein Kosmetikgeschäft? Vertreiben Sie Ihre breite Produktpalette auch im Internet. Erstellen Sie ein Online-Versandhaus (umfangreicher Webshop unter eigener Domain) und speisen Sie es mit dem Besucherstrom Ihres Info-Portals. Siehe Kapitel 1.2.

- Sie sind Dienstleister, beispielsweise Fotograf oder betreiben einen Friseur-Salon, eine Anwaltskanzlei, Arztpraxis, Grafikagentur oder bieten Yogakurse, Massagen, Ernährungsberatung oder einen Übersetzungsservice an? Erstellen Sie ein Info-Portal passend zum Thema Ihres Angebots und vermarkten Sie Ihre Dienstleistungen in einem kommerziellen Bereich Ihres Info-Portals, wie Sie es bereits im Kapitel 1.2 gelernt haben.

Weitere sehr effektive Einkommensquellen:

- Verkauf digitaler Produkte (E-Books, Filme, Video-Kurse, Audio-Kurse, Fotos)

- Vermietung von Werbefläche auf Ihrer Website (Google AdSense, Banner, Werbeartikel etc.)

- Partnerprogramme (englisch: Affiliate-Programs): Sie empfehlen Produkte von anderen Internet-Verkäufern und erhalten eine Provision für jeden erfolgreichen Verkauf, der durch Sie zustande kommt.

- Vermittlungsprämien: Leiten Sie Besucher über ein Kontaktformular beispielsweise an einen Immobilienmakler weiter und erhalten Sie dafür Prämien.

Machen Sie sich im Zuge Ihres Site-Konzepts Gedanken, wie Sie diese Einkommensquellen ergänzend nutzen können, und recherchieren Sie diese ausführlich. Wie Sie das tun, erfahren Sie in Kapitel 3. Denken Sie immer daran, dass mehrere Einkommensquellen Ihr Einkommen nicht nur erhöhen, sondern auch stabilisieren. Hier zwei Beispiele, wie Sie Ihr bestehendes Angebot im Internet um zusätzliche Einkommensquellen erweitern könnten:

- Tobias Leehmann ist Webdesigner. Er erstellt ein Info-Portal namens *alles-rund-ums-webdesign.com*. Hier gibt er zahlreiche Tipps für professionelles Webdesign. Viele Leute stoßen auf sein Info-Portal, erkennen durch seine Ausführungen, dass er wirklich Experte auf seinem Gebiet ist, und fragen sich, ob er denn selbst Webdesign-Dienstleistungen anbietet. Sie gehen im Info-Portal auf den Menüpunkt *Angebote* und voilà, schon finden sie sein Dienstleistungsangebot und buchen ihn. Es gibt aber auch viele Menschen unter den Besuchern von Tobias' Info-Portal, die seine Dienstleistungen nicht in Anspruch nehmen wollen, sondern sich ihre Website selbst designen wollen. Wie kann Tobias diese Besucher ebenfalls gewinnbringend nutzen, wenn sie seine Dienstleistungen nicht wollen? Er entschließt sich dazu, einen Video-Kurs zu erstellen, wie man sich mit Adobe Dreamweaver Schritt für Schritt seine eigene Website erstellt. Was ist passiert? Tobias hat sein ursprüngliches Dienstleistungsangebot nun um den Verkauf digitaler Produkte ergänzt. Durch die Implementierung dieser zusätzlichen Einkommensquelle erzielt er jetzt ein höheres und stabileres Einkommen und er macht sich kein bisschen Konkurrenz!

- Markus Berger ist Physiotherapeut. Auf seinem Info-Portal *physiotherapie-online.com* bietet er alles Wissen rund um Physiotherapie an und vermarktet seine Dienstleistungen. Da Markus seine Dienstleistungen nur in Österreich anbietet, stellen für ihn Physiotherapeuten aus Deutschland und der Schweiz keine Konkurrenz dar. Er reserviert daher die rechte Spalte seiner Website für Google-AdSense-Werbeanzeigen im Textformat und legt fest, dass dort Anzeigen von Physiotherapeuten geschaltet werden, allerdings nur von solchen aus Deutschland und der Schweiz. Markus Berger hat sein eigenes Dienstleistungsangebot um die Vermietung von Werbefläche auf seiner Website erweitert. Er verdient damit zusätzlich ein paar Hundert Euro pro Monat mit Besuchern, an denen er sonst gar nichts verdienen würde, da sie seine Dienstleistungen in Österreich nicht in Anspruch nehmen würden. Markus denkt aber noch weiter: Er merkt schnell, dass viele seiner interessierten Leser gerne selbst zu Hause aufbauende Körpergymnastik und Übungen durchführen wollen. Er stellt daher in seinem Info-Portal viele solche Übungsprogramme vor, zeigt, welche Hilfsmittel (Medizinbälle, Gewichte, Matten usw.) man dafür braucht, und empfiehlt auch ganz bestimmte Produkte. Dieses Trainingszubehör empfiehlt er aber nicht völlig selbstlos. Markus hat sich im Internet nach einem zuverlässigen und hochwertigen Online-Shop für Sportzubehör umgesehen und hat sich für das Partnerprogramm des besten Shops angemeldet. Jedes Mal, wenn nun ein Besucher seines Info-Portals aufgrund seiner Empfehlung ein Produkt in diesem Shop kauft, wird Markus ein gewisser Prozentsatz als Provision gutgeschrieben. Markus hat sein ursprüngliches Angebot nun also auch noch um Affiliate-Produkte erweitert.

Eine Einkommensquelle ist wie ein Tischbein. Je mehr Beine ein Tisch hat, desto sicherer steht er. Es kann immer wieder vorkommen, dass eine Einkommensquelle einmal schlecht läuft oder gar versiegt. Wenn Sie Ihr Internet-Business nur auf einer Einkommensquelle aufgebaut haben, kann es bei ihrem Ausfall zu sehr unangenehmen Folgen führen. Wenn Sie jedoch viele Einkommensquellen verwenden, gleichen sich die Schwankungen aus und Sie werden immer ein stabiles Einkommen haben. Und selbst wenn dann einmal eine Einkommensquelle völlig versiegt: Die anderen laufen noch immer, und das gibt Ihnen die Zeit und Ruhe, die Sie brauchen, um eine neue Einkommensquelle zu erschließen, mit der Sie die alte adäquat ersetzen.

So weit zur Übersicht. Machen wir uns nun daran, die einzelnen Schritte zum perfekten Internet-Geschäft im Detail durchzugehen.

2.2 Den besten Ansatz für Ihr Angebot erkennen

Nehmen wir nochmals den Zahnarzt Dr. Müller als Beispiel, den Sie bereits aus dem ersten Teil dieses Buches kennen. Ähnlich wie Sie hat Dr. Müller bereits eine klare Vorgabe, was er im Internet vermarkten will: seine zahnärztlichen Dienstleistungen. Hätte Dr. Müller diese Vorgabe nicht, würde er durch diverse Keyword-Recherchen und Vergleiche verschiedener Themengebiete feststellen, dass das Thema »Urlaub in der Toskana« vom Potenzial her noch profitabler ist als Themengebiete, die zu seinen Dienstleistungen passen. Dr. Müller ist das aber egal. Er wird deswegen trotzdem kein Reisebüro eröffnen, sondern Zahnarzt bleiben. Ihm geht es also nur darum, dass er die profitabelste Herangehensweise findet, um seine zahnärztlichen Dienstleistungen zu vermarkten.

Zwei große Vorteile hat es übrigens, dass Dr. Müller bereits so genau weiß, welches Angebot er im Internet vermarkten will: Er hat es hier mit einem Thema zu tun, an dem er wirklich interessiert ist und für das er Experte ist, und er verfügt über jahrzehntelange Erfahrung in diesem Themengebiet. Zwei optimale Voraussetzungen, um ein Informations-Portal zu erstellen, das hochwertige und fesselnde Informationen zum Thema anbietet, massenhaft Besucher anzieht und deren Vertrauen gewinnt.

Welche drei Möglichkeiten hat Dr. Müller nun, um seine Dienstleistungen möglichst profitabel zu vermarkten?

Spezialisierung: Dr. Müller stellt fest: Für allgemeine Themen wie »Zahnarzt«, »Zahnpflege« etc. gibt es bereits zu viele Konkurrenz-Websites. Er könnte sich also auf eine ganz spezifische Nische hinsichtlich Zahnbehandlung fokussieren. Beispielsweise auf die Erstellung von ästhetisch ansprechenden künstlichen Gebissen. Keywords hierfür wären unter anderem »keramik gebiss«, »porzellan gebiss«.

Lokalität: Dr. Müller betreibt seine Praxis in Wien. Die Website des Zahnarztes Dr. Hagenbutt aus Berlin ist für Dr. Müller eigentlich also gar keine Konkurrenz. Trotzdem bringt es Dr. Müller herzlich wenig, wenn er seine Website auf den Begriff »zahnarzt« optimiert und dann 20 Zahnärzte aus allen möglichen Städten vor ihm in den Suchergebnissen gelistet werden. Dr. Müller könnte seine Website jedoch auf »zahnarzt wien«, »zahnprothesen wien« »zahnfüllungen wien« etc. optimieren. Für »zahnarzt wien« hat Dr. Müller viel größere Chancen, ganz oben in den Suchergebnissen gelistet zu werden, als für den Begriff »zahnarzt« alleine und es macht überhaupt nichts, dass er seine Website auf Wien optimiert. Kunden aus Berlin sind sowieso nicht seine Zielgruppe.

Die Zielgruppe: Was, wenn Dr. Müller sich auf ein reiches Klientel fokussieren möchte, das sehr wohl auch aus Berlin zu ihm nach Wien kommen würde? Eine gute Möglichkeit, um von vornherein Konkurrenz aus dem Weg zu gehen, die sowieso andere Kundenschichten anspricht. Um in den Suchergebnissen den Zahnarzt-Websites aus dem Weg zu gehen, die ein weniger betuchtes Klientel ansprechen, muss Dr. Müller seine Website dementsprechend positionieren. Dies erreicht er, indem er seine Website beispielsweise auf Keywords wie »individuelles keramik gebiss«, »exklusive zahnklinik«, »ästhetische zahnchirurgie« und »vollkeramikbrücken« optimiert.

Praktische Anleitung: So vergleichen Sie die drei Herangehensweisen

> **Hinweis**
>
> Um den folgenden Vergleichs-Check richtig ausführen zu können, lesen Sie zuvor bitte noch die nachfolgenden Kapitel 2.3 und 2.4. In diesen Kapiteln lernen Sie, wie Sie die folgenden Schritte praktisch durchführen.

Wenn es Ihr Angebot zulässt, zwischen diesen drei Herangehensweisen zu wählen, sollten Sie diese nun vergleichen, um die beste zu ermitteln. Recherchieren und bewerten Sie hierfür die folgenden Faktoren:

1. Persönliche Vorliebe: Welche Herangehensweise sagt Ihnen persönlich am meisten zu?

2. Finanzielle Erwartung: In welcher Herangehensweise sehen Sie persönlich das größte finanzielle Potenzial?

3. Profitabilität: Wie viel Profitabilität (Nachfrage durch Angebot = Profitabilität) bietet die jeweilige Herangehensweise?

4. Anzahl der Keywords: Wie viele Keywords gibt es zur jeweiligen Herangehensweise?

5. Einkommensquellen: Welche Möglichkeiten gibt es, mit diesem Thema Geld zu verdienen?

Vergeben Sie für jede Herangehensweise Punkte für die einzelnen Faktoren. Vergleichen Sie auf diese Weise, welche Herangehensweise ganzheitlich gesehen die beste für Sie ist. Hier ein Beispiel:

Dr. Müller möchte nun herausfinden, für welche der drei Herangehensweisen er sich entscheiden soll. Soll er sich (1) auf eine Nische (beispielsweise hochwertige Vollgebisse oder kieferorthopädische Behandlungen für Kinder) spezialisieren, (2) die Lokalität nutzen oder sich (3) auf ein bestimmtes Klientel spezialisieren?

1. Auf die Frage, welche Herangehensweise ihm am meisten zusagt, hat Dr. Müller eine klare Antwort: die Lokalität. Er gibt ihr drei Punkte, den anderen null.

2. Auf die Frage, in welcher Herangehensweise er persönlich das größte finanzielle Potenzial sieht, antwortet Dr. Müller: Die Spezialisierung auf ein reiches Klientel. Er gibt dieser Herangehensweise drei Punkte. Der Herangehensweise mit der Spezialisierung auf eine Nische gibt er zwei Punkte, der Herangehensweise bezüglich Lokalität einen Punkt.

3. Nachdem Dr. Müller eine grobe Keyword-Recherche für alle drei Herangehensweisen durchgeführt hat, stellt er fest: Die höchste Profitabilität besitzt von den Keywords her gesehen die lokale Herangehensweise. Es gibt viele Suchanfragen zu dem Thema »zahnarzt wien« und die Konkurrenz ist überschaubar. Die zweithöchste Profitabilität besitzt die Spezialisierung auf die Nische »zahnspange kinder« beziehungsweise »kieferorthopädische behandlung kinder«. Zu diesem Thema gibt es zwar sehr viel Nachfrage, aber sehr viele Konkurrenz-Websites. Das Verhältnis von Nachfrage zu Angebot ist hier schlechter als bei der lokalen Herangehensweise. Die Spezialisierung auf ein reiches Klientel hat die schlechteste Profitabilität. Die Nachfrage ist zu gering und es gibt dennoch ein sehr großes Angebot. Er gibt der lokalen Herangehensweise drei Punkte, der Nischen-Herangehensweise zwei und der Zielgruppen-Herangehensweise einen Punkt.

4. Wie viele Keywords gibt es zur jeweiligen Herangehensweise? Dr. Müller stellt fest: Am meisten brauchbare Keywords gibt es für die lokale Herangehensweise (drei Punkte), am zweitmeisten für die Nischen-Herangehensweise (zwei Punkte) und am wenigsten für die Zielgruppen-Herangehensweise (einen Punkt).

5. Auf die Frage, wie er mit der jeweiligen Herangehensweise Geld verdienen würde, hat Dr. Müller immer die gleiche Antwort: mit seinen Dienstleistungen und mit einem Online-Shop. Das bleibt bei allen drei Herangehensweisen gleich. Alle Herangehensweisen bekommen hier drei Punkte.

Nun rechnet Dr. Müller zusammen:

- Die lokale Herangehensweise kommt insgesamt auf 13 Punkte.
- Die Nischen-Herangehensweise kommt auf 9 Punkte.
- Die Zielgruppen-Herangehensweise kommt auf 8 Punkte

Dr. Müller entscheidet sich also für die lokale Herangehensweise.

Wichtig

Hier geht es *nicht* darum, dass Sie jede der drei Herangehensweisen erschöpfend recherchieren und so feststellen, wie gut jede absolut gesehen ist. Hier geht es nur darum, einen groben Überblick zu erhalten, welche Herangehensweise im Vergleich zu den anderen zwei am besten abschneidet. So wissen Sie, welche der drei Herangehensweisen Sie als Erstes detailliert recherchieren sollten. Falls Sie im Zuge Ihrer Recherche bemerken, dass die scheinbar beste Herangehensweise doch nicht so ideal ist, können Sie immer noch eine der beiden anderen wählen.

Die ersten zwei Vergleichsfaktoren können Sie selbst beantworten. Für die weiteren müssen Sie einen kurzen Check durchführen.

Profitabilität: Vergleichen Sie als Erstes grob, wie profitabel die einzelnen Herangehensweisen sind. Geben Sie hierzu ein allgemeines Keyword, das Ihre Herangehensweise am besten wiedergibt, in den Keyword-Planer ein (siehe Abschnitt 4.2.1). Machen Sie das für alle drei Herangehensweisen. Nun zeigt Ihnen der Keyword-Planer, wie viel Nachfrage ein jedes Keyword hat. Um das Angebot für jedes Thema zu erfahren, geben Sie das Keyword, das Sie in den Keyword-Planer eingegeben haben, exakt gleich in *google.de* ein (sollte Ihr Keyword aus mehreren Worten bestehen, also eine Keyword-Phrase sein, geben Sie es bitte mit Anführungszeichen unter *google.de* ein). Nun zeigt Ihnen Google, wie viele Suchtreffer, sprich Angebote, es für dieses Keyword gibt. Führen Sie diesen Vorgang mit allen drei Keywords durch. Ich erinnere Sie an dieser Stelle nochmals daran, das Kapitel 2.4 zu lesen. Darin erfahren Sie ganz genau, wie Sie Schritt für Schritt Angebot und Nachfrage eines Keywords recherchieren. Die Herangehensweise mit dem besten Verhältnis von Angebot zu Nachfrage führt dann in der Kategorie »Profitabilität«.

Anzahl der Keywords: Um die Profitabilität einer Herangehensweise zu ermitteln, haben Sie ein passendes Keyword in den Keyword-Planer eingegeben. Dabei ist Ihnen sicherlich auch aufgefallen, dass der Keyword-Planer eine Liste thematisch relevanter Keywords ausgibt. Vergleichen Sie, wie viele verwandte Keywords für jedes Thema ausgegeben werden. Zählen Sie in diesem Vergleich aber nur Keywords, die ein Minimum von über 50 Suchanfragen pro Monat aufweisen.

Einkommensquellen: Die Frage, welche Einkommensquellen für Ihre Herangehensweise geeignet sind, können Sie sich selbst beantworten, ohne große Recherchen durchführen zu müssen. Denken Sie aber unbedingt ergänzend! Sie haben ein bereits bestehendes Angebot, das Sie über das Internet vermarkten wollen, aber gibt es vielleicht auch Potenzial für digitale Produkte (E-Books, Videos etc.), Affiliate-Produkte oder die Vermietung von Werbefläche auf Ihrer Website aufbauend und ergänzend zu Ihrem bestehenden Angebot?

2.3 Die perfekte Keyword-Liste

Sie wissen jetzt, welche Herangehensweise es wert ist, von Ihnen genauer unter die Lupe genommen zu werden. Im Folgenden gebe ich Ihnen noch zwei wichtige Richtlinien bezüglich Angebot/Nachfrage und Anzahl der Keywords mit auf den Weg und dann sind Sie bereit, eine umfangreiche Keyword-Liste mit den profitabelsten Keywords für Ihr Angebot zu erstellen.

2.3.1 Wie viele Keywords sollte eine gute Keyword-Liste haben?

Eine gute Keyword-Liste sollte über mindestens 60 Keywords verfügen. Diese Zahl ist nicht in Stein gemeißelt, aber definitiv ein guter Richtwert. Je mehr profitable Keywords, desto besser natürlich. Erhalten Sie zu einem Thema weniger als 60 Keywords, sollten Sie sich fragen, ob dieses Thema ausreichende Tiefe besitzt, um eine inhaltlich umfangreiche und somit (was die Besucherzahlen betrifft) stabile Website zu erstellen. Die Anzahl der Keywords ist aber wie erwähnt nur *ein* Erfolgsparameter: Wenn Sie nach abgeschlossener Recherche eine Keyword-Liste in Händen halten, die beispielsweise nur über 30 Keywords verfügt, diese aber extrem profitabel sind, sollten Sie diese Liste natürlich nutzen.

2.3.2 Wie viel Nachfrage und Angebot sollten Keywords haben, um profitabel zu sein?

Im Folgenden liefere ich Ihnen kurz und bündig allgemeine Richtlinien, die Ihnen als Orientierung zur Feststellung dienen sollen, wann Keywords genügend Nachfrage haben und wann sie zu viel Konkurrenz gegenüberstehen.

Bitte beachten Sie jedoch, dass Zahlen immer nur Richtwerte darstellen. Entscheiden Sie immer auch gemäß Ihren individuellen Anforderungen und Ihrer individuellen Situation beziehungsweise den Eigenheiten Ihres Themas. Sie kennen sich in Ihrem Bereich schließlich am besten aus.

Die Richtlinien bezüglich der Nachfrage

Das allgemeinste Keyword Ihrer Nische ist das Hauptkeyword. Auf der Grundlage dieses Keywords finden Sie alle weiteren spezifischeren Keywords. Das Hauptkeyword verwenden Sie auch für die Startseite Ihrer Website, schließlich ist die Startseite auch die allgemeinste Seite Ihrer Website.

1. Das Hauptkeyword sollte mehr als 2.000, besser jedoch mehr als 3.000 Suchanfragen pro Monat haben.

2. Zwei weitere Keywords (die Sie für Seiten der Ebene 2 verwenden), sollten mindestens um die 1.000 Suchanfragen pro Monat haben.

3. Zehn und mehr Keywords sollten mehr als 100 Suchanfragen pro Monat haben.

4. Es können aber durchaus auch Keywords mit weniger als 100 Suchanfragen interessant sein, wenn es keine Konkurrenz für diese Keywords gibt. Stellen Sie sich vor, Sie schreiben zehn Seiten, von denen jede auf ein Keyword optimiert ist, das 55 Suchanfragen pro Monat hat. Wenn Sie keine ernst zu nehmende Konkurrenz für diese Keywords haben, erhalten Sie allein durch diese Keywords immerhin 550 Besucher im Monat. Sie sehen, auch solche Keywords sind nicht zu unterschätzen.

Die Richtlinien bezüglich des Angebots (Ihrer Konkurrenz)

Wie viele Websites (Angebot) es zu einem Keyword gibt, finden Sie heraus, indem Sie das Keyword (mit Anführungszeichen, wenn es eine Keyword-Phrase ist) in Google eingeben. Auf der Suchergebnis-Seite sehen Sie dann, wie viele Suchergebnisse es insgesamt gibt. Das ist die Zahl, die Sie jetzt brauchen.

1. Als Faustregel gilt: Eine gute Anzahl von Konkurrenz-Websites ist 70.000 oder weniger. Je weniger, desto besser natürlich. Mit einer Konkurrenz von weniger als 70.000 Websites haben Sie eine gute Chance, sich durchzusetzen, wenn Sie eine gut optimierte Website mit hochwertigen Informationen erstellen.

2. Wenn Sie erkennen, dass die Anzahl an Konkurrenz-Websites größer als 70.000 ist: Verzagen Sie nicht. Auch das können Sie schaffen. Es braucht zwar mehr Arbeit, zahlt sich aber, speziell wenn Ihr Markt viel Nachfrage hat, sicherlich aus.

3. Liegt die Zahl der Konkurrenz-Websites für Ihr allgemeinstes Keyword über 150.000, sollten Sie sich fragen, ob Sie nicht vielleicht noch zu allgemein sind und den Themenbereich Ihrer Website noch mehr fokussieren sollten, sprich: Vielleicht sollten Sie sich einfach noch mehr spezialisieren? Eine Konkurrenz über 150.000 Websites ist nämlich schon bedeutend schwieriger zu knacken.

2.3.3 Bestimmung der inhaltlichen Struktur (Content-Blueprint)

In Kürze lernen Sie im Praxisbeispiel (siehe Abschnitt 2.4.2), wie Sie eine vollständige Keyword-Recherche durchführen und sich eine hochwertige Keyword-Liste erstellen. Im Zuge dieser Recherche werden Sie festlegen müssen, welche Keywords Sie in der inhaltlichen Struktur Ihrer Website wie verwenden, sprich, welche Keywords Sie für die Startseite und welche für die Rubrik- und Detailseiten verwenden wollen. In Abbildung 2.2 nochmals kurz die grafische Darstellung einer inhaltlichen Struktur.

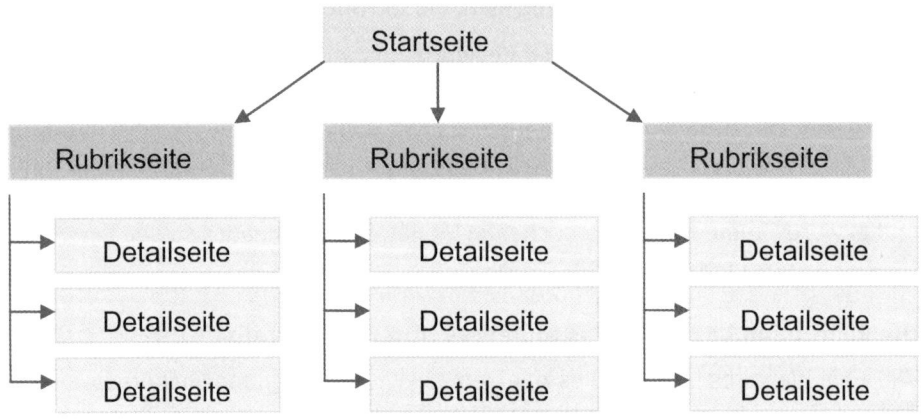

Abb. 2.2: Content Blueprint

Die inhaltliche Struktur ist bereits in der Keyword-Liste vorhanden, denn jedes Keyword bringt Eigenschaften mit, die es uns ermöglichen, es gezielt einem der drei Seitentypen (Startseite, Rubrikseite, Detailseite) zuzuordnen.

Im Folgenden gebe ich Ihnen einen kompakten Überblick über diese Eigenschaften, sodass Sie die Keywords Ihrer Liste selbst dem richtigen Seitentyp zuordnen können.

Wann ist ein Keyword für die Startseite geeignet?

- Verwenden Sie das allgemeinste Keyword **Ihres Themas** für die Startseite. Im Praxisbeispiel, das ich in diesem Buch gebe, ist das »urlaub toskana«.

- Das Keyword für die Startseite gehört aufgrund seines allgemeineren Charakters üblicherweise zu den Keywords mit hoher Nachfrage und hohem Angebot.

Achtung

Verwenden Sie nicht das allgemeinste Keyword, das Sie im Zuge Ihrer Keyword-Recherche gefunden haben. Im Praxisbeispiel wäre das allgemeinste Keyword, auf das wir gestoßen sind, »toskana«. Dieses Keyword hat jedoch zu viel Konkurrenz. Verwenden Sie das allgemeinste Keyword, das bereits auf Ihre Nische spezialisiert ist.

Wann ist ein Keyword für eine Rubrikseite geeignet?

- Keywords für Rubrikseiten haben nach dem Keyword für die Startseite üblicherweise am zweitmeisten Nachfrage und Angebot. Sie haben einen allgemeineren Charakter als die Keywords der Detailseiten, die sehr spezialisiert sind.

- Die Rubrikseiten dienen als Verbindung zwischen Startseite und Detailseiten. Jede Rubrikseite sollte ein vernünftiges Unterthema des Website-Themas abdecken.

- Nehmen wir das Praxisbeispiel her: Wenn das Keyword für die Startseite »urlaub toskana« lautet, sind optimale Keywords für die Rubrikseiten unter anderem »ferienwohnung toskana«, »ferienhaus toskana«, »hotel toskana«.

Wann ist ein Keyword für eine Detailseite geeignet?

- Die Detailseiten machen die Masse Ihrer Website aus.

- Die Keywords für die Detailseiten haben üblicherweise die geringste Nachfrage (gemessen an den anderen Keywords Ihrer Liste) und auch das geringste Angebot. Warum? Richtig, weil sie am spezifischsten sind.

- Unter einer Rubrikseite finden sich mehrere Detailseiten, von denen jede einzelne das Thema der Rubrikseite spezifisch weiterführt. Sie sollten die Keywords, die für Detailseiten infrage kommen, also bündeln und jedes Bündel einer Rubrikseite zuordnen.

Ein Beispiel: Schauen wir anhand der Rubrikseite »ferienwohnungen toskana«, welche Detailseiten man unter dieser Rubrik einfügen könnte:

ferienwohnung toskana günstig

ferienwohnung toskana küste

ferienwohnung toskana meer

ferienwohnung toskana privat

ferienwohnung toskana siena

ferienwohnung toskana weingut etc.

2.4 Praxisbeispiel zur Erstellung Ihrer Keyword-Liste

Vorabhinweis: Was tun mit grammatikalisch falschen Keyword-Phrasen?

Ich möchte gleich vorab erwähnen, dass Sie im folgenden Praxisbeispiel (überwiegend) auf Keyword-Phrasen stoßen werden, die Sie grammatikalisch korrekt nicht 1:1 in Ihre Texte einbauen können. Die Keyword-Phrase »urlaub toskana« ist hierfür ein gutes Beispiel. Diese lässt sich in keinem vernünftigen Satz 1:1 verwenden.

Warum Sie während Ihrer Keyword-Recherche aber überwiegend auf solche sperrigen Phrasen stoßen, liegt daran, dass für eine Suche niemand einen schönen Satz in die Suchmaschine eingibt, sondern eben nur kurz und knapp die wichtigsten Begriffe. Das sind dann die Keyword-Phrasen, die Ihnen der Keyword-Planer vorschlägt. Nun ist es doch aber so, dass Sie für jedes gute Keyword eine eigene Seite erstellen wollen, die inhaltlich darauf optimiert ist. Wie sollen Sie das aber schaffen, wenn Sie die Keyword-Phrase in der Seite nicht 1:1 verwenden können?

Google ist problemlos in der Lage zu erkennen, dass eine Seite für die Suchphrase »urlaub toskana« relevant ist, auch wenn auf der Seite steht: »Urlaub in der Toskana – Wenn Sie in der Toskana günstig Urlaub machen wollen ...«. Daraus ergibt sich: Behalten Sie diese Keyword-Phrasen ruhig und verwenden Sie sie im Text grammatikalisch korrekt. Stellen Sie aber immer sicher, dass Sie im Text **alle Wörter der Keyword-Phrase** in möglichst ausgewogenem Verhältnis verwenden.

Natürlich, optimal ist es, wenn Sie die Keyword-Phrase tatsächlich möglichst oft, aber zumindest ein paar Mal exakt 1:1 in den Text der Seite übernehmen. Nehmen wir wieder die Keyword-Phrase »urlaub toskana« als Beispiel: Schreiben Sie in der Überschrift »Urlaub Toskana – Die 10 besten Reisetipps« oder im Text »so viel zum Thema Urlaub Toskana«. Das können Sie natürlich nur ein paar Mal machen, da ansonsten das Gesamtbild des Textes erheblich in Mitleidenschaft gezogen wird, aber zwei-, dreimal so in den Text eingebaut, verdeutlicht es den Suchmaschinen nochmals die Relevanz der Seite für genau diese Keyword-Phrase. Für die Metatags gilt ohnedies, dass Sie die Keyword-Phrase exakt 1:1 einbauen sollten.

> **Hinweis**
>
> Was Metatags sind und wie Sie sie richtig auf ein Keyword optimieren, erfahren Sie in den Abschnitten 4.3.6 bzw 5.2.4.

Eine weitere Frage, die sich in diesem Zusammenhang ergibt: Was sollen Sie davon halten, wenn Sie während Ihrer Keyword-Recherche auf Keyword-Phrasen stoßen, die aus den gleichen Wörtern bestehen, diese aber in verschiedenen Reihenfolgen beinhalten? Beispiel: »urlaub toskana« und »toskana urlaub«. Wenn mit jeder der beiden Keyword-Phrasen beispielsweise 3.000 Suchanfragen im Monat durchgeführt werden, haben Sie dann ein Gesamtsuchvolumen von 6.000? Das ist eine sehr wichtige Frage und die Antwort lautet: Wenn die Keyword-Phrasen »urlaub toskana« und »toskana urlaub« über ein Suchvolumen von jeweils 3.000 Suchanfragen im Monat verfügen, haben Sie tatsächlich ein Gesamtsuchvolumen von 6.000 Suchanfragen.

Macht es nun Sinn, für nahezu identische Keyword-Phrasen wie »ferienhaus toskana« und »ferienhaus in der toskana« jeweils eine eigene Seite zu erstellen, speziell wenn Sie berücksichtigen, dass Sie aufgrund der grammatikalischen Gegebenheiten die Phrase in beiden Fällen sowieso gleich aufbereiten müssten?

Wenn Sie nur Text für eine Seite relevanten Inhalt zu diesen Phrasen haben, erstellen Sie nur eine. Diese Seite wird für beide Keyword-Phrasen gefunden werden. Wenn Sie aber sowieso mehr Inhalt für diese Phrasen haben, erstellen Sie zwei Seiten und optimieren jede auf eine Keyword-Phrase. Berücksichtigen Sie hierzu meine Anregungen, wie Sie die Keyword-Phrase exakt im Text unterbringen. So könnte die eine Seite (optimiert auf den Begriff »ferienhaus toskana«) die Überschrift haben: »Ferienhaus Toskana – 10 Tipps, damit es bei der Ankunft keine böse Überraschung gibt«. Die zweite Seite (optimiert auf den Begriff »ferienhaus in der toskana«) hat die Überschrift: »Das schönste Ferienhaus in der Toskana«. Hier stellen Sie ein spezifisches Ferienhaus vor, das Sie aus eigener Erfahrung wärmstens empfehlen.

Es ist wichtig, dass Sie bei der Gestaltung Ihres inhaltlichen Angebots und der Optimierung auf spezifische Keyword-Phrasen immer flexibel sind und offen denken. Dann finden Sie auch Lösungen, wie Sie den Inhalt und die Optimierung auf eine bestimmte Keyword-Phrase zusammenbekommen.

2.4.1 Der Keyword-Planer

Ich gebe Ihnen im Folgenden eine Anleitung, wie Sie völlig *kostenlos* eine umfassende Keyword-Recherche durchführen können, um eine tolle Nische für Ihr Internet-Geschäft zu finden und eine Liste profitabler Keywords für Ihre Website zu erstellen. Für die Keyword-Recherche werden wir den Keyword-Planer von Google benutzen. Da dieser nur für Inhaber eines Google-AdWords-Kontos zur Verfügung steht, müssen Sie sich ein solches zuerst zulegen. Hier können Sie sich kostenlos für AdWords anmelden: `http://adwords.google.de`.

Um den Keyword-Planer aufzurufen, loggen Sie sich bitte in Ihr AdWords-Konto ein. Klicken Sie dann im horizontalen Menü links oben auf *Tools und Analysen*. Klicken Sie dort auf *Keyword-Planer* (siehe Abbildung 2.3).

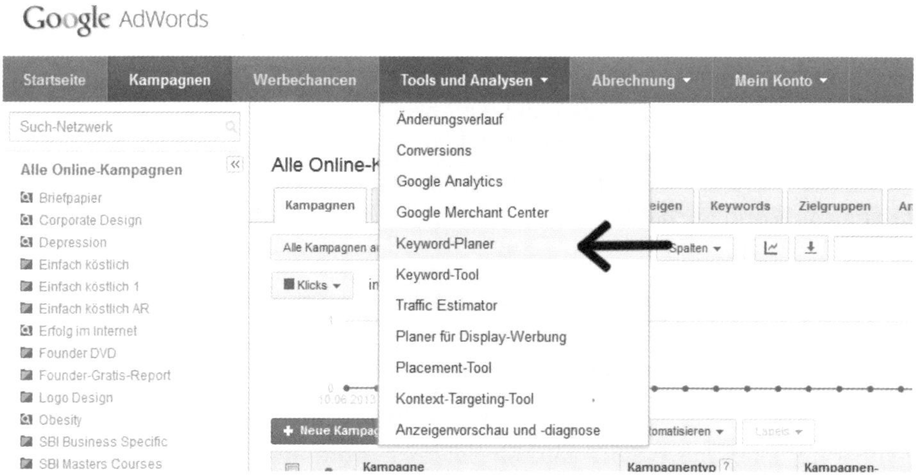

Abb. 2.3: Den Keyword-Planer in AdWords finden

Die notwendigen Einstellungen

Nach den vorhergehenden Schritten sollten Sie nun im Keyword-Planer angelangt sein und ein Bild laut Abbildung 2.4 sehen.

Bevor Sie mit Ihrer Recherche beginnen können, müssen Sie noch ein paar wichtige Einstellungen vornehmen. Klicken Sie dafür auf die Zeile *Ideen für Keywords und Anzeigegruppen suchen*. Das sollte dann aussehen wie in Abbildung 2.5.

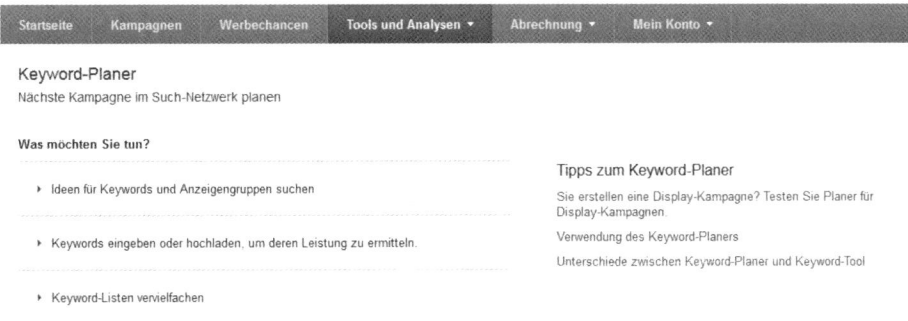

Abb. 2.4: Die Oberfläche des Keyword-Planers

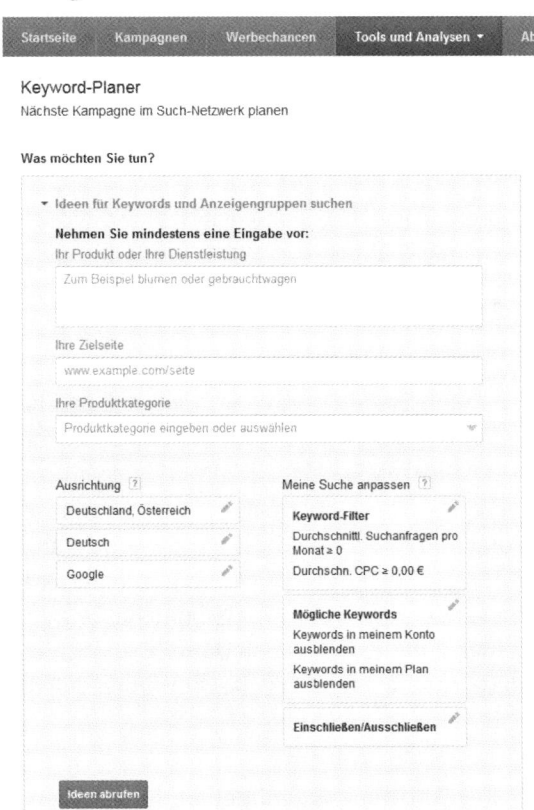

Abb. 2.5: Keywords recherchieren

Unter *Ausrichtung* können Sie Einstellungen für Standorte, Sprachen und Such-netzwerk vornehmen. Klicken Sie auf das Bleistiftsymbol, um Änderungen vorzu-nehmen.

Standorte: Wenn Ihr Zielmarkt beispielsweise Deutschland ist, wählen Sie dieses Land aus. Kommt für Sie der ganze deutschsprachige Raum infrage, fügen Sie als Standorte auch noch Österreich und die Schweiz hinzu. Wenn Sie nur eine ganz spe-zifische Region bedienen, können Sie hier beispielsweise auch Berlin als Standort festlegen. Der Keyword-Planer berücksichtigt dann nur Suchanfragen aus Berlin!

Sprache: Als Sprache stellen Sie die Sprache Ihres Zielmarktes ein.

Suchnetzwerk: Hier können Sie wählen zwischen *Google* und *Google und Such-Netzwerk*. Die Standardeinstellung ist *Google*. Belassen Sie es dabei.

Noch ein interessanter Gedanken zu den Einstellungen von Standort und Sprache

Nehmen wir an, Sie wollen über Ihre Website Produkte verkaufen, die dann per Post an den Kunden versendet werden müssen. Da es aufgrund der hohen Ver-sandkosten unrentabel wäre, Ihre Produkte in die ganze Welt zu verschicken, betrachten Sie nur Deutschland als Ihren Zielmarkt. Sie wählen also als Stand-ort »Deutschland« aus.

Was aber, wenn Sie beispielsweise deutschsprachige digitale Produkte verkau-fen? Dann ist Ihr Zielmarkt die ganze Welt und jeder, der Deutsch spricht, gehört potenziell zu Ihrer Zielgruppe, egal, in welchem Land er wohnt. In die-sem Fall wählen Sie als Standort *Alle Standorte* und als Sprache *Deutsch*. Für Sie sind für diesen Begriff alle Suchanfragen weltweit von Bedeutung.

Aber Achtung: So können Sie nur vorgehen, wenn es sich bei Ihrem Keyword beziehungsweise Ihrer Keyword-Phrase um einen eindeutig deutschsprachigen Begriff handelt. Recherchieren Sie einen international verwendeten Begriff wie *webdesign* (dieses Wort wird gleichermaßen in der englischen und deutschen Sprache genutzt) und haben als Standort *Alle Standorte* ausgewählt, bekom-men Sie in den Daten zur Nachfrage auch die ganzen Suchanfragen aus den englischsprachigen Ländern (obwohl Sie als Sprache Deutsch gewählt haben, hat dies hierauf keinen Einfluss). Diese sind für Sie jedoch völlig bedeutungs-los, wenn Sie ein deutschsprachiges Angebot betreiben. Auf diese Weise würde Ihre Recherche völlig verfälscht werden.

Gut. Sie haben dem Keyword-Tool nun mitgeteilt, für welchen Standort und wel-che Sprache Sie die Daten erhalten möchten. Unter *Meine Suche anpassen* kön-nen Sie noch weitere Optionen vornehmen:

Keyword-Filter: Hier können Sie unter *Durchschnittliche monatliche Suchanfra-gen* beispielsweise einstellen, dass Sie nur Keywords erhalten wollen, deren monatliche Suchanfragen gleich/größer oder gleich/kleiner als der Wert sind, den Sie hier festlegen. Voreingestellt ist, dass Sie Keywords erhalten, deren Suchanfragen gleich/größer als null sind. Das ist die richtige Einstellung. Unter *Durchschnittlicher CPC* (Cost per Click) sollte als Voreinstellung gleich/größer als null festgelegt sein. Belassen Sie es bei dieser Einstellung. Unter *Wettbewerb* können Sie filtern, ob Ihnen der Keyword-Planer nun Keywords mit hohem, mittlerem oder niedrigem Wettbewerb liefern soll. Um Ihre Keywords zu filtern, müssen Sie ein Häkchen neben einen dieser drei Werte setzen. Voreingestellt sollte sein, dass gar kein Häkchen gesetzt ist. Dann erhalten Sie alle Keywords. Das wollen Sie. Den Wettbewerb werden wir nämlich nachher auf andere Weise recherchieren.

Mögliche Keywords: Hier setzen Sie alle Schalter auf *Aus*.

Einschließen/Ausschließen: Hier können Sie festlegen, dass Sie *nur* Keywords erhalten, die einen von Ihnen hier eingegebenen Begriff enthalten, oder aber dass Sie *keine* Keywords erhalten, die diesen Begriff beinhalten.

Geben Sie nun in das Feld unter der Überschrift *Ihr Produkt oder Ihre Dienstleistung* (siehe Abbildung 2.5, oben) das Thema Ihrer zukünftigen Website ein. Nehmen wir als Thema »katzenrassen«. Klicken Sie anschließend auf die Schaltfläche *Ideen abrufen*. Nun erhalten Sie eine Liste relevanter Keywords passend zum Thema Ihres Ausgangskeywords »katzenrassen«. Alles klar. Sie haben nun alle nötigen Einstellungen vorgenommen und können mit der Keyword-Recherche beginnen.

2.4.2 Das Praxisbeispiel

Im Folgenden zeige ich Ihnen nun anhand eines Praxisbeispiels, wie Sie Schritt für Schritt Ihre eigene profitable Keyword-Liste erstellen. Ich entscheide mich in diesem Beispiel dafür, eine Website zu erstellen, die sich mit dem Thema *Urlaub in der Toskana* beschäftigt.

> **Hinweis**
>
> Die folgende Keyword-Recherche und die dazugehörenden Zahlen dienen zur Veranschaulichung und haben keinen Anspruch auf Richtigkeit oder Aktualität. Wollen Sie eine Website zu genau diesem Thema erstellen, sollten Sie alle dazugehörenden Suchbegriffe selbst nochmals recherchieren, um aktuelle Daten zu erhalten.

Als Erstes gebe ich die Keyword-Phrase »urlaub toskana« in den Keyword-Planer ein. Nun erscheint folgende Liste (siehe Abbildung 2.6).

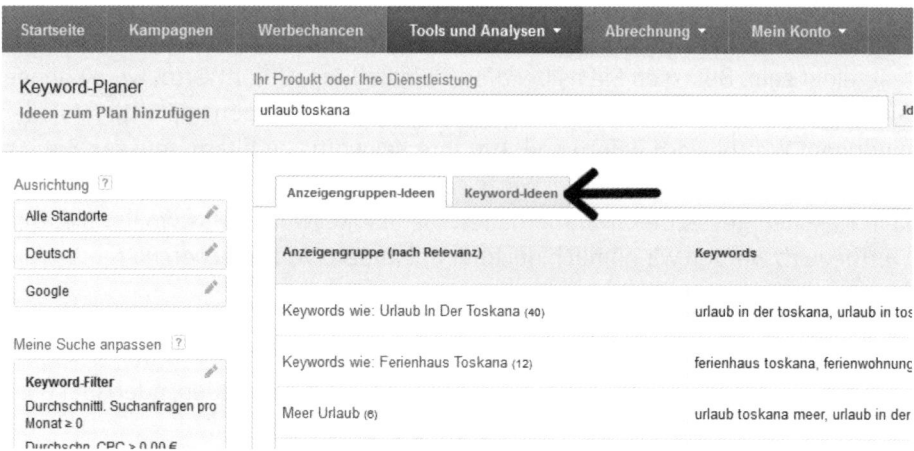

Abb. 2.6: Keyword-Recherche

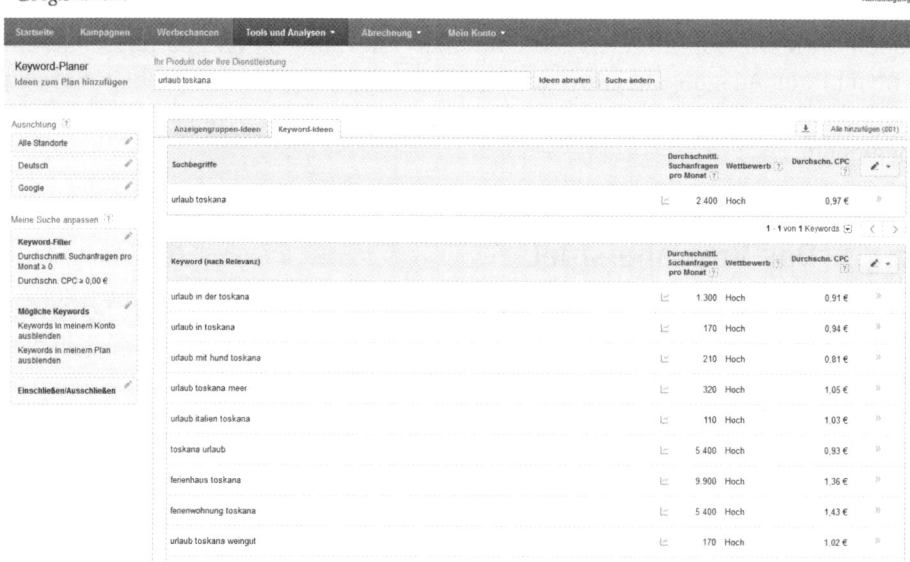

Abb. 2.7: Keywordideen

Wie Sie sehen, zeigt Ihnen der Keyword-Planer die Anzeigengruppen-Ideen. Hier werden verschiedene Keywords in vom Keyword-Planer selbstständig festgelegten Gruppen zusammengefasst. Für die Recherche ist es aber besser, mit der direkten Keyword-Liste zu arbeiten. Zu dieser kommen Sie, wenn Sie auf den Reiter *Keyword-Ideen* (siehe schwarzer Pfeil Abbildung 2.6) klicken. Nun sehen Sie die Liste aus Abbildung 2.7.

Netterweise zeigt mir der Keyword-Planer gleich einmal an, wie viele Suchanfragen pro Monat das Keyword beziehungsweise die Keyword-Phrase aufweist, mit der ich die Recherche (in diesem Fall »urlaub toskana«) gestartet habe. Er zeigt mir 2.400 Suchanfragen pro Monat an.

So ermitteln Sie das Angebot (die Anzahl der Mitbewerber) für ein Keyword

Nun gebe ich diese Phrase **in Anführungszeichen** gleich auch in *google.de* ein, um zu sehen, wie viel Angebot es dafür bereits gibt (siehe Abbildung 2.8).

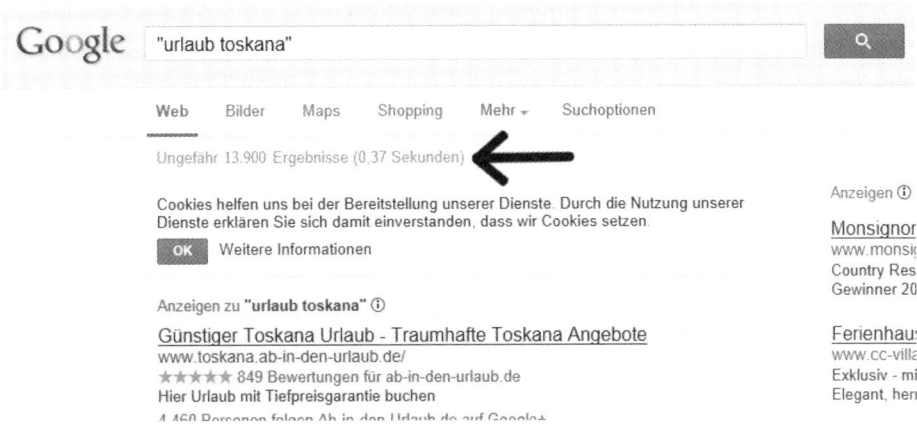

Abb. 2.8: Angebot für ein Keyword in Google herausfinden

Das Ergebnis: Für die Phrase »urlaub toskana« gibt es 13.900 Treffer, sprich konkurrierende Websites. Gemäß den Richtlinien, die ich Ihnen eingangs gegeben habe, ist diese Keyword-Phrase hinsichtlich Nachfrage und Angebot ideal, um als Hauptkeyword (Keyword für die Startseite) für meine Website zu dienen.

Die Keyword-Phrase »urlaub toskana« ist also bereits ein sehr guter Kandidat für das Hauptkeyword und ein toller Ausgangspunkt für unsere Keyword-Recherche.

Warum die Anführungszeichen?

Wenn Sie ermitteln, wie viele Treffer, sprich Angebot, es für eine Keyword-Phrase gibt, sollten Sie diese immer in Anführungszeichen in das Suchfeld eingeben.

Das hat folgenden Grund: Wenn Sie die Keyword-Phrase in Anführungszeichen setzen, schränkt Google die Ergebnisliste auf Websites ein, die diese Phrase beziehungsweise Wortgruppe **exakt gleich** beinhalten. Es werden alle Websites beiseitegelassen, die diese Wörter zwar enthalten, aber einzeln oder in anderer Reihenfolge. Da Sie in den meisten Fällen die einzelnen Seiten Ihrer Website exakt auf eine bestimmte Keyword-Phrase Ihrer Keyword-Liste optimieren werden, stehen nur Seiten mit Ihnen in Konkurrenz, die diese Phrase ebenfalls exakt gleich verwenden.

Natürlich ist dieses Thema etwas komplexer. Es mag durchaus sein, dass auch Websites eine mögliche Konkurrenz darstellen, die die Wörter Ihrer Keyword-Phrase in anderer Reihenfolge nutzen. Doch da es in diesem Buch nicht um Spitzfindigkeiten geht, sondern darum, wie Sie möglichst schnell Erfolg haben können, belasse ich es bei folgender Aussage: Meine Erfahrung hat mir gezeigt, dass man eine realistischere Zahl der Konkurrenz erhält, wenn man die Keyword-Phrasen in Anführungszeichen in *google.de* eingibt. Keywords (Suchbegriffe, die nur aus einem Wort bestehen) geben Sie ohne Anführungszeichen ein.

Bitte erschrecken Sie nicht vor der großen Zahl der angebotenen Websites zu einem Suchbegriff. Meist ist nur ein sehr geringer Bruchteil dieser Websites tatsächlich für den jeweiligen Suchbegriff relevant. Bewerten Sie die Zahl, die angibt, wie viele Treffer es zu der jeweiligen Keyword-Phrase gibt, gemäß den Richtlinien zum Angebot (siehe Abschnitt 2.3.2), die ich in diesem Buch gebe, um die Konkurrenzsituation Ihres Website-Themas zu ermitteln. Das ist eine völlig gültige und gute Methode, um die Marktchancen Ihrer Website-Idee zu checken.

Die Qualität der Konkurrenz ist entscheidender als die Quantität

Um eine aussagekräftigere Einschätzung Ihrer Konkurrenzsituation vornehmen zu können, empfehle ich Ihnen aber, zusätzlich zu den gerade erklärten Schritten noch folgende Schritte auszuführen: Werten Sie zu jeder Keyword-Phrase (zumindest aber zu Ihrem Hauptkeyword und den wichtigsten Keywords für Rubrikseiten) die ersten zehn Treffer (Websites) in den Suchergebnissen von Google aus. Achten Sie hierbei auf:

- den Pagerank und
- die Qualität der Website

Was ist der Pagerank? Der Pagerank ist eine Zahl, die wiedergibt, wie relevant Google eine Website einschätzt. Null ist die niedrigste Relevanzstufe, zehn die höchste. Zur Erstellung des Pageranks zieht Google verschiedenste Kriterien heran, unter anderem auch die Anzahl und die Qualität von anderen Websites, die auf die bestimmte Website verweisen. Auf eine Website mit hohem Pagerank verweisen, verlinken im Regelfall also viele andere, ebenfalls hochwertige Websites. Den Pagerank einer Website können Sie sehen, wenn Sie sich die Google Toolbar in Ihrem Browser installieren. Diese können Sie sich über folgenden Link herunterladen: `http://www.google.com/intl/de/toolbar/ie/index.html`

Unter Umständen müssen Sie in der Toolbar noch den Pagerank aktivieren. Klicken Sie hierzu in der Google Toolbar auf das Schraubenschlüsselsymbol. So rufen Sie die Toolbar-Einstellungen auf. Unter dem Reiter *Datenschutz* aktivieren Sie nun das Kontrollkästchen für den Pagerank. Klicken Sie abschließend auf *Speichern*.

Machen Sie sich selbst ein Bild von Ihrer Konkurrenz, indem Sie die Qualität der Konkurrenz-Websites beurteilen. Verfügt eine Website über ansprechende Texte? Verfügt sie über viele Texte? Ist die Website inhaltlich übersichtlich strukturiert und auch optisch klar gestaltet? Finden Sie sich zurecht? Finden Sie Inhalte, die hilfreich und zum Thema der Suchanfrage relevant sind? Wenn Sie all diese Fragen mit JA beantworten können, handelt es sich um eine hochqualitative Website und somit um eine ernst zu nehmende Konkurrenz. Vielleicht gibt es aber auch Möglichkeiten zum Linktausch, das bedeutet, Sie verlinken von Ihrer Website auf diese Website und diese verlinkt zu Ihnen. Wenn diese Website einen hohen Pagerank aufweist, können Sie somit den Pagerank Ihrer Website steigern! Vielleicht gibt es auch andere Möglichkeiten zur Zusammenarbeit? Sie sehen, Sie können Ihre Konkurrenz auch zu Ihrem Vorteil nutzen. Gehen Sie mit der Einstellung durchs Leben, Win-win-Situationen zu schaffen. So tun sich ungeahnte Möglichkeiten auf und Sie profitieren vielleicht sogar von Ihrer Konkurrenz und machen sie zu Freunden!

Wenn die ersten zehn Treffer beispielsweise alle über einen hohen Pagerank, viel und hochwertigen Inhalt verfügen, ist dies ein Zeichen für eine ernst zu nehmende Konkurrenz. Sind aber bereits unter den ersten zehn Treffern die meisten Websites von schlechter Qualität und verfügen nur über einen schwachen Pagerank, haben Sie hier gute Chancen, sich durchzusetzen, selbst wenn der Suchbegriff sogar über ein größeres Angebot verfügt, als ich in den Richtlinien für Angebot als Obergrenze definiere.

Fazit

Zahlen zur Konkurrenz sind nicht alles. Entscheidend ist immer auch die Qualität der Konkurrenz. Haben Sie zwar viel – aber schlechte – Konkurrenz, haben Sie trotzdem gute Chancen. Umgekehrt kann selbst wenig – aber sehr gute – Konkurrenz eine vielleicht sogar zu große Herausforderung sein.

Hinweis zum Arbeitsablauf

Bevor ich mit einer Keyword-Recherche beginne, öffne ich eine leere Excel-Tabelle, in die ich die verschiedenen Keywords, die ich im Verlauf der Recherche aus den Vorschlägen des Keyword-Planers auswählen werde, hineinkopiere. Dies wird meine Keyword-Liste. Dementsprechend nenne ich die Datei *vorläufige-keyword-liste.xls*.

In der Regel gehe ich während einer Keyword-Recherche so vor, dass ich zuerst einmal alle Keywords nur hinsichtlich Nachfrage beurteile. Solange ein Keyword also genügend Nachfrage aufweist, nehme ich es in meine vorläufige Keyword-Liste auf. Erst wenn ich alle vertikalen und lateralen Recherchen (siehe Abschnitt 2.4.2, »Die zwei Arten der Keyword-Recherche«) durchgeführt habe, mache ich mich daran, das Angebot für jedes Keyword zu recherchieren. Der Keyword-Planer zeigt mir die Nachfrage zu jedem Keyword an. Ich muss diese also nicht mehr extra recherchieren. Ich konzentriere mich zuerst einmal ganz auf die Beschaffung thematisch relevanter Keywords mithilfe des Keyword-Planers. Wenn ich dann alle Keywords in meiner vorläufigen Liste zusammenhabe, recherchiere ich das Angebot für jedes einzelne. Wenn ich letztendlich sowohl Nachfrage als auch Angebot für ein Keyword habe, entscheide ich, ob ich es behalte oder verwerfe. Nun lege ich fest, welche Keywords ich für Rubrikseiten und welche für Detailseiten verwenden werde. Die Keywords, die ich für Rubrikseiten verwende, dienen als Ausgangspunkt, um weitere Keywords für die jeweilige Rubrik zu recherchieren (siehe Abschnitt 2.4.2, »Recherchieren einer Rubrik (Unterthema) Ihrer Website«).

So exportieren Sie Keywords aus dem Keyword-Planer in Ihre Keyword-Liste

Der Keyword-Planer bietet zwei Möglichkeiten, Keywords nach Excel zu exportieren. Sie können entweder …

1. die gesamte Liste der Keyword-Ideen exportieren

2. oder ausgewählte Keyword-Ideen

So exportieren Sie die gesamte Liste der Keyword-Ideen

1. Klicken Sie auf das *Herunterladen*-Symbol. Es handelt sich dabei um eine Schaltfläche mit einem Pfeil, der nach unten zeigt. Siehe Abbildung 2.9, schwarzer Pfeil.

2. Nach dem Klick auf das Herunterladen-Symbol erscheint der Dialog aus Abbildung 2.10.

3. Setzen Sie bei »Segmentierung« *kein* Häkchen und wählen Sie als Format *CSV (Excel)*. Klicken Sie anschließend auf die Schaltfläche *Herunterladen*.

Abb. 2.9: Keywordliste exportieren

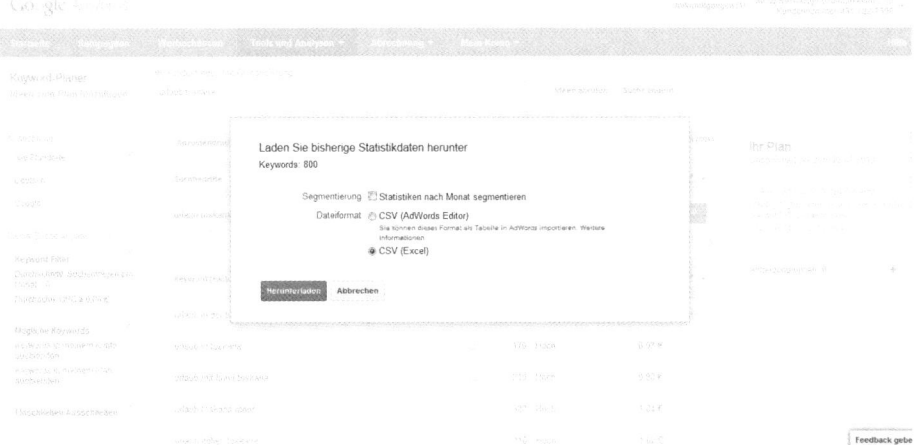

Abb. 2.10: Herunterladen

4. Nun können Sie die Datei auf Ihre Festplatte speichern und anschließend mit Excel öffnen.

5. Wenn Sie die Datei in Excel öffnen, sehen Sie die Spalten aus Abbildung 2.11.

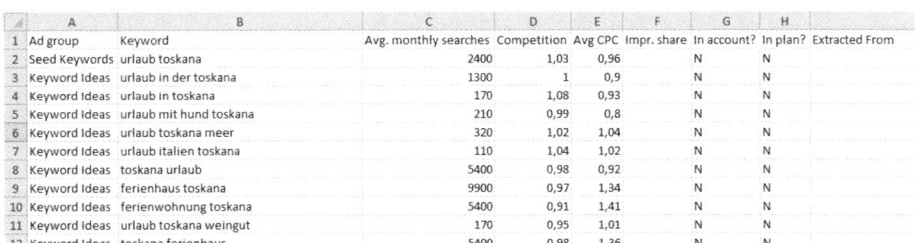

Abb. 2.11: In Excel einfügen

Spalte A gibt an, zu welcher Anzeigengruppe das jeweilige Keyword gehört. Das ist nicht weiter interessant. Wichtig sind die Spalten B und C. Spalte B beinhaltet die tatsächlichen Keywords, die Ihnen der Keyword-Planer im Zusammenhang mit Ihrem ursprünglichen Suchbegriff gefunden hat. Spalte C gibt an, wie oft im Monat mit jedem Keyword gesucht wird. Hierbei werden die Standorte und die Sprache berücksichtigt, die Sie zuvor im Keyword-Planer eingestellt haben (siehe Abschnitt 2.4.1, »Die notwendigen Einstellungen«). Alle anderen Spalten sind nicht weiter relevant für die Recherche. Sie können diese löschen.

6. Markieren Sie nun alle Einträge in den Spalten B und C und kopieren Sie diese in die Datei *vorläufige-keyword-liste.xls*.

Im Zuge der Keyword-Recherche werden Sie mehrmals Keywords exportieren. Wie Sie in dieser Anleitung gesehen haben, erhalten Sie durch jeden Export eine eigene Excel-Tabelle. Gehen Sie immer gemäß dieser Anleitung vor und stellen Sie sicher, dass Sie die Keywords aus jeder dieser Excel-Tabellen abschließend in die Datei *vorläufige-keyword-liste.xls* kopieren, um Sie dort an einem Ort zu sammeln und zentral verwalten zu können.

Hinweis

Bei dieser Export-Methode wird bereits berücksichtigt, wenn Sie Keywords ein- oder ausschließen. Beispiel: Sie erhalten ursprünglich 800 Keyword-Ideen für das Keyword »urlaub toskana«. Nun legen Sie unter *Einschließen/Ausschließen* (siehe Abschnitt 2.4.1, »Die notwendigen Einstellungen«) fest, dass Sie nur Keyword-Ideen angezeigt bekommen wollen, die die Begriffe »urlaub« und »toskana« beinhalten. Nun werden Ihnen die 48 Keyword-Ideen angezeigt, die diesem Kriterium entsprechen. Wenn Sie nun Ihre Keywords exportieren, werden nur diese 48 Keywords exportiert und nicht alle 800.

So exportieren Sie ausgewählte Keyword-Ideen

Der Keyword-Planer liefert Ihnen zu jedem Ausgangskeyword Unmengen an Keyword-Ideen. Im Regelfall werden Sie nicht alle als geeignet erachten, in Ihre vorläufige Keyword-Liste aufgenommen zu werden. Manche haben zu wenig Suchvolumen, andere sind inhaltlich nicht passend. Daher stelle ich Ihnen nun noch eine Export-Methode vor, wie Sie nur ausgewählte Keyword-Ideen nach Excel exportieren können und nicht alle Keyword-Ideen exportieren müssen.

1. Klicken Sie hierzu auf das Hinzufügen-Symbol (siehe Abbildung 2.12) neben einem Keyword. Auf diese Weise fügen Sie es Ihrem *Plan* hinzu. Der *Plan* ist ein Werkzeug des Keyword-Planers, dessen genaue Funktion für die Thematik dieses Buches nicht weiter relevant ist.

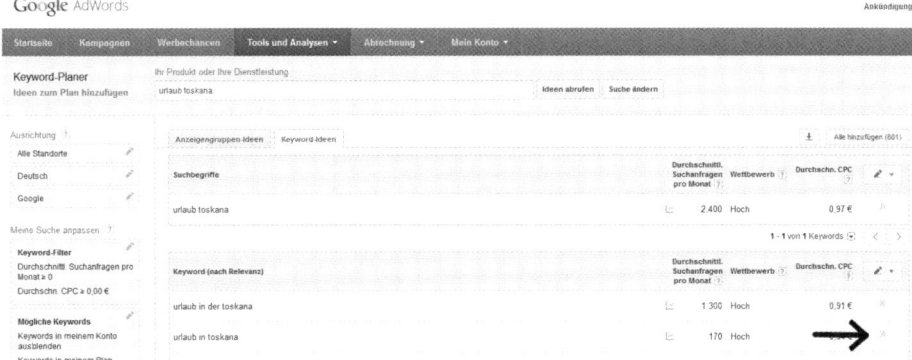

Abb. 2.12: Hinzufügen

Fügen Sie auf diese Weise alle Keyword-Ideen, die Sie exportieren wollen, Ihrem Plan hinzu. Wenn Sie fertig sind, sollte die Plan-Spalte des Keyword-Planers (sie hat die Überschrift *Ihr Plan* und befindet sich ganz rechts) in etwa so aussehen wie in Abbildung 2.13 gezeigt.

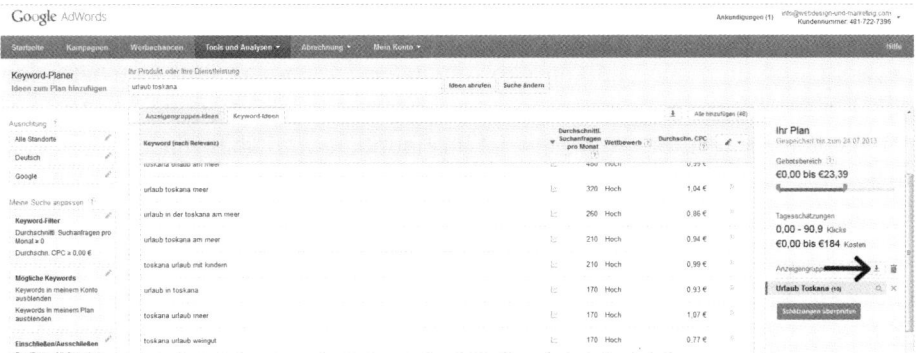

Abb. 2.13: Ihr Plan

2. Nun können Sie alle Keywords, die Sie Ihrem *Plan* hinzugefügt haben, nach Excel exportieren. Klicken Sie hierzu auf das *Herunterladen*-Symbol (siehe schwarzer Pfeil, Abbildung 2.13). Nun erscheint der Dialog aus Abbildung 2.14.

3. Setzen Sie das erste Häkchen, um die durchschnittlichen monatlichen Suchanfragen mit zu exportieren. Setzen Sie *kein* Häkchen bei *Nach Monat segmentieren*. Bei *Traffic-Schätzungen* setzen Sie ebenfalls kein Häkchen und als Dateiformat wählen Sie *CSV (Excel)*. Klicken Sie anschließend auf die Schaltfläche *Herunterladen*. Nun können Sie die Datei auf Ihre Festplatte speichern und anschließend mit Excel öffnen.

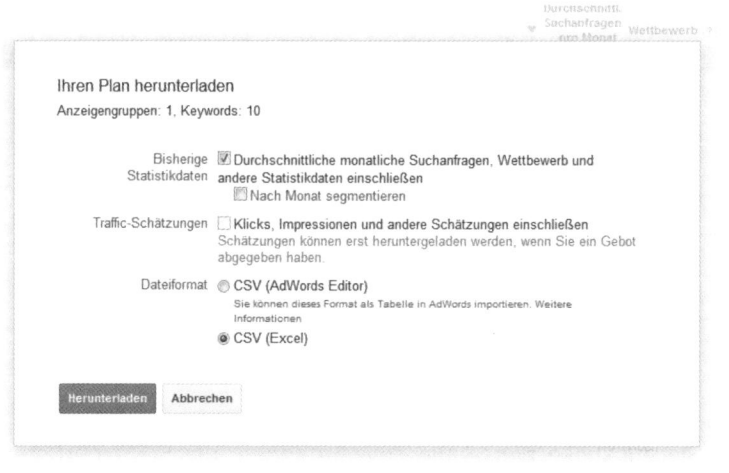

Abb. 2.14: Als Excel-Datei herunterladen

Die zwei Arten der Keyword-Recherche

Am Anfang einer jeden Keyword-Recherche steht das Hauptkeyword, also das Keyword, von dem alle anderen »abstammen«. Es spiegelt Ihre Geschäftsidee direkt wider. Wenn Sie beispielsweise ein Internetprojekt rund um den Verkauf von Babyflaschen aufbauen wollen, ist Ihr Hauptkeyword »babyflasche«. Im Praxisbeispiel, das ich Ihnen in diesem Buch gebe, ist das Hauptkeyword »urlaub toskana«.

Nun geht es ja darum, dass Sie zu diesem Hauptkeyword weitere profitable Keywords finden, die viel Nachfrage und wenig Angebot aufweisen. Diese Keywords sollten thematisch natürlich perfekt zu Ihrem Hauptkeyword passen und es ergänzen. Hierfür gibt es die vertikale und die laterale Recherche.

Die vertikale Recherche

Mit dieser Recherche finden Sie Keywords, die Ihr Hauptkeyword beinhalten. Anhand des Hauptkeywords »urlaub toskana« wären weitere vertikale Keywords also beispielsweise »urlaub toskana ferienhaus«, »urlaub toskana weingut« oder »apartment urlaub toskana«. Da im Falle dieses Praxisbeispiels das Hauptkeyword aus mehreren Wörtern besteht, wären dazu passende vertikale Keywords auch solche, die die Wörter des Hauptkeywords beinhalten, aber in anderer Reihenfolge oder mit anderen Wörtern dazwischen, beispielsweise: »toskana strand urlaub« oder »urlaub in der toskana«.

Die laterale Recherche

Mit dieser Recherche finden Sie Begriffe, die mit dem Hauptkeyword/Haupt-keyword-Phrase thematisch verwandt sind, es aber *nicht* beinhalten. Anhand unseres Hauptkeywords »urlaub toskana« gibt es beispielsweise folgende late-rale Keywords: »italien ferienhaus« oder »villa toskana«.

Wie finde ich relevante vertikale Keywords für mein Thema?

Starten Sie Ihre Keyword-Recherche mit der Keyword-Phrase »urlaub toskana«, so wie ich es in Abschnitt 2.4.2 bereits vorgezeigt habe. Nun liefert der Keyword-Pla-ner Ihnen auch sogleich weitere Keywords und Keyword-Phrasen passend zu die-sem Keyword.

> **Tipp**
>
> Ordnen Sie die Keywords absteigend gemäß der Spalte *Durchschnittl. Such-anfragen pro Monat*. Auf diese Weise erhalten Sie die Keywords, mit denen am meisten gesucht wird, an oberster Stelle. Klicken Sie einfach auf den Namen der Spalte, um dies zu erreichen (siehe Abbildung 2.15). Wenn ich nicht aus-drücklich auf eine andere Anordnung hinweise, verwende ich automatisch diese Anordnung.

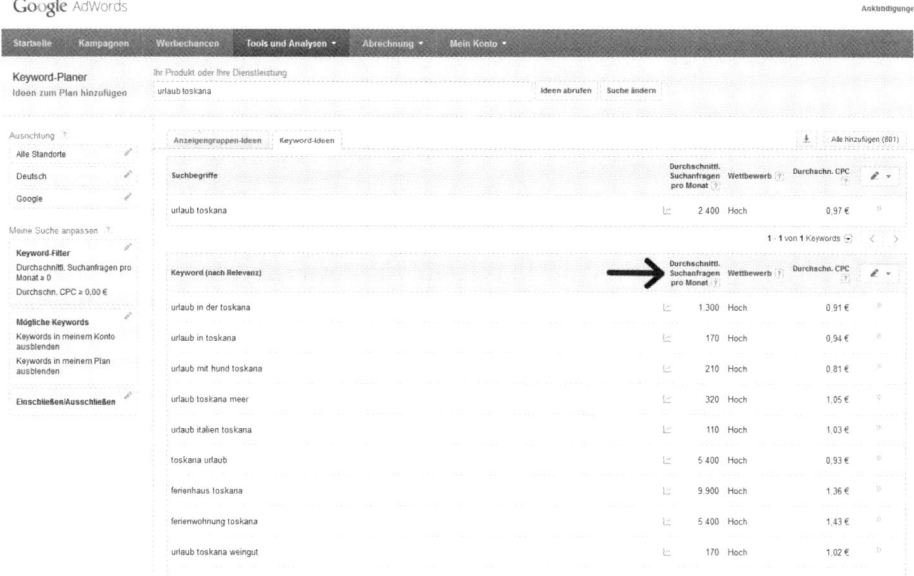

Abb. 2.15: Durchschnittliche Suchanfragen pro Monat

Um jetzt nur vertikale Keywords (also Keywords, die das ursprüngliche Keyword beinhalten) zu bekommen, müssen wir eine kleine, aber wichtige Einstellung ändern. Wir müssen dem Keyword-Planer mitteilen, dass wir nur Keywords angezeigt bekommen wollen, die das Hauptkeyword, also »urlaub toskana« beinhalten.

Klicken Sie hierzu im Keyword-Planer in der Navigation links von den Keyword-Ideen auf *Einschließen/Ausschließen* (siehe Abbildung 2.16).

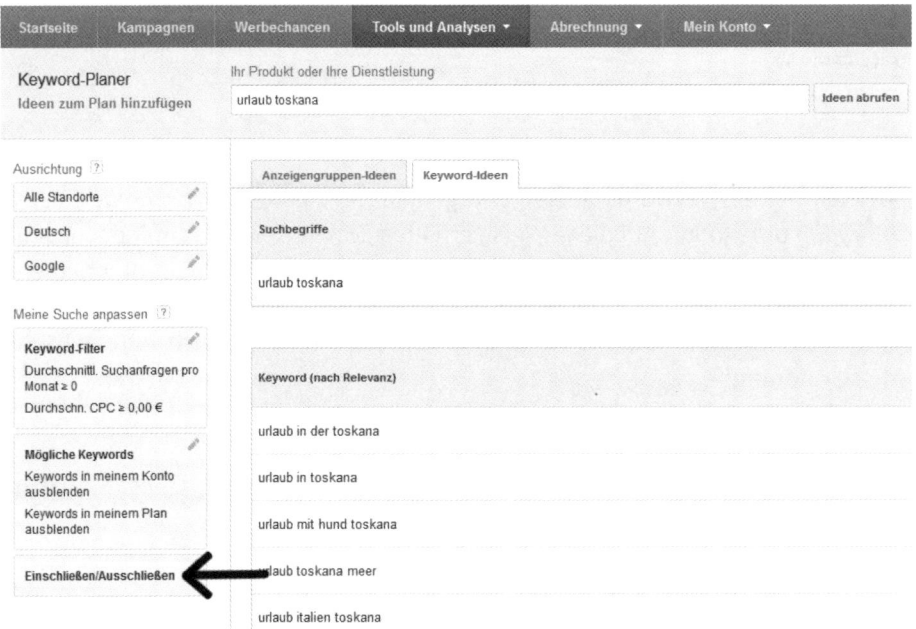

Abb. 2.16: Keywords ein- und ausschließen

Geben Sie nun in das Feld mit der Überschrift *Nur Keywords verwenden, die einen der folgenden Begriffe enthalten* »urlaub toskana« ohne Anführungszeichen ein. Nun werden alle Keyword-Ideen weggefiltert, die die Begriffe »urlaub« und »toskana« nicht beinhalten. Übrig bleiben somit die vertikalen Keywords.

Aus den verfügbaren Keywords würde ich folgende in meine Keyword-Liste aufnehmen:

urlaub toskana

urlaub toskana meer

urlaub toskana ferienhaus

urlaub toskana hotel

urlaub toskana weingut	urlaub toskana ferienwohnung
italien urlaub toskana	apartment urlaub toskana
urlaub toskana mit kindern	urlaub toskana mit hund
urlaub toskana küste	urlaub toskana günstig

So weit haben Sie zwölf Keywords, von denen Ihnen zumindest theoretisch jedes als Grundlage für eine eigene Seite Ihrer Website dienen wird. Das ist bereits eine gute Zahl. Je mehr Seiten (jede optimiert auf ein anderes Keyword) mit relevantem Inhalt Ihre Website jedoch hat, desto mehr Besucher werden Sie anziehen. Sehen wir also zu, dass wir noch weitere Keywords finden. Hierzu gibt es mehrere Möglichkeiten.

Wie Sie relevante laterale Keywords recherchieren

Nun ist es an der Zeit, dass Sie für die Keyword-Phrase »urlaub toskana« eine laterale Keyword-Recherche durchführen. Dies erreichen Sie ganz einfach, indem Sie diesmal unter *Einschließen/Ausschließen* (siehe Abbildung 2.16) in das Feld mit der Überschrift *Keine Keywords verwenden, die einen der folgenden Begriffe enthalten:* die Wörter »urlaub toskana« ohne Anführungszeichen schreiben. Nun filtert Ihnen der Keyword-Planer alle Keyword-Ideen weg, die die Begriffe »urlaub« und »toskana« gleichzeitig beinhalten und übrig bleiben alle lateralen Keywords. Hier ein Auszug:

elba	hofer reisen
florence	pisa
firenze	siena
weg	gardasee
berge und meer	ferien
sardinien	venedig
fewo direkt	ostsee
tuscany	lucca
ferienhaus	

Einige dieser Keywords mögen für uns nicht relevant sein (beispielsweise »hofer reisen«). Andere Keywords sind zu allgemein und haben zu viel Konkurrenz, als dass man diese als profitables Keyword für eine Seite der Website verwenden könnte (beispielsweise »siena«, »viareggio« oder »ferien«).

Aber Achtung! Machen Sie nicht den Fehler, solch allgemeine Keywords oder gar die ganze Liste vorschnell zu verwerfen. Selbst viel zu allgemein anmutende Keywords können tolle Grundlagen für weitere laterale Recherchen sein.

Versteckt zwischen den vielen allgemeinen Keywords gibt es aber auch ein paar richtige Juwelen. Keywords mit extrem hoher Nachfrage und sehr wenig Angebot! Für den Aufbau einer profitablen Keyword-Liste ist es daher ganz entscheidend, dass Sie nach genau diesen Keyword-Juwelen Ausschau halten, beispielsweise »toskana ferienhaus«. Ja, in diesem Keyword kommt »toskana« vor, aber nicht zusammen mit »urlaub«. Somit ist es ein laterales Keyword. Gehen Sie zu diesem Zweck die gesamte Liste bis ganz zum Ende durch.

Sind Sie auch wirklich am Ende der Keyword-Vorschläge angelangt? Machen Sie den Check. Scrollen Sie die Liste der Keyword-Ideen ganz nach unten. Nun sehen Sie die Zeile aus Abbildung 2.17.

Abb. 2.17: Am Ende der Keyword-Vorschläge?

In dieser Zeile sehen Sie, wie viele Keyword-Ideen der Keyword-Planer für Sie hat. Bei dieser lateralen Keyword-Recherche für die Keyword-Phrase »urlaub toskana« sind es 800 Vorschläge! Machen Sie also nicht den Fehler, zu glauben, die ersten fünfzig oder hundert angezeigten Keywords wären alle. Je nach Einstellung werden pro Seite 5 bis 100 Keywords angezeigt. Gehen Sie alle Seiten bis zur letzten durch, um ja kein Keyword-Juwel zu verpassen.

Nach der Durchforstung aller lateralen Keyword-Vorschläge habe ich 302 Keywords gefunden, die ich vorläufig in die Keyword-Liste aufnehme. Hier ein Auszug:

ferienhaus toskana	toskana urlaub
ferienwohnung toskana	wetter toskana
urlaub toskana	toskana karte
camping toskana	villa toskana
hotel toskana	toskana landkarte
italien toskana	toskana ferien
toskana rundreise	urlaub in der toskana
ferienwohnung toskana meer	ferienhaus toskana am meer

klassenfahrten toskana

landhaus toskana

ferienhaus italien toskana

san vincenzo toskana

ferienwohnung italien toskana

familienurlaub toskana

wein toskana

toskana reisen

wetter italien toskana

ferienhäuser toskana

apartment toskana

campingplätze toskana

weingut toskana

camping toskana direkt am meer

sehenswürdigkeiten toskana

ferienwohnung toskana küste

toskana ferienhaus mieten

reiseführer toskana

ferienhaus toskana kaufen

toskana ferienwohnung strand

haus toskana

wellness toskana

toskana bilder

villen toskana

ferienhäuser in der toskana

ferienanlage toskana

toskana meer

immobilien toskana

ferienhaus toskana pool

toskana ferienhaus privat

ferienwohnung in der toskana

urlaub ferienwohnung toskana

ferienhaus toskana mit hund

unterkünfte toskana

ferienwohnung toskana privat

toskana urlaub ferienhaus

klima toskana

gruppenreisen toskana

unterkunft toskana

ferienhaus toskana strand

ferienhaus mit pool toskana

toskana strand

toskana haus mieten

feriendomizil toskana

Recherchieren einer Rubrik (Unterthema) Ihrer Website

Sie haben nun bereits eine beachtliche Anzahl von Keywords, die Sie vorläufig in Ihre Keyword-Liste aufgenommen haben. (Mit dieser Keyword-Liste meine ich übrigens die von Ihnen in einem Tabellenverwaltungsprogramm angelegte Keyword-Liste und nicht die Liste des Keyword-Planers mit den Keyword-Vorschlägen!)

Recherchieren Sie nun eine Rubrik des Themas »urlaub toskana«. Der Einfachheit halber werde ich in diesem Buch nur *eine* Rubrik recherchieren. Sie sollten für Ihre Keyword-Recherche natürlich möglichst alle relevanten Rubriken recherchieren. Um eine Rubrik zu recherchieren, müssen Sie bereits wissen, welche Keywords aus der bisherigen Recherche rubriktauglich sind, also für eine Rubrik-Seite verwendet werden könnten. Sie sollten folglich zu diesem Punkt auch bereits das Angebot zu den bisherigen Keywords recherchiert haben. Wie das geht, habe ich Ihnen bereits in Abschnitt 2.4.2, »So ermitteln Sie das Angebot (die Anzahl der Mitbewerber) für ein Keyword« gezeigt.

Im Zuge der lateralen Recherche für das Hauptkeyword »urlaub toskana« habe ich vom Keyword-Planer das Keyword »toskana ferienhaus« vorgeschlagen bekommen. Da es ein hohes monatliches Suchvolumen (und machbare Konkurrenz) aufweist, eignet es sich sehr gut als Keyword für eine Rubrik-Seite. Die Recherche für die Rubrik »toskana ferienhaus« starte ich nun, indem ich diesen Begriff im Keyword-Planer als Ausgangspunkt einer neuen Keyword-Suche verwende. So wie zuvor »urlaub toskana«. Auch hier schließe ich zuerst einmal alle Keyword-Ideen aus, die die Begriffe »toskana« und »ferienhaus« nicht beinhalten. So bleiben alle vertikalen Keywords übrig.

Ich bekomme 153 Keywords vorgeschlagen. Ich entscheide mich dazu, die ersten 100 in meine Keyword-Liste aufzunehmen. Hier ein Auszug:

ferienhäuser toskana	ferienhaus in der toskana
ferienhaus toskana am meer	ferienhäuser in der toskana
toskana ferienhaus privat	ferienhäuser toskana mit pool
ferienhaus toskana pool	ferienhaus toskana mit hund
ferienhaus toskana privat	ferienhaus toskana meer
toskana urlaub ferienhaus	ferienhaus toskana last minute
toskana ferienhaus mieten	ferienhaus toskana strand
ferienhaus toskana mieten	ferienhaus toskana kaufen
ferienhaus toskana 10 personen	toskana ferienhaus günstig

Wie Ihnen vielleicht schon aufgefallen ist, überschneiden sich die Keyword-Vorschläge, die der Keyword-Planer zu den verschiedenen Ausgangs-Keywords anzeigt. Das ist aber kein Problem, da Sie Ihre Keywords ja alle in die Datei *vorläufige-keyword-liste.xls* kopiert haben. Ordnen Sie dort die Keyword-Spalte alphabetisch (achten Sie aber darauf, dass auch alle anderen Spalten mitgeordnet werden, damit ebenso alle weiteren Daten, zum Beispiel die monatlichen Suchanfragen, den richtigen Keywords zugeordnet bleiben). Jetzt sehen Sie die doppelten Einträge direkt untereinander und können die überflüssigen löschen. Am besten löschen Sie die doppelten Einträge aber erst, wenn Sie Ihre Keyword-Recherche im Keyword-Planer abgeschlossen haben. So gehen Sie sicher, dass sich während der Recherche nicht wieder doppelte Einträge einschleichen.

Nun könnten Sie für das Keyword »toskana ferienhaus« auch noch alle lateralen Keyword-Ideen durchforsten, indem Sie diesmal alle Keywords aus den Keyword-Ideen ausschließen, die die Begriffe »toskana« und »ferienhaus« beinhalten. Dies würde Ihnen noch eine Vielzahl weiterer thematisch verwandter Keywords vorschlagen. Ich lasse diese laterale Recherche bleiben, da ich vorerst bereits genug Keywords für die Rubrik »toskana ferienhaus« erhalten habe.

Da wir nun genügend Keywords haben, ist es an der Zeit, für alle vorhandenen Keywords das Angebot zu ermitteln (siehe Abschnitt 2.4.2, »So ermitteln Sie das Angebot (die Anzahl der Mitbewerber) für ein Keyword«).

Die Ausnahme von der Regel: Warum Sie auch Keywords verwenden sollten, die nicht den Richtlinien für Angebot und Nachfrage entsprechen

Als aufmerksamer Leser werden Sie wahrscheinlich festgestellt haben, dass ich in diesem Praxisbeispiel auch einige Keywords in die Liste aufgenommen habe, die gemäß den Richtlinien für Angebot und Nachfrage (siehe Abschnitt 2.3.2) zu viele Mitbewerber haben. Hierzu möchte ich Ihnen Folgendes sehr Wichtiges mitteilen:

Wichtig

Folgen Sie nicht blind den Richtlinien. Vertrauen Sie auch immer auf Ihren Verstand!

Zahlen und Richtlinien können Ihre Beurteilung der individuellen Situation nicht ersetzen. Halten Sie sich bestmöglich an die Richtlinien, die ich Ihnen hier gebe, aber behalten Sie sich gleichzeitig auch die Freiheit vor, Ausnahmen zu machen. Wie merken Sie, wann es Sinn macht, eine Ausnahme zu machen? Das kommt normalerweise mit der Erfahrung. Da Sie aber nicht ewig Keyword-Listen erstellen wollen, bis Sie total erfahren darin sind, gebe ich Ihnen im Folgenden die Gründe, warum ich in diesem Praxisbeispiel Keywords aufgenommen habe, die den Richtlinien nicht entsprechen.

Verwenden Sie Keywords mit zu viel Mitbewerbern als Keyword-Kombinationen

Keyword-Kombinationen sind nicht zu verwechseln mit Keyword-Phrasen. Mit Keyword-Kombinationen meine ich: das Erwähnen eines allgemeinen Keywords im Text einer Seite, die auf ein spezifisches Keyword optimiert ist. Lassen Sie mich erklären: In diesem Praxisbeispiel erstelle ich eine Website zum Thema »urlaub toskana«. Wir haben zu diesem Thema spezifische Keywords gefunden, auf die wir jeweils eine einzelne Seite der Website optimieren werden. Im Zuge der Keyword-Recherche haben wir aber auch einige allgemeinere Keywords gefunden. Beispielsweise »siena«, »viareggio« oder »ferien«.

Verwenden Sie diese Keywords ab und zu in den Texten verschiedener Seiten, ohne diese Seiten aber auf diese Keywords zu optimieren. Ein Beispiel: Sie erstellen eine Seite, die auf das Keyword »ferienwohnung toskana« optimiert ist. Im Text stellen Sie nun beispielsweise eine bestimmte Ferienwohnung vor und erwähnen, dass diese gar nicht weit von Viareggio entfernt ist. Schon haben Sie eine Keyword-Kombination!

Wenn in Google jemand nach »ferienwohnung viareggio« sucht, haben Sie nun gute Chancen, für diese Keyword-Phrase ebenfalls gefunden zu werden, obwohl die Seite primär auf »ferienwohnung toskana« optimiert ist.

Ein weiteres allgemeines Keyword in diesem Zusammenhang wäre beispielsweise »autovermietung«.

Ausnahme 1

Verwenden Sie allgemeine Begriffe im Text einer Seite, die auf ein spezifisches Keyword optimiert wurde. Das eröffnet Ihnen ohne viel Aufwand die Möglichkeit, für Keyword-Kombinationen bestehend aus dem spezifischen Keyword (oder einem Teil dessen) und dem allgemeinen Keyword gefunden zu werden. Speziell in Anbetracht des geringen Aufwands ist das Gold wert.

Verwenden Sie Keywords mit zu viel Mitbewerbern als Variation eines weniger umkämpften Keywords

Die Suchmaschinen werden immer intelligenter und können eine Website mittlerweile bereits mit sehr »menschlichen« Augen betrachten. Das bedeutet, Ihre Website muss nicht den Suchmaschinen gefallen, sondern dem menschlichen Betrachter. Dann gefällt sie automatisch auch der Suchmaschine. Das erreichen Sie, indem Sie hochwertige Informationen auf eine natürliche Weise darstellen. Das bedeutet, Sie verwenden das Keyword, auf das Sie die jeweilige Seite optimieren, nicht unnatürlich oft, sondern maßvoll. Und jetzt wird es spannend:

In einem natürlichen Text verwendet man nicht immer nur den gleichen Begriff. Man verwendet Synonyme, Variationen und Begriffe aus verwandten Themen. Wenn ich also das Keyword »urlaub italien« in die Keyword-Liste aufnehme, obwohl es zu viel Konkurrenz hat, mache ich das mit dem Gedanken, dass sich dieses Keyword sehr gut eignet, um es gelegentlich in die Texte meiner Website einzubauen (das schreibe ich mir natürlich als Kommentar in die Keyword-Liste).

Die Suchmaschinen lieben Variationen und stufen einen Text, der Variationen beinhaltet, als natürlich und relevant ein. Verwenden Sie also auf Ihrer Startseite, die Sie auf »urlaub toskana« optimieren, auch das mehr umkämpfte Keyword

»urlaub italien« als Variation. Dieser einfache Schritt kann sogar so weit führen, dass Ihre Startseite nach einiger Zeit auch für das Keyword »urlaub italien« auf vordersten Positionen (Top 30) in den Suchergebnissen gelistet und so von Besuchern gefunden wird.

Ausnahme 2

Keywords, die viel Nachfrage und **zu viel** Angebot haben, mögen nicht profitabel genug sein, um als Grundlage für eine eigene Seite zu dienen. Es macht jedoch immer Sinn, diese Keywords als Variation in die Texte der Website einfließen zu lassen. Die Suchmaschinen bewerten das sehr positiv und letztendlich werden Sie für diese gelegentlich verwendeten Keywords sogar gefunden werden.

Verwenden Sie Keywords mit zu vielen Mitbewerbern als Rubrikseiten für profitable Detailseiten

Das Thema »urlaub toskana« ist so profitabel, dass ich mich richtig schwer tue, thematisch interessante Keywords mit zu vielen Mitbewerbern zu finden. Das ist ja mal eine Situation, wie wir sie uns alle erträumen. Ich bin selbst sehr positiv überrascht :-) Wie auch immer, ich glaube, ich kann folgendes Keyword als Beispiel nehmen:

In diesem Beispiel habe ich das Keyword »urlaub mit kindern«, das 95.100 Mitbewerber hat, in die Keyword-Liste aufgenommen. Das ist gemäß den Richtlinien für Nachfrage und Angebot schon etwas zu viel. Das bedeutet: Die Seite, die ich auf dieses Keyword optimiere, würde wahrscheinlich eher auf hinteren Positionen in den Suchergebnissen erscheinen und deshalb nur selten gefunden werden. Die Sache ist nun aber: Ich habe folgende Keywords in die Keyword-Liste aufgenommen, weil sie allesamt extrem wenig Mitbewerber haben. Ich möchte diese Keywords unbedingt verwenden:

»toskana mit kindern«

»kinderhotel toskana«

Wenn Sie jetzt logisch denken, erkennen Sie: Diese Keywords lassen sich perfekt für Detailseiten verwenden, die Sie unter der Rubrikseite »urlaub mit kindern« bündeln! Obwohl »urlaub mit kindern« also zu viele Mitbewerber hat, macht es Sinn, dieses Keyword für eine Rubrikseite zu verwenden, um in der Website so einen Bereich für die vielen profitablen Detailseiten zu schaffen.

Positiver Nebeneffekt: Die vielen Detailseiten unterstützen die Rubrikseite »urlaub mit kindern« im Ansehen der Suchmaschinen (indem sie zu dieser als übergeordnete Seite verlinken), was dazu führt, dass die Rubrikseite in den Suchergebnissen hochwandert. Wenn Sie Glück haben (natürlich hängt es nicht bloß vom Glück, sondern von vielen anderen Umständen ab, die Sie in gewissem Ausmaß beeinflussen können), wird Ihre Rubrikseite dann sogar für die Keyword-Phrase »urlaub mit kindern« gefunden!

> **Ausnahme 3**
>
> Achten Sie immer darauf, ob Sie ein viel gesuchtes Keyword als Rubrikseite für profitable Detailseiten nutzen können, selbst wenn es zu viel Angebot hat. Die Detailseiten finden auf diese Weise einen angemessenen und themenrelevanten Bereich in Ihrer Website. Der zusätzliche positive Nebeneffekt: Ihre Rubrikseite wird durch die Detailseiten gestärkt, dadurch in den Suchergebnissen weiter vorne gelistet und so auch trotz der vielen Mitbewerber gefunden.

Die Gefahr von Keywords mit doppelter Bedeutung

Um die Gefahr von Keywords mit doppelter Bedeutung zu illustrieren, verabschiede ich mich kurz von der Keyword-Liste rund um das Thema »urlaub toskana« und präsentiere Ihnen stattdessen das Keyword: »ferien in bayern«.

Haben Sie gleich bemerkt, dass die Keyword-Phrase »ferien in bayern« doppeldeutig ist? Sie kann bedeuten, dass jemand in Bayern Ferien machen will. Solche Menschen sind Ihre Zielgruppe. Sie kann aber auch bedeuten, dass jemand einfach herausfinden möchte, wann in Bayern Ferien sind. Mit diesen Leuten werden Sie kaum Geld verdienen. Das ist ein ganz wichtiger Punkt.

> **Wichtig**
>
> **Achten Sie immer darauf,** dass Sie eine Keyword-Liste mit Keywords erstellen, die eindeutig sind. Auf diese Weise bekommen Sie konkretere Informationen zu Ihren Marktchancen.

Ansonsten kann es Ihnen passieren, dass Sie glauben, nach Ihrem Hauptkeyword wird 2.900 mal pro Monat gesucht (wie das bei »ferien in bayern« der Fall ist), in Wirklichkeit sind aber nur 500 davon als Ihre Zielgruppe geeignet.

Ein Weg, um herauszufinden, ob Ihr Hauptkeyword mit für Sie irrelevanten Bedeutungen gesucht wird oder ob es doch hauptsächlich von Ihrer Zielgruppe genutzt wird, besteht darin, den Kontext des Hauptkeywords zu recherchieren. Wenn Sie das Keyword »ferien in bayern« recherchieren, werden Sie erkennen, dass sich bei der Zusammenstellung dieser Keyword-Liste die Bedeutung »Ferien machen« sehr klar herauskristallisiert. Das zeigt sich anhand Keywords wie »ferienwohnung in bayern«, »ferienhäuser in bayern«, »ferien auf dem bauernhof in bayern« etc. Wenn Sie also erkennen, dass es im Zusammenhang mit dem doppeldeutigen Hauptkeyword bezüglich der von Ihnen gewünschten Bedeutung genügend profitable eindeutige Keywords gibt, ist das ein Indiz dafür, dass auch genügend Nachfrage für das Hauptkeyword im Sinne dieser spezifischen Bedeutung vorhanden ist.

Strukturieren Sie Ihre Keyword-Liste

Bis jetzt haben Sie bereits eine ganze Menge Keywords in Ihrer vorläufigen Keyword-Liste gesammelt. Sie wissen, wie oft mit jedem Keyword pro Monat gesucht wird und wie viele Mitbewerber es für ein jedes gibt.

Nun ist es an der Zeit, die Datei *beispiel-keyword-liste.xls* zu öffnen, um zu sehen, wie die fertige Keyword-Liste dieses Praxisbeispiels aussieht.

Hinweis

Die Datei *beispiel-keyword-liste.xls* können Sie hier herunterladen: `http://insider.david-asen.de/downloads/beispiel-keyword-liste.xls`

Sie werden sehen, dass diese Beispiel-Keyword-Liste folgende Spalten aufweist:

1. Keyword
2. Exaktes Suchvolumen pro Monat
3. Exaktes Angebot (Anzahl an Mitbewerber-Websites)
4. Seitentyp
5. Kommentar

In die ersten drei Spalten habe ich die Daten eingefügt, die ich während der Recherche dieses Praxisbeispiels in der vorläufigen Keyword-Liste gesammelt habe. In die Spalten 4 und 5 habe ich wichtige Informationen eingetragen, die es mir ermöglichen, die Keywords in eine hochqualitative inhaltliche Struktur zu bringen.

In dieser fertigen Beispiel-Keyword-Liste habe ich in der Spalte 4 *Seitentyp* bereits für die meisten Keywords festgelegt, ob ich diese für die Startseite, eine Rubrikseite oder eine Detailseite verwende.

Achtung

Ich habe für dieses Praxisbeispiel nicht alle verfügbaren Keywords recherchiert. Ich habe nur so viele recherchiert, wie es braucht, um Ihnen die Thematik verständlich zu machen. Würden Sie die Keyword-Liste dieses Praxisbeispiels tatsächlich verwenden wollen, müssten Sie noch weitere Detailseiten recherchieren. Auch die eine oder andere Rubrikseite würde nicht schaden. Wenn Sie die Beispiel-Keyword-Liste (*beispiel-keyword-liste.xls*) öffnen, lassen Sie sich also nicht davon verwirren, dass manche Rubrikseiten bereits viele Detailseiten haben und andere keine.

Für die Spalte *Kommentar* habe ich Ihnen einige Beispielkommentare eingetragen. Sinnvolle Kommentare können zum Beispiel sein:

- Dieses Keyword ein paar Mal in den Text der Startseite einbauen.

- Sehr profitables Keyword. Dieses sollte als eines der ersten verwendet werden.

- Als Keyword-Kombination verwenden, da nicht profitabel genug, um als Grundlage für eine eigene Seite zu dienen.

- Als Variation verwenden.

Bitte beachten Sie in der Datei *beispiel-keyword-liste.xls* auch, dass nicht jedes Keyword, das ich als Detailseite deklariert habe, tatsächlich eine Detailseite werden muss. Es kann sich herauskristallisieren, dass es bei dem einen oder anderen Keyword, das vorerst einmal als Detailseite eingeordnet wurde, praktischer ist, es als Variation für ähnliche Keywords zu verwenden, speziell dann, wenn es sich um Keyword-Phrasen handelt, die in ihrer Bedeutung praktisch identisch sind und grammatikalisch ohnedies gleich aufbereitet werden müssten (siehe Abschnitt 2.4, »Vorabhinweis: Was tun mit grammatikalisch falschen Keyword-Phrasen?« für mehr Informationen zu dieser Thematik).

Hier stellt sich natürlich die Frage, welche der von der Bedeutung her identischen Keyword-Phrasen dann die Grundlage für die Detailseite bilden soll und welche nur als Variationen dienen werden. Die einfache Antwort: Die Keyword-Phrase mit dem größten Suchvolumen beziehungsweise dem besten Verhältnis zwischen Suchvolumen und Mitbewerbern wird zur Grundlage, auf die die Detailseite optimiert wird. Die anderen Keyword-Phrasen dienen als Variation.

Zum Erstellen der Inhalte möchte ich noch anmerken: Generell ist es so, dass man natürlich zuerst für die Keywords mit mehr Suchvolumen beziehungsweise dem besseren Verhältnis zwischen Suchvolumen und Mitbewerbern Seiten schreibt und erst danach für die weniger profitablen Keywords. Bei Keywords mit sehr geringem Suchvolumen schreibe ich auch manchmal einen Hinweis wie »niedrige Priorität« in die Kommentarspalte.

Tipp

Für Ihre eigene Keyword-Recherche können Sie die Datei *beispiel-keyword-liste.xls* als Vorlage nutzen, indem Sie die darin enthaltenen Keywords löschen und die während Ihrer Recherche ermittelten Daten in die jeweiligen Spalten einfügen. Dann nutzen Sie die Spalten »Seitentyp« und »Kommentar«, um die inhaltliche Struktur zu bestimmen.

Wenn Sie die Beispiel-Keyword-Liste in Microsoft Excel öffnen, sehen Sie links unten, dass es zwei Arbeitsblätter gibt, zwischen denen Sie wechseln können. Das erste Arbeitsblatt heißt *Keyword-Liste* und beinhaltet die Beispiel-Keyword-Liste, das zweite Arbeitsblatt heißt *Unbearbeitete Keywords*. In diesem können Sie noch unbearbeitete Keywords ablegen. Klicken Sie links unten auf den Namen des gewünschten Arbeitsblattes, um es aufzurufen.

Behalten Sie nur die profitabelsten Keywords

Gerade am Anfang kann es leicht sein, dass Sie nicht genau wissen, welche Keywords Sie nehmen sollen und welche nicht. Da ist es natürlich klar, dass Sie lieber ein paar Keywords mehr als zu wenig nehmen. Ihre Keyword-Liste sollte aus mindestens 60 bis 200 Keywords und Keyword-Phrasen bestehen. Löschen Sie also auch nicht zu viele Keywords. Auswahlkriterien für diese letzte Auslese sind:

- Wie gut passen die Keywords zu Ihrem Thema und Site-Konzept?
- Wie gut lassen sich diese Keywords in die inhaltliche Struktur (Content-Blueprint) eingliedern?
- Wie viel Wissen haben Sie zu dem jeweiligen Keyword?
- Wie sehr interessiert Sie das Thema des jeweiligen Keywords?
- Welche Verdienstmöglichkeiten bietet das Keyword?

Tipp

Gehen Sie bei der Auslese behutsam vor, ganz besonders mit profitablen Keywords. Weniger zimperlich können Sie mit Keywords vorgehen, die nur sehr wenig Nachfrage haben.

> **Wichtig**
>
> Bei Keywords, die ein sehr gutes Verhältnis von Angebot und Nachfrage haben, sprich, sehr profitabel sind, sollten Sie sich zweimal überlegen, ob Sie sie löschen. Selbst wenn ein solches Keyword auf den ersten Blick nicht perfekt in Ihre inhaltliche Struktur passen mag oder Sie noch nicht so viel zu diesem Keyword wissen: Wenn es grundsätzlich zum Thema Ihrer Website passt (das ist natürlich Voraussetzung), behalten Sie es einfach mal. Sicherlich entdecken Sie mit der Zeit noch Möglichkeiten, dieses hochprofitable Keyword zu nutzen, um Ihre Besucherzahlen merklich zu steigern.

2.5 Der Domainname

2.5.1 Das Schaufenster zu Ihrer Website

Wissen Sie, was das Wichtigste an einem Schaufenster ist? Es muss den Kunden dazu bewegen, in das Geschäft einzutreten. Das ist alles. Ist der Kunde erst mal im Geschäft, wird der Geschäftsmann dem Kunden alle Fragen beantworten, seine Bedürfnisse kennenlernen und so den Verkauf abschließen. Das ist jedoch alles Aufgabe des Verkäufers, nicht des Schaufensters. Das Schaufenster muss den Kunden nur dazu bringen, einzutreten.

Der Domainname ist das Schaufenster Ihrer Website. Er sollte so gewählt sein, dass er den Leser dazu bewegt, sich die Website anzusehen. Das erreichen Sie, indem Sie möglichst knapp möglichst genau aussagen, um was es auf Ihrer Website geht. Wenn Sie dann auch noch den einzigartigen Ansatz unterbringen, der Ihre Website von dem Ihrer Konkurrenz unterscheidet, ist das perfekt. Praktisch sieht das so aus:

- Eine gute Domain ist kurz und knapp. Sie ist einfach zu buchstabieren und einfach zu merken. Sie ist seriös und von zeitlosem Stil, nicht abgehoben oder künstlich modern.

- Sie beschreibt den Inhalt Ihrer Website und vermittelt Ihren einzigartigen Ansatz, mit dem Sie sich Ihrem Thema nähern und sich von Ihrer Konkurrenz unterscheiden.

Beispiel: Für die Website des Praxisbeispiels in diesem Buch wäre die Domain *urlaub-toskana.de* ideal. Diese Domain ist kurz, übersichtlich und drückt den Inhalt der Website perfekt aus. Diese Domain zeigt den einzigartigen Ansatz Ihrer Website zwar noch nicht so deutlich, aber die Übersichtlichkeit und die anderen guten Eigenschaften machen das wett. Leider ist diese Domain jedoch schon vergeben. Was tun? Verwandeln Sie diesen Nachteil in einen Vorteil und nutzen Sie diese Gelegenheit, den einzigartigen Ansatz Ihrer Website auch noch in der Domain unterzubringen. Nennen Sie Ihre Domain: *mein-urlaub-in-der-toskana.de*.

Damit bringen Sie beispielsweise zum Ausdruck, dass Ihre Website im Gegensatz zu den vielen kühl wirkenden Websites großer Reiseanbieter sehr persönlich ist. Das ist sehr positiv für Ihre menschlichen Besucher, da sich diese angesprochener fühlen und so eher Ihre Website besuchen, wenn Sie Ihre Domain sehen.

Wichtig

Die Domain beinhaltet Ihr Hauptkeyword, sprich, das Keyword der Startseite Ihrer Website. Das zeigt den Suchmaschinen, dass Ihre Website wirklich relevante Informationen zum Thema bietet. Das wiederum hilft ihr, bessere Positionen in den Suchergebnissen zu erhalten.

Ich weiß, dass die Domain *mein-urlaub-in-der-toskana.de* die Hauptkeyword-Phrase nicht exakt beinhaltet. Ist das ein Nachteil? Nun, es verschafft zwar nach wie vor einen leichten Vorteil, wenn die Hauptkeyword-Phrase 1:1 in der Domain vorkommt, aber letztendlich ist es ein Aspekt, der im Vergleich zu Kriterien wie der Qualität Ihres Website-Inhalts, der Anzahl qualitativ hochwertiger Backlinks etc. unbedeutend ist. Anders ausgedrückt: Wenn es leicht geht, schauen Sie, dass Ihre Hauptkeyword-Phrase 1:1 in der Domain vorkommt. Wenn es nicht möglich ist, ohne dass die Domain komisch wirkt, lassen Sie es einfach und konzentrieren Sie sich auf die entscheidenden Kriterien. Schon wichtig ist aber, dass die einzelnen Wörter der Hauptkeyword-Phrase alle in der Domain enthalten sind. Das ist bei obiger Domain mit »urlaub« und »toskana« ja der Fall.

- Eine gute Domain ist attraktiv für Menschen und für Suchmaschinen. Beispiel *mein-urlaub-in-der-toskana.de*: Die Phrase »mein urlaub« ist für die Menschen bestimmt, »urlaub in der toskana« beziehungsweise »urlaub« und »toskana« sind die Keywords für die Suchmaschinen.

- Eine gute Domain endet auf .de (Deutschland), .at (Österreich), .ch (Schweiz), wenn Ihre Zielgruppe in einer dieser Regionen beheimatet ist.

- Für Websites mit internationalem Flair sind seriöse Endungen speziell *.com* und *.net*. Die Endung *.com* steht für Commercial und ist für Firmen und kommerzielle Anbieter gedacht. Die Endung *.net* steht für Network und ist für Netzwerke und Organisationen gedacht. Zu erwähnen ist noch die Endung *.org*, die es ebenfalls bereits sehr lange gibt. Diese ist für nichtkommerzielle Organisationen und Vereine gedacht. Es kommen laufend neue Domain-Endungen (beispielsweise *.biz* und *.web*) heraus. Da *.com* und *.net* jedoch am längsten existieren, vermitteln sie auch am meisten Seriosität. Beachten Sie diesen Punkt, aber zerbrechen Sie sich darüber nicht den Kopf. So wichtig ist er nicht.

2.5.2 Wann sollten Sie in Ihrem Domain-Namen Bindestriche verwenden?

Als Faustregel gilt: Wenn Sie eine Domain bestehend aus mehr als einem Wort haben, sollten Sie Bindestriche verwenden. Auch wenn die Domain ohne Bindestriche ebenfalls noch verfügbar ist. Domains mit Bindestrichen sind übersichtlicher, weil sie die einzelnen Wörter trennen. Dadurch kann der Betrachter die Bedeutung der Domain schneller erkennen und sich die Domain auch besser merken.

Auch für die Suchmaschinen ist es von Vorteil, Bindestriche zu verwenden, anstatt alle Wörter in einer Wurst zu schreiben. Suchmaschinen behandeln Bindestriche nämlich üblicherweise als Leerzeichen und erkennen so besser die einzelnen Wörter Ihrer Domain. Wenn diese einzelnen Wörter nun das Keyword beziehungsweise die Keyword-Phrase Ihrer Startseite beinhalten, wird das von den Suchmaschinen so am einfachsten erkannt und Ihre Website erhält einen kleinen Pluspunkt im Ansehen der Suchmaschinen (Suchmaschinen-Ranking).

Nehmen wir als Beispiel die Domains ...

mein-urlaub-in-der-toskana.de

und

meinurlaubindertoskana.de

Welche ist einfacher zu lesen? Natürlich machen Bindestriche hauptsächlich bei Domains mit drei oder mehr Wörtern Sinn. Eine Domain mit zwei Wörtern bleibt meist auch ohne Bindestrich übersichtlich.

Domains wie *meinbaby.de*, *marketingberatung.de* oder *derhochzeitsplaner.de* funktionieren auch ohne Bindestrich. Bei *onlineschuldenberatung.de* hingegen würde ich einen Bindestrich verwenden (*online-schuldenberatung.de*).

Wenn von einer kurzen Domain (die keine Bindestriche braucht) die Version ohne Bindestriche bereits vergeben ist, ist die Version mit Bindestrichen die naheliegende Alternative.

Wichtig

Egal, ob mit oder ohne Bindestriche – achten Sie bei der Registrierung Ihrer Domain immer darauf, keine Markenrechte zu verletzen. »McDonalds« ist eine geschützte Marke. Selbst wenn die Domain »mc-donalds.de« noch frei sein sollte, tun Sie nicht gut daran, diese zu registrieren. Sie werden wahrscheinlich bloß einen Rechtsstreit mit McDonalds heraufbeschwören.

Am wichtigsten ist, dass die Domain das Hauptkeyword Ihrer Website beinhaltet (für die Suchmaschinen) und für den Betrachter übersichtlich und attraktiv ist. Wenn Sie Ihre Website hauptsächlich über das Internet bewerben, sprich, neue Kunden hauptsächlich über das Internet generieren, kann Ihre Domain auch etwas länger sein (besonders, wenn Ihre Keyword-Phrase aus mehreren Wörtern besteht). Es stört niemanden, da in diesem Fall die meisten Menschen über Suchmaschinen auf Ihre Website kommen. Diese Menschen nehmen viel mehr den Titel und die Beschreibung Ihrer Website in den Suchergebnissen wahr als die Domain.

2.5.3 Welche Domain sollten Sie nehmen, wenn Sie bereits eine Firma haben?

Etwas anders sieht das aus, wenn Sie viele Interessenten von außerhalb des Internets auf Ihre Website bringen wollen (weil Sie bereits eine Firma oder ein Geschäft betreiben). Domains mit mehr als 3 Wörtern und Bindestrichen machen sich nicht so gut auf Werbebroschüren und sind auch nicht leicht zu buchstabieren (am Telefon beispielsweise).

In diesem Fall ist es eine gute Idee, sich eine zweite, sehr kurze Domain zu registrieren. Dies könnte beispielsweise Ihr Firmenname sein. Diese zweite Domain stellen Sie so ein, dass die Besucher ebenfalls zu Ihrer Website weitergeleitet werden.

Beispiel:

Ihre Website betreiben Sie unter der Domain: *mein-urlaub-in-der-toskana.de*.

Diese Domain beinhaltet Ihre Hauptkeyword-Phrase und Ihren einzigartigen Ansatz. Für Printmedien wie Visitenkarten etc. verwenden Sie:

ihre-firma.de oder *123urlaub-toskana.de*

Diese wird weitergeleitet zu: *mein-urlaub-in-der-toskana.de*.

Es ist an dieser Stelle nicht zielführend, wenn ich Ihnen im Detail erkläre, was Sie tun müssen, um Ihre Domain weiterzuleiten, weil das bei jedem Domain-Registranten ein wenig anders funktioniert. Im Prinzip ist es jedoch eine einfache Sache:

Achten Sie darauf, dass der Domain-Registrant, bei dem Sie die zweite Domain registrieren, »Domain-Weiterleitung« oder auf Englisch »Domain-Forwarding« anbietet. Mit der Registrierung Ihrer Domain erhalten Sie ein eigenes Benutzerkonto. Dort loggen Sie sich ein und geben unter dem Punkt »Domain-Weiterleitung« die Ziel-Domain ein, auf die Ihre Domain weitergeleitet werden soll und fertig.

> **Wichtig**
>
> Denken Sie immer daran: Die Domain registrieren Sie erst, *nachdem* Sie die Konzeption Ihrer Website abgeschlossen haben. Erst dann kennen Sie die Keywords, auf die Sie Ihre Website optimieren, und wissen, welche Keywords Sie in Ihren Domainnamen einbauen müssen.

Kapitel 3

Einkommensquellen

Einige der erfolgreichsten Internet-Marketer der Welt spezialisieren sich darauf, hochwertige Informationen zu liefern, und verkaufen keine eigenen Produkte oder Dienstleistungen. Trotzdem nutzen sie den Besucherstrom ihrer Informations-Portale sehr gewinnbringend, völlig ohne eigenes Angebot! Solche Leute nennt man Infopreneure. Welche Einkommensquellen sie dazu verwenden, erfahren Sie in Kapitel 3.2.

Warum ich Ihnen das mitteile? Weil ich Sie darauf aufmerksam machen möchte, dass es im Internet tolle Möglichkeiten gibt, Ihr bestehendes Angebot zu erweitern (Vorteil für Ihre Kunden) und zusätzliche Einkommensquellen zu nutzen (Vorteil für Sie) und das praktisch ohne Mehraufwand.

3.1 Ein Wort der Vorsicht

Ich möchte noch einmal auf einen wichtigen Punkt hinweisen, den ich auch schon vorher erwähnt habe: Implementieren Sie Einkommensquellen (egal welche) erst *nach* der erfolgreichen Aufnahme Ihrer Website in die wichtigsten Webkataloge.

Bauen Sie zu Beginn noch keine Affiliate-Links und/oder Verweise zu eigenen Produkten in Ihre Texte oder sonst wo auf Ihrer Website ein. Vermeiden Sie auch verkaufsorientierte Inhalte und Google AdSense oder sonstige Werbeanzeigen.

Sie werden Ihre Website später noch in den wichtigsten Webkatalogen wie beispielsweise dem Open Directory Project anmelden. Wenn Sie aufgenommen werden, hilft das Ihrer Website ungemein, schnell bekannt zu werden, und verbessert ihre Position in den Suchergebnissen. Um bessere Chancen auf eine erfolgreiche Aufnahme zu haben, sollte Ihre Website bis vier Wochen nach der Anmeldung (solange brauchen die Webkatalog-Editoren circa, um Ihre Website zu bewerten) rein informationsorientiert sein. Sprich: Sie sollten nur hochqualitative Informationen zu Ihrem Thema bieten und nichts, was nach Verkaufs- oder Profitabsicht aussieht.

Wenn Sie nach meinen Anweisungen vorgehen, sollte das auch überhaupt kein Problem sein. Wie ich Ihnen bereits gezeigt habe, sollte Ihre Website sowieso informationsorientiert und nicht produktorientiert sein. Sie bieten auf Ihrer Website hochwertigen Inhalt (Content) an, der die Anliegen der Besucher ernsthaft behandelt. Auf diese Weise fassen die Besucher Vertrauen zu Ihnen und sind von Ihrer Expertise überzeugt (PREselling). Wenn Sie solche Besucher später über dezente Hinweise und Links im Text auf eigene Produkte oder Produkte von Partnern aufmerksam machen, sind diese überdurchschnittlich motiviert, zu kaufen. Alles, was die Webkataloge verlangen, nämlich hochwertige Informationen auf Ihrer Website, brauchen Sie also sowieso, wenn Sie Ihren Gewinn maximieren wollen.

> **Hinweis**
>
> Sie schreiben für die Webkataloge keine extra Texte auf Ihrer Website, die Sie später wieder entfernen. Sie bieten auf Ihrer Website genau die hochwertige Information, die Sie sowieso bieten wollen. Sie lassen einfach nur die Einkommensquellen weg, bis die Website aufgenommen wurde.

Übrigens: Sollte Ihre Website von einem Webkatalog abgelehnt werden, obwohl Sie keine Einkommensquellen eingebunden haben, bricht die Welt nicht zusammen. Wenn Sie erkennen, dass der Grund für die Ablehnung darin besteht, dass Ihr Inhalt noch nicht relevant und hochwertig genug ist, sehen Sie das als Ansporn, die Qualität Ihrer Website zu verbessern. Falls Sie aber bereits klare und zielgerichtete Inhalte anbieten und trotzdem abgelehnt werden, lassen Sie sich davon nicht fertigmachen. Webkatalog-Editoren sind auch nur Menschen, die nicht immer richtig entscheiden. Sie haben genug andere Optionen, um Ihre Website bekannt zu machen, wenn ein Webkatalog Sie ablehnt.

Melden Sie Ihre Website nicht auf einmal, sprich, in zu kurzer Zeit in allen Webkatalogen an. Das könnte Google als unnatürliches Wachstum durch automatisierte Hilfsmittel auslegen und Ihre Website schlechter bewerten. Warten Sie auch nicht ewig darauf, von einem bestimmten Webkatalog aufgenommen zu werden. Bei manchen Webkatalogen erfolgt die Aufnahme erst nach Monaten, andere informieren Sie nicht, wenn Sie *nicht* aufgenommen wurden.

Melden Sie Ihre Website täglich in einem neuen Webkatalog an, um von diesem einen eingehenden Link zu erhalten. Nachdem Sie Ihre Website im letzten wichtigen Webkatalog angemeldet haben, warten Sie vier Wochen. Danach wird es Zeit, Ihre Einkommensquellen einzubauen, selbst auf die Gefahr hin, dass der eine oder andere Webkatalog Sie deshalb nicht mehr aufnimmt. Allerdings sollte Ihre

Website folgende Kriterien erfüllen, bevor Sie die Einkommensquellen einbauen (selbst nach vier Wochen):

- Wenn Sie ca. 20 oder mehr hochqualitative Seiten für Ihre Website erstellt haben
- Zwei bis fünf eingehende Links von starken Websites (keine Webkataloge) erhalten haben
- Ihr Besucherstrom auf mehr als 20 Besucher pro Tag anwächst

Es hat keinen Sinn, ewig auf den eingehenden Link eines Webkataloges zu warten, wenn Ihnen in der Zwischenzeit bereits Einnahmen entgehen, weil Sie noch keine Einkommensquellen eingebaut haben.

> **Tipp**
>
> Bei welchen Webkatalogen Sie Ihre Website anmelden sollten, um eingehende Links zu erhalten, erfahren Sie in Abschnitt 5.4.4.

3.2 Einkommensquellen ohne eigene Produkte

Verkauf von Werbefläche auf Ihrer Website mit Googles AdSense

Mit Google AdSense haben Sie die Möglichkeit, mit wenigen Klicks ein System zu installieren, das inhaltlich passende Anzeigen auf Ihrer Website schaltet. Mit jedem Klick auf eine Anzeige erhalten Sie einen kleinen Betrag von ca. 5 Cent bis mehrere Euro. Mit Google AdSense können Sie Ihr Informations-Angebot sofort in Gewinn umwandeln. Aufgrund ihrer inhaltlichen Relevanz lassen sich mit Google-AdSense-Anzeigen höhere Profite erzielen als mit herkömmlicher Bannerwerbung.

Nehmen wir an, Sie sind Gartengestalter. Sie stellen auf Ihrem Informations-Portal umfangreiche Infos zu diesem Thema zur Verfügung. Nun implementieren Sie auch AdSense und es werden Anzeigen von Pflanzen- und Samenverkäufern, Gartenratgebern etc. auf Ihrer Website geschaltet. Mit jedem Klick darauf verdienen Sie ein bisschen mit.

Vermarktung Ihrer Besucher durch Partnerprogramme

Nehmen wir an, Sie sind Grafiker und betreiben ein Informations-Portal, das zeigt, wie man mit den Programmen Adobe Photoshop und Illustrator geniale Bilder und Logos erstellt. Sie stellen auf Ihrer Website bereits umfangreiche Tipps zur Verfügung. Ihr Hauptprodukt ist jedoch ein umfangreicher Video-Kurs, in dem Sie anhand von Live-Beispielen Schritt-für-Schritt-Anleitungen geben. Diesen verkaufen Sie über Ihre Website. Das ist Ihr eigenes Produkt.

Passend zum Thema Ihrer Website erkennen Sie aber sofort, dass Sie zusätzlich Geld verdienen könnten, wenn Sie die Programme Photoshop und Illustrator zum Verkauf anbieten. Da Sie sich aber nicht um den Versand der CDs kümmern wollen, entschließen Sie sich dazu, sich beim Partnerprogramm von *softwareladen.de* (fiktive Domain) anzumelden. Sie verlinken nun mit einem sogenannten Affiliate-Link zur Verkaufsseite von Photoshop auf *softwareladen.de* und mit einem anderen Affiliate-Link auf die Verkaufsseite von Illustrator auf *softwareladen.de*. Durch den Affiliate-Link erkennt der Betreiber von *softwareladen.de*, wenn ein Besucher Ihrer Website nun bei ihm Photoshop oder Illustrator kauft, und Sie erhalten die im Partnerprogramm festgelegte Provision gutgeschrieben. Den Affiliate-Link erhalten Sie, wenn Sie sich beim Partnerprogramm des jeweiligen Shop-Betreibers registrieren.

Vermittlungsprämien

Zusätzlich zu Partnerprogrammen (Affiliate-Programmen) gibt es auch die klassische Möglichkeit, durch Vermittlungsprämien Geld zu verdienen. Leiten Sie Besucher über ein Kontaktformular auf Ihrer Website beispielsweise an einen Immobilienmakler weiter und erhalten Sie dafür eine vorher festgelegte Vermittlungsprämie. Sie können mit Ihrem Partner auch vereinbaren, dass Sie prozentuell am Gewinn eines Auftrags, den Sie vermittelt haben, beteiligt werden. Gerade im Immobilienbereich kann das eine lukrative Einkommensquelle sein. Hier ist wichtig, dass Sie in den Auftrag, den Sie vermittelt haben, bis zum Abschluss Einsicht haben. So wissen Sie, ob der Auftrag erfolgreich abgeschlossen wurde und wie viel Geld im Spiel war. Das ist nötig, denn schließlich wollen Sie sich ja nicht übers Ohr hauen lassen, wenn es darum geht, Ihre prozentuelle Provision ausgezahlt zu bekommen.

3.3   Einkommensquellen mit eigenen Produkten

Digitale Produkte

Der Verkauf eigener digitaler Produkte funktioniert fast so reibungslos wie Affiliate-Marketing. Sie müssen zusätzlich nur den Zahlungsprozess absetzen und auf Kundenanfragen eingehen. Lager-, Versand- oder Herstellungskosten haben Sie keine. Mit digitalen Produkten können Sie mit Abstand die höchsten Gewinnspannen erzielen und haben dennoch minimalen Aufwand. Den Zahlungsprozess und auch den Versand können Sie automatisieren. Somit können Sie ohne Aufwand digitale Produkte verkaufen und fahren 100 Prozent des Verkaufspreises als Gewinn ein (die Steuern kommen da natürlich noch weg).

Digitale Produkte können Bilder, Musik, Filme, Software etc. sein. Grundsätzlich können Sie alles, was man am Computer betrachten, hören und verwenden kann, als digitales Produkt zum Herunterladen (Download) anbieten.

Aufgrund der praktisch nicht vorhandenen Herstellungskosten können Sie mit etwas Fachwissen mit verhältnismäßig geringem Aufwand sehr leicht selbst ein digitales Produkt (beispielsweise ein E-Book) herstellen. Alternativ dazu können Sie aber auch Verkaufslizenzen für die digitalen Produkte anderer Anbieter erwerben.

Digitale Produkte bieten im Netz den größten Gewinnfaktor. Einmal erstellt und über ein automatisiertes System zum Verkauf angeboten, können Sie sich damit ein fantastisches passives Einkommen aufbauen. Sie verkaufen, ohne dafür etwas tun zu müssen. Nutzen Sie Ihre neu gewonnene Freizeit aber kreativ, sonst wird Ihnen sehr schnell langweilig!

Ich empfehle Ihnen, sich ernsthaft zu überlegen, wie Sie Ihr bestehendes Angebot um ein eigenes digitales Produkt ergänzen können.

- Sind Sie Rechtsanwalt und spezialisiert auf Scheidungsrecht? Bieten Sie zu einem günstigen Preis (2 bis 5 Euro) einen kleinen Ratgeber zum Thema an.

- Betreiben Sie einen Beauty-Salon? Erstellen Sie eine Serie von Make-up-Tutorials und verkaufen Sie diese zusätzlich zu Ihren Dienstleistungen und Kosmetik-Produkten.

- Der Grafiker aus vorhergehendem Beispiel bietet überhaupt als Hauptprodukt Video-Tutorials an, obwohl er natürlich auch seine Grafiker-Dienstleistungen anbietet.

Wie erwähnt: Digitale Produkte sind leicht erstellt und brauchen fast keine Betreuung und Verwaltung. Der Verkauf lässt sich weitgehend automatisch abwickeln. Alles, was Sie mit einem digitalen Produkt einnehmen, ist somit mehr oder weniger Gewinn. Ergänzen Sie Ihr Angebot um ein digitales Produkt!

Dienstleistungen

Nicht nur, dass das Internet eine tolle Möglichkeit ist, Ihre Dienstleistungen zu vermarkten. Es ist auch eine tolle Möglichkeit, Ihre Dienstleistungen an den Mann zu bringen, ohne jemals Ihre Wohnung verlassen zu müssen. Ein immenser Vorteil, der Ihnen viel Zeit und Kosten spart. Natürlich, eine Wurzelbehandlung werden Sie schwer über das Internet durchführen können, egal was für ein genialer Zahnarzt Sie sind :-) Aber es gibt ja noch viele andere Möglichkeiten. Lassen Sie sich inspirieren ...

Video-Konferenzen: Sind Sie Sprachtrainer und besuchen Ihre Kunden zu Hause? Dann waren Sie bisher stark auf Ihren lokalen Einzugsbereich eingeschränkt. Nutzen Sie Video-Konferenzen und bringen Sie Menschen auf der ganzen Welt Sprachen bei, als ob Sie bei ihnen zu Hause wären! Mit kostenloser Software wie Skype können Sie extrem günstig und bequem Video-Konferenzen durchführen.

E-Mail: Betreiben Sie einen Übersetzungsservice oder Korrekturservice? Der Kunde schickt Ihnen die Texte per E-Mail, Sie übersetzen diese und schicken sie zurück. Einfacher geht's nicht.

Telefonische Beratung: Bieten Sie Beratung zu beliebigen Themen an: Computer-Support, Ernährung, Marketing, rechtliche Auskünfte etc. Über das Internet können Sie mit kostenloser Software wie Skype extrem günstig und bequem vom Computer aus telefonieren und ach ja, das klassische Telefon gibt es ja auch noch. :-)

Software-Dienstleistungen: Sie sind Grafiker oder Programmierer? Ihr Kunde teilt Ihnen seine Wünsche telefonisch oder per E-Mail mit und lässt Ihnen benötigte Dateien wie Texte und Bilder per E-Mail zukommen. Sie erstellen daraus eine Website und stellen sie von zu Hause aus online. Haben Sie eine Broschüre, Visitenkarten oder Ähnliches erstellt, können Sie die Druckvorlage bequem von Ihrem Computer aus übers Internet zur Druckerei senden. Diese druckt die Broschüren oder was auch immer Sie erstellt haben und sendet es an Ihren Kunden. Haben Sie für Ihren Kunden eine Software programmiert, können Sie diese auf einen Server hochladen, von wo aus der Kunde sie herunterladen kann.

Auch wenn Sie beispielsweise Steuerberater sind, können Sie Ihre Dienstleistungen völlig unabhängig von der Lokalität anbieten. Ihr Kunde kann in Vorarlberg sein, während Sie Ihr Büro in Wien haben. Macht nichts. Ihr Kunde sendet Ihnen seine Steuerunterlagen per E-Mail. Sie erstellen seine Steuererklärung und reichen diese über die Online-Plattform des Finanzamts ein. Heutzutage alles kein Problem mehr.

Webinare: Sie bieten Seminare an? Bieten Sie sie über das Internet an! Egal ob Sie Vorträge zu Gesundheit, Ernährung, alternativer Wirtschaft, Unternehmensführung, persönlicher Entwicklung oder Zeitmanagement geben. Fast jedes Seminar können Sie auch über das Internet als Webinar abhalten. Wichtig ist hier, dass Sie ein professionelles Programm verwenden, mit dem Sie mit mehreren Teilnehmern in Echtzeit über das Internet kommunizieren können (am besten per Video) und auch Dateien (beispielsweise Webinar-Unterlagen) austauschen können. Bekannte

Programme zur Durchführung von Webinaren sind unter anderem GoToMeeting, Mikogo oder WebEX.

Ich hoffe, ich habe Ihnen ein paar Ideen liefern können, wie Sie Ihre Dienstleistungen vielleicht außerhalb der herkömmlichen Art und Weise anbieten können. Wenn Sie aber ganz klassisch vorgehen wollen, macht das auch nichts. Sie haben ja bereits gelernt, wie Sie Ihren Kundenkreis immens erweitern können, indem Sie Besucher aus dem Internet mithilfe eines Info-Portals auf Ihre Dienstleistungen aufmerksam machen und zur Kontaktaufnahme motivieren. Bieten Sie Ihre Dienstleistungen auf dem klassischen Weg an, müssen Sie zwar von Ihrem Computer aufstehen, aber gerade die Abwechslung bei der Arbeit und die persönliche Kommunikation mit dem Kunden kann eine sehr ansprechende Tätigkeit sein.

Online-Versand von physischen Produkten

Der Vollständigkeit halber erwähne ich hier nochmals, dass Sie natürlich auch ganz einfach Ihr bestehendes Sortiment über einen Online-Shop im Internet vertreiben können. Betreiben Sie eine Modeboutique, verkaufen Sie Ihr Sortiment ab jetzt nun auch im Online-Shop. Betreiben Sie ein Fahrradgeschäft oder ein Sportartikel-Geschäft, bieten Sie diese Produkte nun auch im eigenen Online-Shop an.

Da Sie Ihre Produkte sowieso für Ihr Geschäft bestellen müssen und sich deshalb bereits um Warenbestand, Lagerung etc. kümmern müssen, macht es nur Sinn, dass Sie aus dieser Arbeit zusätzliches Kapital schlagen, indem Sie Ihre Waren auch online anbieten. Natürlich kommt bei einem Online-Shop dazu, dass Sie nun den Versand der Waren abwickeln müssen.

Wenn Sie eine gute Nische gefunden haben, können Sie mit Ihrem eigenen Online-Versand beträchtliche Gewinne erzielen. Schauen Sie sich doch mal diese beiden Beispiele von Online-Shops an, die eine lukrative Nische gefunden haben und im Monat mehrere Tausend Euro beziehungsweise Dollar verdienen:

`http://www.meinebabyflasche.de/`

`http://www.koifuttershop.de/`

3.4 Werbefläche mit Google-AdSense-Anzeigen

Die wohl beste Möglichkeit der Werbeflächen-Vermarktung ist das AdSense-Programm von Google. Zu diesem können Sie sich über folgenden Link anmelden: `http://google.de/adsense`.

Kennen Sie die kleinen Text-Anzeigen, die in den Suchergebnissen von Google am rechten Bildschirmrand erscheinen? Sie werden von Unternehmen erstellt, die sich so Besucher »kaufen«. Das Prinzip hierbei ist: Jedes Mal, wenn ein Besucher auf diese Anzeige klickt, muss der Verfasser der Anzeige einen gewissen Betrag (meist 15 Cent bis mehrere Euro) an Google zahlen.

So wie Google diese Anzeigen am rechten Rand der Suchergebnisse bereitstellt, können Sie sie auch auf Ihrer Website anzeigen lassen. Dafür erhalten Sie von Google für jeden Klick auf eine Anzeige einen kleinen Betrag. Diese Anzeigen können Sie kinderleicht in Ihre Website einbauen. Wie das funktioniert, erkläre ich Ihnen in Kürze. Zuvor jedoch noch etwas zu den Anzeigen.

Google hat für diese AdSense-Anzeigen ein intelligentes und weltweit einzigartiges System entwickelt. Das System erkennt den Inhalt Ihrer Website und schaltet gemäß dem Thema relevante Anzeigen. Dieses System ist bereits sehr ausgereift und treffsicher. Durch diese Relevanz der Anzeigen erhalten Sie natürlich weit mehr Klicks und somit auch mehr Einnahmen als bei üblicher statischer Bannerwerbung.

AdSense-Spezialisten verdienen mit AdSense-Anzeigen 10.000 bis 20.000 Euro pro Monat. Da ich AdSense als Einkommensquelle nicht forciere, sondern nur ganz nebenbei laufen lasse, verdiene ich im Vergleich dazu nur um die 200 Euro pro Monat. Für praktisch null Aufwand ist das aber auch für mich ein schönes Taschengeld.

3.4.1 Wie und wo Sie Ihre AdSense-Anzeigen platzieren sollten, um maximale Klickraten zu erzielen

Bevor ich Ihnen die Praxis-Anleitung zur Implementierung von AdSense-Anzeigen in Ihre Website zeige, möchte ich Ihnen noch Richtlinien mitgeben, wie und wo Sie die AdSense-Anzeigen am besten auf Ihrer Website platzieren.

Es gibt ganze Bücher, die sich mit der richtigen Platzierung von AdSense-Anzeigen befassen. Ich habe diese Informationen an dieser Stelle extrem komprimiert, damit Sie mit einigen wenigen Richtlinien schnellstmöglich großen Erfolg erzielen.

Die richtige Platzierung erhöht die Klickrate auf AdSense-Anzeigen extrem. Während bei einer schlechten Platzierung von 100 Besuchern vielleicht einer klickt, schaffen Sie es mit der richtigen Platzierung durchaus, dass 10 Besucher klicken.

Regel 1: Ihre Anzeige sollte nicht wie eine Anzeige aussehen

Ihre Besucher suchen nach guten Informationen, nicht nach Werbeanzeigen. Präsentieren Sie die AdSense-Anzeigen daher nicht als Werbung, sondern integrieren Sie sie in den Inhalt Ihrer Website. Je mehr die Anzeigen wirken, als gehören sie zum natürlichen Inhalt der Website, umso mehr werden Besucher darauf klicken.

Verwenden Sie aus diesem Grund auch nicht das Anzeigenformat 468 x 60. Es erinnert von seiner Form und Größe her sehr an einen Banner und erzielt sehr schlechte Klickraten!

Regel 2: Verwenden Sie Textanzeigen anstatt Bildanzeigen

Obwohl Google mittlerweile auch Bildanzeigen anbietet, sollten Sie sich ausschließlich für Textanzeigen entscheiden. Textanzeigen haben den Vorteil, dass Sie sie besser an das Aussehen Ihrer Website anpassen können (Hintergrund, Schriftfarbe, Größe, Form etc.).

Auf dem Platz, den eine Bildanzeige einnimmt, können Sie mehrere Textanzeigen anbieten. Auf diese Weise geben Sie Ihren Besuchern mehr Angebot und diese können sich für die interessanteste Anzeige entscheiden. Das steigert die Klickrate.

Textanzeigen sehen seriös aus. Bildanzeigen sehen schnell wie Banner aus. Aus eigener Erfahrung wissen Sie wahrscheinlich, dass kein Besucher Banner auch nur eines Blickes würdigt. Was tun Sie, wenn Sie einen Banner sehen? Sie klicken mit Sicherheit *nicht* drauf. Meistens ist unsere Wahrnehmung sogar schon so negativ programmiert, dass wir Banner gar nicht mehr wahrnehmen. Warum sollten Sie also Bildanzeigen verwenden, auf die niemand klickt, wenn Sie auch seriöse Textanzeigen liefern können?

Aufgrund der Richtlinien von Google liefern die Textanzeigen mit wenigen Zeichen eine klare Aussage, sprich zielgerichtete Informationen. Etwas, das Ihre Besucher lieben.

Regel 3: Verwenden Sie die richtige Anzeigenform und Größe

Viele AdSense-Profis bestätigen einheitlich: Das Anzeigenformat, das die meisten Klicks bringt, ist 336 x 280 – das große Rectangle.

Ich könnte jetzt lange erklären, warum das so ist, beschränke mich jedoch auf Folgendes: In vielen ausführlichen Tests von vielen verschiedenen Personen hat sich bestätigt, dass der Prozentsatz von Besuchern, die auf AdSense-Anzeigen klicken, mit diesem Anzeigenformat am höchsten ist. Am zweitbesten ist das 300 x 250 Medium Rectangle.

Die einzelnen Anzeigenformate von Google AdSense können Sie unter folgender Adresse ansehen und vergleichen: https://support.google.com/adsense/answer/185665.

Regel 4: Ziehen Sie den Fokus subtil auf die AdSense-Anzeigen

Verstehen Sie diese Regel nicht so, dass die AdSense-Anzeigen leuchten, blinken oder durch schrille Farben herausstechen sollen. Regel 1 »Ihre Anzeige sollte nicht wie eine Anzeige aussehen, sondern wirken, als wäre sie ein natürlicher Bestandteil der Website«, gilt noch immer. Es geht hier darum, dass Sie darauf achten, Ihre Besucher auf subtile Weise auf die AdSense-Anzeigen aufmerksam zu machen. Das erreichen Sie zu 50 Prozent damit, dass Sie alle anderen Elemente entfernen, die Aufmerksamkeit auf sich ziehen (blinkende Banner, Bilder etc.). Die restlichen 50 Prozent bestehen daraus, dass Sie die Anzeigen so platzieren müssen, dass sie auch gesehen werden (siehe Regel 5). Es nützt nichts, wenn Sie Ihre Anzeige ganz links unten am Ende der Seite platzieren. Dort wird sie niemandem auffallen.

> **Tipp**
>
> Obige Regel hat umso mehr Gültigkeit, je wichtiger AdSense als Einkommensquelle für Sie ist. Ist AdSense Ihre Nr.-1-Einkommensquelle, sollten Sie wie oben beschrieben alles, was Fokus von den AdSense-Anzeigen wegnimmt, schlichter gestalten oder entfernen.

Wenn Ihre Haupteinkommensquelle aus einem eigenen Produkt oder aus Affiliate-Programmen besteht, macht es natürlich keinen Sinn, den Fokus von Ihren eigenen Produkten oder Affiliate-Links auf AdSense-Anzeigen zu ziehen. Machen Sie also Ihre AdSense-Anzeigen für den Besucher so attraktiv wie möglich, jedoch nicht attraktiver als Ihre Haupteinkommensquelle. Von dieser sollte nichts den Fokus stehlen.

Regel 5: Platzieren Sie AdSense-Anzeigen so, dass diese gesehen werden

Um den AdSense-Anzeigen die größte Aufmerksamkeit zukommen zu lassen, platzieren Sie sie in dem Bereich der Seite, der sofort sichtbar ist, ohne dass man erst nach unten scrollen muss.

Meiner Erfahrung nach erzielt man die höchsten Klickraten, wenn man die Anzeigen direkt unter der Überschrift des Haupttextes platziert. Dort ist der Platz, wo das Auge des Website-Besuchers als Erstes hinsieht.

In Abbildung 3.1 sehen Sie eine gute Platzierung von AdSense-Anzeigen.

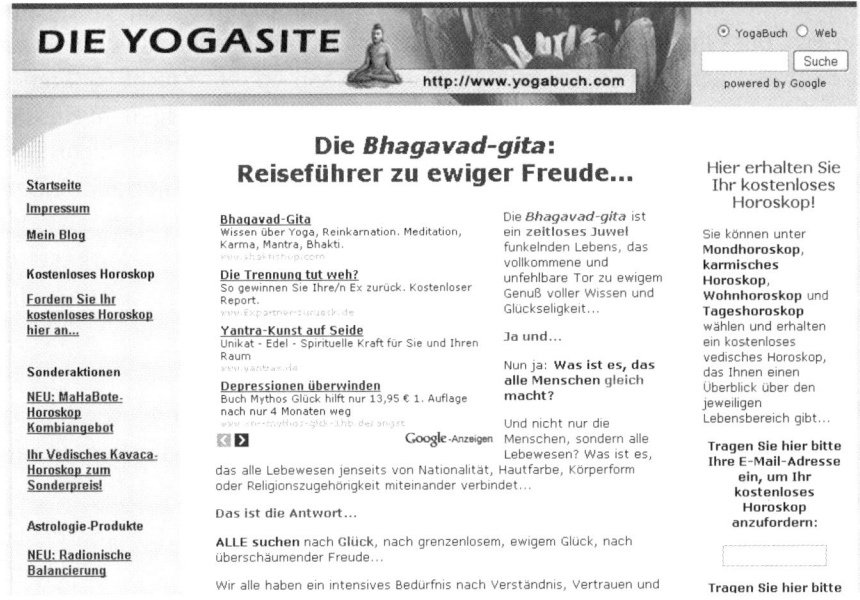

Abb. 3.1: Platzierung für AdSense-Anzeigen

Weitere Anzeigenblöcke können Sie dann im weiteren Verlauf des Textes platzieren. Achten Sie hierbei aber auf die Google-Publisher-Richtlinien (`https://support.google.com/adsense/answer/1346295#Google_ad_limit_per_page`), die vorgeben, wie viele Anzeigenblöcke auf einer Seite Ihrer Website maximal verwendet werden dürfen.

> **Tipp**
>
> Ist Ihr Text linksbündig platziert, richten Sie auch die Anzeigen linksbündig aus. Gleiches gilt sinngemäß für zentrierten und rechtsbündigen Text. Auf diese Weise fügen sich die Anzeigen schöner in den Fluss des Textes ein und wirken weniger wie Anzeigen. Ist der Text breiter als der Anzeigenblock, können Sie den Block auch vom Text umfließen lassen, wie dies beispielsweise in Abbildung 3.1 der Fall ist.

Eine weitere gute Platzierungsmöglichkeit für AdSense-Anzeigen stellt der Bereich rechts vom Haupttext dar. In Abbildung 3.1 ist das der Bereich mit dem Schriftzug: »Hier erhalten Sie Ihr kostenloses Horoskop!«

Für den Bereich rechts vom Haupttext hat sich das Format 160 x 600 Wide Skyscraper am effektivsten erwiesen.

In Kapitel 3.6 und dessen Unterkapiteln werde ich noch näher auf den Umstand eingehen, dass Ihre Einkommensquellen sich nicht gegenseitig die Aufmerksamkeit der Besucher wegnehmen sollten. Gerade wenn AdSense nicht zu Ihren primären Einkommensquellen gehört, macht es keinen Sinn, Anzeigen im Fluss des Haupttextes zu platzieren. Schließlich wollen Sie Ihre Kunden nicht durch AdSense-Anzeigen von Ihrer Haupteinkommensquelle, die Sie im Haupttext präsentieren, ablenken. Hier bietet sich der Bereich rechts vom Haupttext als gute Lösung an. Die AdSense-Anzeigen, die Sie hier platzieren, lenken den Leser des Haupttextes nicht ab, stellen gleichzeitig aber eine Alternative für diejenigen Besucher da, die sich nicht die Zeit nehmen, den Haupttext zu lesen.

Regel 6: Weg mit dem Rahmen

Eigentlich könnte man diese Regel als Unterregel von Regel 1 betrachten, aber weil sie so effektiv ist, bekommt sie einen eigenen Platz.

Der Rahmen um AdSense-Anzeigen senkt die Klickrate erheblich. Warum? Weil die Anzeigen durch den Rahmen vom Rest der Website abgegrenzt werden und nun wieder als Werbung wahrgenommen werden und genau das widerspricht Regel 1. Zusätzlich lenkt der Rahmen vom Inhalt der Textanzeigen ab.

Google bietet Ihnen die Möglichkeit, die Farbe des Rahmens einzustellen. Achten Sie einfach darauf, dass die Farbe des Rahmens mit der Hintergrundfarbe Ihrer Website übereinstimmt. Dann ist er nicht mehr sichtbar.

Regel 7: Halten Sie die AdSense-Programmrichtlinien ein

Diese von Google erstellten Regeln geben vor, wie Sie AdSense auf Ihrer Website verwenden dürfen. Diese Richtlinien sind leicht verständlich und man kann sie ohne Aufwand einhalten. Bitte achten Sie darauf, diese Richtlinien auch tatsächlich einzuhalten, da Sie ansonsten von Googles AdSense-Programm ausgeschlossen werden können.

Die AdSense-Programmrichtlinien finden Sie unter folgender Adresse: `https://support.google.com/adsense/answer/48182`.

Regel 8: Nutzen Sie die AdSense-Hilfe

Als ich mit AdSense begonnen habe, war diese Hilfe noch nicht so ausführlich wie heute. Mittlerweile finden Sie in der AdSense-Hilfe jedoch alle Informationen, die Sie brauchen, um gewinnbringend mit AdSense zu arbeiten. Nutzen Sie diese hochwertige und kostenlose Hilfe!

`https://support.google.com/adsense/`

3.4.2 Praxis-Anleitung: So implementieren Sie AdSense in Ihre Website

Um den AdSense-Code zu erhalten, den Sie in Ihre Website implementieren, müssen Sie sich für das AdSense-Programm anmelden. Die Anmeldung ist kostenlos.

Gehen Sie bitte zu folgender Adresse: `https://www.google.com/adsense`.

Klicken Sie dort auf die Schaltfläche »Jetzt anmelden«. Sie finden sie im rechten, oberen Bereich. Legen Sie sich nun ein neues Google-Konto zu oder benutzen Sie Ihr bereits existierendes, um sich für AdSense anzumelden. Geben Sie alle geforderten Daten ein und schließen Sie den Anmeldungsprozess ab.

Nachdem Sie das getan haben, erhalten Sie innerhalb kurzer Zeit eine E-Mail von Google. Bitte klicken Sie dort auf den Link zur Bestätigung Ihrer E-Mail-Adresse. Auf diese Weise reichen Sie Ihre Bewerbung zur Überprüfung ein. Sollten Sie keine E-Mail-Bestätigung von Google erhalten haben, folgen Sie bitte den Anweisungen unter folgendem Link: `https://support.google.com/adsense/answer/76232`

Haben Sie Ihre Bewerbung erfolgreich eingereicht, indem Sie Ihre E-Mail-Adresse bestätigt haben, ist es an der Zeit zu ... warten. Innerhalb der nächsten Tage informiert Sie Google per E-Mail, ob Ihre Bewerbung akzeptiert wurde.

Wichtig

Die Website, mit der Sie sich über obiges Formular für AdSense anmelden, muss gewisse Richtlinien erfüllen. Da Sie als seriöser Mensch sowieso daran interessiert sind, hochwertige Inhalte anzubieten, sollten Sie diese Richtlinien ohne Schwierigkeiten erfüllen.

Ein Fehler, den aber auch seriöse Website-Betreiber machen, ist, dass sie sich bereits für AdSense anmelden, obwohl sich die Website noch im Aufbau befindet. Das mag Google nicht. Damit Sie diesen und ein paar andere Fehler nicht begehen, zeige ich Ihnen im Folgenden zwei gute Links zur Google-Hilfe, wo Sie genau erfahren, welche Voraussetzungen Ihre Website erfüllen muss, um angenommen zu werden.

Frage: *Ist meine Website für die Teilnahme an Google AdSense qualifiziert?*

Das antwortet Google:

> *Ohne vollständige Prüfung Ihres Antrags können wir zwar nicht sagen, ob Ihre Website qualifiziert ist. Es gibt jedoch einige Punkte, die Sie vorab selbst überprüfen können.*

- *Haben Sie eine Website?*

  Eine Website ist Voraussetzung für die Teilnahme. Falls Sie nicht über eine Website verfügen, können Sie mit Blogger eine eigene Website erstellen. Lesen Sie unsere Tipps zur Erstellung von hervorragendem Content, um Nutzer und Werbetreibende auf Ihre Website zu lenken.

- *Sind Sie mindestens 18 Jahre alt?*

  Wie Sie unseren Nutzungsbedingungen entnehmen können, akzeptieren wir nur Anträge von Bewerbern, die mindestens 18 Jahre alt sind.

- *Entspricht Ihre Website unseren Programmrichtlinien?*

  Stellen Sie sicher, dass Ihre Website unseren Richtlinien entspricht, bevor Sie uns Ihren Antrag übermitteln. Beachten Sie, dass sich unsere Richtlinien jederzeit ändern können. Gemäß unseren Nutzungsbedingungen sind Sie verpflichtet, sich über eventuelle Änderungen zu informieren.

- *Besitzen Sie Ihre Website seit sechs Monaten?*

  In einigen Ländern, etwa China und Indien, müssen Publisher mindestens seit sechs Monaten im Besitz ihrer Websites sein. Diese Regelung soll die Qualität unseres Werbenetzwerks sicherstellen und die Interessen unserer Werbetreibenden sowie der bestehenden Publisher wahren.

> *Schicken Sie uns einfach Ihren Antrag, sobald Sie bereit sind. Wir prüfen diesen und melden uns innerhalb einer Woche per E-Mail bei Ihnen.*

Die aktuellen Anforderungen für die Teilnahme an AdSense können Sie unter folgendem Link nachlesen: `https://support.google.com/adsense/answer/9724`

Frage: *Wie kann ich sicherstellen, dass meine Bewerbung genehmigt wird?*

Googles Antwort:

Hilfe zur fehlerfreien Antragstellung

Viele Fehler bei Anträgen lassen sich vermeiden. Dazu müssen die nachstehenden Punkte beachtet werden.

Name des Zahlungsempfängers/Kontakts

Sie müssen Schecks, die auf den Namen in Ihrem AdSense-Antrag ausgestellt werden, einlösen können. AdSense-Anträge mit unvollständigem Namen werden nicht genehmigt.

- *Für Geschäftskonten:*
- *Geben Sie den Organisationsnamen ins Feld »Name des Zahlungsempfängers« ein.*
- *Geben Sie ins Feld »Kontaktname« den Namen der Person Ihrer Organisation ein, welche die Website verwaltet.*

Adresse

Nur AdSense-Anträge mit gültiger Postanschrift werden genehmigt. Geben Sie Ihre vollständige Adresse an, einschließlich möglichst aller unten angeführten Informationen zu Ihrem Standort (sofern verfügbar).

- *Postanschrift (einschließlich Hausnummer, Name der Straße, Wohnungsnummer)*
- *Stadt/Ort*
- *Bundesland/Region*
- *Postleitzahl*
- *Land/Gebiet*

E-Mail-Adresse

- *Die eingegebene E-Mail-Adresse entspricht dem für die Anmeldung bei AdSense verwendeten Login. Zudem werden sämtliche E-Mails in Bezug auf Ihr AdSense-Konto an diese E-Mail-Adresse gesendet, einschließlich der Bestätigungs-E-Mail. Geben Sie aus diesem Grund eine gültige und aktuelle E-Mail-Adresse ein.*
- *Wenn Sie eine falsche E-Mail-Adresse eingeben, müssen Sie unter Verwendung der gewünschten E-Mail-Adresse einen neuen Antrag einreichen.*

Im Aufbau/Schwierige Website-Navigation

Ihre Website muss zur Genehmigung aktiv sein und ausreichend Text für die Bewertung durch unsere Experten enthalten. Websites, die sich im Aufbau befinden, nicht geladen werden oder fehlerhafte Links aufweisen, werden nicht genehmigt. Stellen Sie sicher, dass Sie die URL in Ihrem Antrag korrekt eingegeben haben.

Eigentumsrechte an der Website

Sie benötigen die entsprechenden Zugriffsrechte, um den HTML-Quellcode der für AdSense angegebenen Website bearbeiten zu können. Bei Angabe einer Website, die nicht Ihnen gehört (zum Beispiel www.google.de), können Sie nicht den AdSense-Code in die Website integrieren. In diesem Fall wird Ihr Antrag abgelehnt.

In einigen Ländern, etwa China und Indien, müssen Publisher zudem mindestens seit sechs Monaten im Besitz ihrer Websites sein. Diese Regelung soll die Qualität unseres Werbenetzwerks sicherstellen und die Interessen unserer Werbetreibenden sowie der bestehenden Publisher wahren.

Nicht unterstützte Sprache

Derzeit steht AdSense nicht in allen Sprachen zur Verfügung. Wenn der Content Ihrer Website überwiegend in einer in der Liste »Von AdSense unterstützte Sprachen« nicht aufgeführten Sprache formuliert ist, können wir Ihren Antrag nicht genehmigen. Sie können künftig über den bereitgestellten Link überprüfen, ob AdSense inzwischen in Ihrer Sprache verfügbar ist.

Andere Gründe für eine Ablehnung

Eine vollständige Liste der Anforderungen für einen erfolgreichen AdSense-Antrag finden Sie in unseren Programmrichtlinien.

Die aktuelle Hilfe zur fehlerfreien Antragstellung können Sie unter folgendem Link nachlesen: `https://support.google.com/adsense/answer/75109`.

Ursprünglich spielte ich mit dem Gedanken, in diesem Buch Schritt für Schritt zu zeigen, wie Sie AdSense in Ihre Website implementieren. Da Google jedoch bereits eine hervorragende Anleitung hierfür bietet, verwarf ich diesen Gedanken wieder. Es macht keinen Sinn, wenn ich das Rad nochmals erfinde. Runder als Google kann ich es auch nicht mehr machen. Stattdessen zeige ich Ihnen im Folgenden, wo Sie die benötigten Anleitungen finden:

Anzeigenblöcke implementieren

Sobald Ihre Website für AdSense bewilligt wurde, können Sie beginnen, den Code für die AdSense-Anzeigen in Ihre Website zu implementieren. Der Leitfaden *Anzeigenblöcke implementieren* führt Sie gezielt in AdSense ein und macht Sie mit den Funktionen von AdSense vertraut. Beginnen Sie mit dieser Hilfestellung, egal ob Sie bereits HTML-Kenntnisse haben oder nicht.

`https://support.google.com/adsense/checklist/3033297` (Sie müssen sich vorher in Ihr Adsense-Konto einloggen, damit dieser Link Sie zur gewünschten Zielseite bringt).

Der Leitfaden für die Code-Implementierung

Am Ende des Leitfadens halten Sie den AdSense-Code in Händen und müssen ihn nur noch in Ihre Website einfügen. Für alle, die jedoch nicht mit HTML vertraut sind, kann dies eine echte Herausforderung sein. Für alle, die also nicht wissen, wie sie den Code nun in die Website bekommen, bietet Google den »Leitfaden für die Code-Implementierung« an. Hier erfahren Sie anhand eines Praxisbeispiels, wie Sie den Code implementieren. Zudem werden die häufigsten Probleme, die auftreten können, angesprochen und erläutert.

```
https://support.google.com/adsense/answer/181947
```

Haben Sie den AdSense-Code erfolgreich in Ihre Website implementiert, werden Anzeigen passend zum Inhalt Ihrer Website meist innerhalb weniger Minuten geschaltet!

3.5 Affiliate-Marketing – Die Vermarktung von Besuchern

Was Partnerprogramme sind, wissen Sie schon. Hier aber nochmals eine kurze Auffrischung:

Nehmen wir an, Sie betreiben eine Website, auf der Sie die neuesten Kriminalromane bewerten. Die Website heißt www.spannende-kriminalromane.de (die Domain ist übrigens noch zu haben. Allerdings habe ich nicht recherchiert, ob dieses Thema profitabel ist).

Von den schlechten Büchern raten Sie ab, die guten empfehlen Sie. Weil Sie Ihren Besuchern einen besonderen Dienst erweisen wollen, verweisen Sie von den Rezensionen der empfehlenswerten Romane zu einem Online-Shop, in dem Ihre Besucher besagten Roman gleich erwerben können.

Das ist eine wunderbare Idee und Ihr Besucher wird es Ihnen danken. Auch der Online-Shop wird sich über die vielen zusätzlichen Verkäufe freuen, die er aufgrund Ihrer Empfehlung macht. Nur Ihnen bringt es nichts. Sie erhalten keinen müden Cent für Ihre selbstlosen Taten.

Hier kommen Partnerprogramme ins Spiel. Partnerprogramme, auch als Affiliate-Programme bekannt, ermöglichen es Ihnen, von der oben beschriebenen Situation genauso zu profitieren, wie Ihr Besucher und der Online-Shop. Wie?

Das Partnerprogramm zeigt einem Webshop-Betreiber beim Verkauf eines Produkts, aufgrund welcher Empfehlung der Verkauf zustande gekommen ist. Ist die Empfehlung, die zum Verkauf führte, nun von Ihrer Website gekommen, zahlt Ihnen der Shop-Betreiber für diesen Verkauf eine Provision. Dies ist in der Regel ein prozentueller Betrag des Verkaufspreises. Er liegt meistens zwischen 5 bis 50 Prozent, je nach Produkt und Partnerprogramm.

3.5.1 Partnerprogramme in der Praxis

Zunächst gebe ich Ihnen eine sehr komprimierte Übersicht, wie Partnerprogramme in der Praxis funktionieren. Auf Details gehe ich später ein:

1. Sie finden ein Produkt, das zum Thema Ihrer Website gehört und das Sie gerne und guten Gewissens Ihren Besuchern empfehlen.

2. Sie schauen, welche Web-Shops dieses Produkt anbieten.

3. Bei dem Webshop, der Ihnen qualitativ am hochwertigsten vorkommt, halten Sie Ausschau nach dessen Partnerprogramm und melden sich dort an.

4. Nach erfolgreicher Anmeldung loggen Sie sich in die Benutzeroberfläche des Partnerprogramms ein. Dort finden Sie Ihre einzigartige Partner-ID und können sich Affiliate-Links erstellen beziehungsweise vorgefertigte Affiliate-Links nutzen. Affiliate-Links sind spezielle Links, die Ihre Partner-ID enthalten. So kann der Partnerprogramm-Betreiber einen Verkauf, der durch Ihre Empfehlung zustande kam, Ihnen zuweisen.

5. Wenn Sie auf Ihrer Website nun ein Produkt empfehlen und auch gleich einen Link zu einem Webshop machen, wo Ihr Besucher bestellen kann, verwenden Sie nicht den normalen Link, sondern Ihren persönlichen Affiliate-Link.

6. Ihr Besucher klickt auf diesen Link. Das Partnerprogramm-System erkennt automatisch, dass Sie den Besucher zum Shop gebracht haben.

7. Wenn der Besucher nun im Shop einkauft, erhalten Sie die im Partnerprogramm festgesetzte Provision.

8. Auf der Benutzeroberfläche des Partnerprogramms können Sie Ihre Statistiken einsehen, beispielsweise, wie viele Verkäufe durch Ihre Empfehlungen zustande gekommen sind oder wie viel Provision Sie bereits verdient haben.

Um Missverständnissen vorzubeugen: Um von einem Shop Provisionen für Verkäufe zu erhalten, müssen Sie sich im Partnerprogramm dieses Shops anmelden. Für jeden Shop aufs Neue. Bietet ein Shop kein Partnerprogramm an, können Sie von diesem auch keine Provision erhalten.

3.5.2 Woran Sie profitable Partnerprogramme erkennen

Bevor ich Ihnen zeige, wie Sie passende Partnerprogramme finden, verrate ich Ihnen noch, welche Kriterien die Partnerprogramme Ihrer Wahl unbedingt erfüllen sollten, damit Sie den größtmöglichen Gewinn damit erzielen können.

Qualität des Webshops und des Partnerprogramms

Wie der Name Partnerprogramm schon sagt, werden Sie Partner des Webshops. Genauso wie der Webshop-Betreiber erwartet, dass Sie ein seriöser Partner sind, dürfen auch Sie vom Webshop-Betreiber erwarten, dass er ein verlässlicher und seriöser Partner ist.

Sehen Sie sich den Webshop und das Partnerprogramm an. Macht es einen übersichtlichen und seriösen Eindruck? Wenn ja, Gratulation! Wenn nicht, lassen Sie die Finger davon.

Wie sieht das Control-Panel, sprich die Benutzeroberfläche des Partnerprogramms aus? Gibt es ausführliche und übersichtliche Statistiken? Diese sind wichtig, denn nur so können Sie die Effektivität Ihrer Strategien prüfen und gegebenenfalls verbessern (beispielsweise den Stil Ihrer Empfehlungstexte und Affiliate-Links).

Achten Sie darauf, dass der Webshop gut gestaltet ist und man als Kunde gerne und angenehm dort einkauft. Führen Sie selbst einmal eine Testbestellung im Webshop durch. So sehen Sie, was Ihr Kunde erledigen muss, bis er einen Kauf abgeschlossen hat. Funktioniert der Zahlungsprozess einfach und schnell? Gibt es genügend und vor allem einfache Zahlungsmöglichkeiten (Banküberweisung, Kreditkarte, PayPal)?

So gehen Sie sicher, dass ein großer Anteil der Besucher, denen Sie diesen Webshop empfehlen, auch dort kauft. Das ist wichtig, denn wie viel Gewinn werden Sie mit dem Partnerprogramm eines Webshops machen, bei dem niemand kauft?

Ein weiterer Vorteil: Wenn Sie einen hochqualitativen Webshop empfehlen, färbt dessen Qualität rückwirkend auch wieder auf Ihre Website ab, was sich positiv auf das Vertrauen Ihrer Besucher auswirkt.

Die Höhe der Provision

Dieser Punkt hat direkte Auswirkungen auf die Höhe Ihres Gewinns. Wenn Sie zwischen zwei gleichwertigen Partnerprogrammen für das gleiche Produkt wählen können, entscheiden Sie sich für jenes, das die höhere Provision auszahlt. Bietet das eine Partnerprogramm eine doppelt so hohe Provision wie das andere, verdienen Sie damit auch doppelt so viel!

Machen Sie die Höhe der Provision allerdings nicht zum Hauptkriterium. Das Hauptkriterium sollte immer die Qualität des Online-Shops und seines Partnerprogramms sein. Entscheiden Sie sich für den hochwertigen Shop, selbst wenn die Provision etwas niedriger ist. Durch das hochwertigere Angebot und den einfacheren Zahlungsablauf eines solchen Shops gleichen Sie die niedrigere Provision mit mehr Verkäufen aus beziehungsweise übertrumpfen diese sogar. Am besten ist es natürlich, Sie finden einen hochwertigen Webshop mit hoher Provision.

Üblich sind folgende Provisionen (mit weniger sollten Sie sich nicht zufriedengeben):

- Bei Versand-Produkten wie Kleidung, Elektronik, Bücher etc. ist eine Provision von 5 bis 15 Prozent üblich.

- Bei spezielleren Produkten (beispielsweise persönliche Fotos auf Postkarten drucken lassen, Fotos zu Poster drucken lassen etc.) ist eine Vergütung um die 25 Prozent üblich.

- Die höchste Provision bieten Partnerprogramme für digitale Produkte. Ganz einfach deshalb, weil digitale Produkte vom Produktpreis anteilsmäßig die größte Gewinnspanne erzielen. Ein normales Buch muss gedruckt, gelagert und versendet werden. Ein digitales Buch kostet nichts in der Vervielfältigung und hat keine Lager- und Versandkosten. Bei digitalen Produkten ist eine Provision von 25 bis 50 Prozent normal.

Die Dauer des Cookies

Die Gültigkeitsdauer von Cookies ist extrem wichtig für Ihren Gewinn. Wenn ein Besucher Ihrer Website auf einen Affiliate-Link von Ihnen klickt, kommt er auf die Website Ihres Partners (Affiliate) und kann dort ein Produkt kaufen. Durch den Affiliate-Link erkennt Ihr Partner, dass der Kunde durch Ihre Website gekommen ist, und zahlt Ihnen eine Provision für jeden zustande gekommenen Verkauf. So weit, so gut.

Doch was passiert, wenn Ihr Besucher nicht sofort bei Ihrem Partner kauft, sondern sich dessen Online-Shop in seinen Lesezeichen abspeichert? Zu einem späteren Zeitpunkt (beispielsweise nach zwei, drei Tagen) kehrt er direkt zum Online-Shop Ihres Partners zurück, also ohne auf Ihren Affiliate-Link geklickt zu haben. Das würde bedeuten, das Shop-System Ihres Partners erkennt jetzt nicht mehr, dass der Besucher ursprünglich von Ihrer Website kam. Obwohl der Kunde jetzt etwas kauft, erhalten Sie deshalb keine Provision mehr.

Um dieses Problem zu lösen, gibt es die sogenannten Cookies. Das sind kleine Dateien, die auf dem Computer des Besuchers Ihrer Website gespeichert werden, wenn er das erste Mal auf Ihren Affiliate-Link klickt. In dieser Datei ist Ihre Affiliate-ID gespeichert. Egal, ob der Kunde nun sofort, nach einem Tag oder erst nach einem Monat kauft: Solange das Cookie auf seinem Computer ist, weiß das Shop-System Ihres Partners, dass der Kunde über Ihre Website zum Online-Shop gekommen ist, und Sie erhalten die angemessene Provision.

Cookies garantieren Ihnen also, dass Sie auch dann eine Provision erhalten, wenn der Besucher *nicht* sofort, sondern erst zu einem späteren Zeitpunkt ein Produkt Ihres Partners kauft.

Es ist wichtig, dass das Partnerprogramm, das Sie nutzen, Cookies setzt, und es ist wichtig, dass dieses Cookie mindestens 30 Tage gültig ist, je länger, desto besser natürlich. Wenn ein Cookie beispielsweise 30 Tage lang gültig ist, erhalten Sie auch dann noch eine Provision, wenn Ihr Besucher erst 30 Tage nach dem Klick auf Ihren Affiliate-Link zum ersten Mal im Shop Ihres Partners einkauft. Kauft Ihr Besucher aber erst nach 31 Tagen, erhalten Sie keine Provision mehr. Sie sehen also: Die Gültigkeitsdauer der Cookies kann direkte Auswirkungen auf Ihren Gewinn haben.

Unterschätzen Sie die Wichtigkeit von Cookies nicht, denn viele Besucher kaufen gar nichts, wenn sie das erste Mal auf Ihren Affiliate-Link klicken. Sie sehen sich den Webshop nur an. Dann informieren sie sich anderwärtig und gegebenenfalls kommen sie danach wieder zum Webshop Ihres Partners zurück und kaufen dort etwas. Dieses Verhalten ist vor allem bei teureren Anschaffungen wie Notebooks, LCD-Fernseher, Hi-Fi-Audiogeräten usw. gang und gäbe.

Provision für Folge-Verkäufe

Im vorhergehenden Punkt haben Sie etwas über die Cookie-Dauer erfahren. Wenn Ihr Besucher einmal im Webshop Ihres Partners eingekauft hat, ist die Dauer des Cookies nicht mehr wichtig. Warum? Weil gute Partnerprogramme nach der ersten Bestellung Ihres Besuchers im Online-Shop Ihres Partners in dessen Kundendaten vermerken, dass der Kunde durch Ihre Empfehlung kam. Das bedeutet: Hat der Kunde einmal etwas gekauft, erhalten Sie auch für alle weiteren Einkäufe, die er im Online-Shop Ihres Partners noch tätigen wird, eine Provision.

> **Wichtig**
>
> Dies ist nicht bei allen Partnerprogrammen üblich. Informieren Sie sich also ausführlich, ob dies der Fall ist, da dies natürlich starken Einfluss auf die Höhe der Provisions-Einnahmen hat, die Sie mit einem Besucher erzielen können.

Wie erfolgt die Auszahlung?

Informieren Sie sich vorab, wann und wie Sie ausgezahlt werden. Hier geht es nicht darum, dass ein Partnerprogramm besser ist, wenn es Sie beispielsweise monatlich anstatt vierteljährlich auszahlt. Hier geht es darum, dass Sie sich im Vorhinein informieren sollten, damit Sie dann nachher nicht verwundert und frustriert sind, wieso Sie (noch) keine Auszahlung erhalten.

Viele Partnerprogramme geben für die Auszahlung der Provision einen Mindestbetrag von beispielsweise 20, 100 oder 200 Euro vor. Sie erhalten also erst eine Auszahlung, wenn Ihre Provision diesen Betrag übersteigt.

Manche Partnerprogramme zahlen die Provision sofort aus, sobald ein Kauf getätigt wurde. Die meisten jedoch sammeln Ihre Provisionen über einen Monat hinweg und zahlen Sie am Monatsende aus. Auch die vierteljährliche Auszahlung kommt manchmal zum Einsatz. Auch das muss kein schlechtes Zeichen sein. Sie sollten es nur wissen, damit Sie nicht mit Affiliate-Einnahmen wirtschaften, die Sie erst in drei Monaten ausgezahlt bekommen.

Bleibt die Frage, wie ausgezahlt wird. Dieser Punkt ist vor allem bei ausländischen Partnerprogrammen wichtig. Wenn Sie von einem amerikanischen Partnerprogramm per Scheck ausgezahlt werden, müssen Sie mit erheblichen Einlösekosten rechnen. Das ist oftmals sehr unangenehm. Achten Sie hier darauf, dass Sie sich beispielsweise per PayPal auszahlen lassen können. Da sind die Gebühren viel geringer. Meist trägt sie sogar der Partnerprogramm-Betreiber.

Bei deutschsprachigen Partnerprogrammen ist es üblich, dass Sie die Auszahlung direkt auf Ihr Bankkonto überwiesen bekommen. Auch PayPal kommt zum Einsatz.

Partnerprogramme sind immer kostenlos

Bitte beachten Sie, dass seriöse Partnerprogramme immer kostenfrei sind. Sie können sich dort kostenlos anmelden. Der Shop-Betreiber verdient ja dadurch, dass Sie seine Produkte empfehlen und er dadurch mehr Verkäufe macht.

3.5.3 Wie Sie passende Partnerprogramme für Ihre Website finden

Passende Partnerprogramme über Google finden

Um ein Partnerprogramm zu einem ganz bestimmten Produkt oder Thema zu finden, geben Sie den jeweiligen Suchbegriff zusammen mit dem Wort »partnerprogramm« oder »affiliate« in eine Suchmaschine wie Google ein. Das bringt Ihnen zu 99 Prozent sofort gute Ergebnisse.

Suchen Sie beispielsweise nach einem Partnerprogramm zum Buchen von Hotels, das Sie in Ihre Website einbinden wollen, geben Sie »hotel partnerprogramm« (ohne Anführungszeichen) bei Google ein. Sie finden sofort passende und gute Partnerprogramme.

Partnerprogramm eines bestimmten Anbieters finden

Wenn Sie bereits einen konkreten Anbieter kennen, dessen Partnerprogramm Sie nutzen möchten, besuchen Sie seine Website. Achten Sie dort auf die Links in der Fußzeile beziehungsweise in der Navigation. Wenn der jeweilige Anbieter ein Partnerprogramm anbietet, finden Sie dort meist einen Hinweis oder einen Link zu diesem.

Nehmen wir an, Sie wollen zum Beispiel das Partnerprogramm von Conrad nutzen: Auf der Website *conrad.de* scrollen Sie dafür ganz zum Ende der Website. Ganz unten finden Sie den Link zum Partnerprogramm (siehe schwarzer Pfeil in Abbildung 3.2).

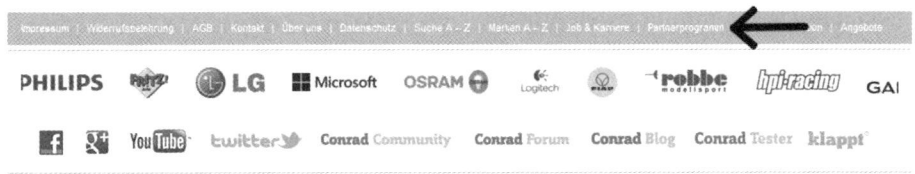

Abb. 3.2: Partnerprogramme finden

Partnerprogramm-Netzwerke

Partnerprogramm-Netzwerke stellen eine tolle Möglichkeit dar, auf einfache Weise schnell passende Partnerprogramme zu finden. Auf diesen Plattformen können Sie sehr bedienfreundlich nach Partnerprogrammen suchen, indem Sie diese nach verschiedenen Themen und anderen Faktoren filtern.

Partnerprogramm-Netzwerke haben gegenüber einzelnen Partnerprogrammen den großen Vorteil, dass Sie Ihre Partnerprogramme über ein Netzwerk viel einfacher verwalten können, als wenn Sie sich bei vielen einzelnen Partnerprogrammen anmelden. Bei einem Partnerprogramm-Netzwerk müssen Sie sich nur einmal anmelden (haben also nur ein Passwort und einen Usernamen, die Sie sich merken müssen) und haben sofort Zugang zu einer Vielzahl kostenloser Partnerprogramme. Diese können Sie zentral verwalten (Statistiken auswerten, Auszahlungen kontrollieren etc.).

Ein weiterer Vorteil ist, dass Sie mit einem Partnerprogramm-Netzwerk die Auszahlungsgrenze viel schneller erreichen, denn wie ich bereits erwähnt habe, zahlen die meisten Partnerprogramme Ihnen Provisionen erst aus, wenn sie einen gewissen Betrag, beispielsweise 100 Euro, erreicht haben. Gerade am Anfang werden Sie dieses Limit mit einem Partnerprogramm nicht so schnell erreichen. Wenn Sie aber mit Partnerprogramm-Netzwerken arbeiten und dort gleichzeitig bei mehreren guten Partnerprogrammen einsteigen, erreichen Sie dieses Limit natürlich viel schneller.

Im Folgenden finden Sie eine Liste der besten und bekanntesten Partnerprogramm-Netzwerke. Diese sind:

- `http://www.affili.net` – sehr beliebtes deutschsprachiges Affiliate-Netzwerk

- `http://www.belboon.de` – großes deutschsprachiges Affiliate-Netzwerk

- `http://www.adbutler.de` – deutschsprachiges Affiliate-Netzwerk, das von Belboon betrieben wird

- `http://de.cj.com/` – Commission Junction ist eines der größten und bekanntesten internationalen Affiliate-Netzwerke.

- `http://www.zanox.de` – ein weiteres internationales Affiliate-Netzwerk

- `http://www.superclix.de` – deutschsprachiges Affiliate-Netzwerk, das vor allem kleine und nischenorientierte Partnerprogramme anbietet

- `http://international.clickbank.com/de/` – eine Plattform für den Vertrieb digitaler Produkte mit integriertem Affiliate-Netzwerk

- `http://www.mycommerce.com/de/share-it` – internationale Plattform für digitale Produkte

ShareIt ist so etwas wie ein Sonderfall unter den Affiliate-Netzwerken, da es eigentlich kein Partnerprogramm-Netzwerk im klassischen Sinne ist. ShareIt ist eigentlich eine Plattform für Händler und ermöglicht es diesen, einen Shop einzurichten, um Produkte zu verkaufen und Zahlungen abzuwickeln (per Kreditkarte, Überweisung etc.). Als zusätzlichen Bonus bietet ShareIt den Händlern die Funktion an, ein Partnerprogramm für ihre Produkte einzurichten. Da es viele Händler gibt, die ShareIt verwenden, gibt es dort auch eine Vielzahl guter Partnerprogramme, die Sie bewerben können.

Da die Hauptzielgruppe von ShareIt Händler und nicht Affiliates sind, ist die Benutzeroberfläche der Partnerprogramme nicht so gut ausgearbeitet wie bei anderen Netzwerken.

3.6   Bieten Sie Ihren Besuchern mehrere Möglichkeiten

Machen Sie nicht den Fehler, sich über Ihre Einkommensquelle zu definieren, denn dadurch limitieren Sie sich nur. Sie sind weder Shop-Betreiber, Affiliate oder

der Betreiber einer reinen Informations-Website. Das sind alles bloß dumme Konzepte, die Sie in Ihren Möglichkeiten, mit Ihrem Internet-Business Geld zu verdienen, massiv einschränken.

In Wahrheit sind Sie eines: ein Qualitäts-Lieferant. Sie bieten Menschen, auf welche Weise auch immer, hochwertige Qualität und echte Lösungen für ihre Anliegen. Das ist Ihr Ziel und dieses können Sie über viele Wege (sprich Einkommensquellen) erreichen. Ja, sogar über mehrere Wege gleichzeitig. Während andere Menschen sich über den Weg, also die Einkommensquelle definieren, definieren Sie sich über das Ziel. Dadurch sind Sie offen für die vielen Möglichkeiten, die es gibt, um das Ziel zu erreichen. Sie denken nicht »oder-oder«, sondern »und-und«. Das bietet Ihnen einen immensen finanziellen Vorteil.

Ein weiterer Vorteil mehrerer Einkommensquellen besteht darin, dass Sie für verschieden orientierte Besucher mehr Möglichkeiten anbieten, ein Angebot von Ihnen in Anspruch zu nehmen. Dadurch verdienen Sie mehr.

Nehmen wir an, Sie sind Betreiber einer Tierfutter-Handlung und wollen Ihr Angebot nun auch im Internet anbieten. Im Zuge Ihrer Keyword-Recherche stellen Sie fest, dass es eine erstaunlich große Nachfrage nach vegetarischem Tierfutter speziell für Hunde und Katzen gibt und noch sehr wenig Angebot. Obwohl Sie ein breites Angebot an Tierfutter anbieten (nicht nur vegetarisches), entscheiden Sie sich dazu, diese lukrative Nische zu besetzen, indem Sie ein Informations-Portal zum Thema »Vegetarische Ernährung für Hunde und Katzen« erstellen.

Nicht jeder Besucher Ihres neuen Informations-Portals kommt mit der gleichen Absicht zu Ihnen. Durch das Thema Ihres Informations-Portals wissen Sie, dass Ihre Zielgruppe aus Hunde- und Katzenbesitzern besteht, die ihre Tiere gerne vegetarisch ernähren wollen und wahrscheinlich selbst Vegetarier sind. Eine ziemlich genaue Beschreibung Ihrer Zielgruppe.

Obwohl Sie ein ziemlich gutes Bild Ihrer Zielgruppe haben, können Sie nicht mit völliger Sicherheit behaupten: »Jeder Besucher meiner Seite möchte ein Kilo vegetarisches Hundefutter kaufen.« Mit Sicherheit wird ein großer Anteil Ihrer Besucher auch bei Ihnen kaufen, aber was ist mit den Hunde- und Katzenbesitzern, die sich zuerst einmal darüber informieren wollen, ob vegetarisches Hundefutter überhaupt wirklich gesund für ihren Liebling ist? Was können Sie denen anbieten? Wenn Sie nur ein Produkt, in diesem Fall das Hundefutter, anbieten, verlieren Sie den Teil Ihrer Zielgruppe, der sich zuerst informieren will. Was also tun?

Bieten Sie ein Produkt an, welches das Bedürfnis dieser Zielgruppe stillt: Ein Buch, das die Vor- und Nachteile vegetarischer Ernährung für Hunde zum Inhalt hat. Ja, solche Bücher gibt es! Dann gibt es wiederum auch noch solche Menschen in Ihrer Zielgruppe, die noch gar nicht gewillt sind, irgendetwas zu kaufen, weder ein Buch noch Hundefutter. Auch diese Besucher können Sie gewinnbringend nutzen. Platzieren Sie auf Ihrer Website AdSense-Anzeigen. Einige der Besucher, die noch nicht zum Kauf gewillt sind, werden darauf klicken. So schlagen Sie auch aus diesem Teil Ihrer Besucher Kapital.

Sie erkennen: Indem Sie sich nicht bloß auf eine Einkommensquelle beschränken, sondern auf die unterschiedlichen Bedürfnisse innerhalb Ihrer Zielgruppe achten und Ihren Besuchern verschiedene Möglichkeiten anbieten, nutzen Sie Ihre Besucher gewinnbringender und verdienen mehr Geld. Auch Ihre Kunden werden dankbar sein, eine Lösung für ihr jeweiliges Anliegen gefunden zu haben.

> **Tipp**
>
> Sie sollten Ihr Angebot zwar nie zu breit gestalten, sondern immer eng am Website-Thema orientieren, jedoch darauf achten, dass Sie für alle Teile Ihrer Zielgruppe eine Lösung im Angebot haben.

3.6.1 Führen Sie Ihre Besucher

Wenn Sie ein Marketing-Naturtalent sind, stellen Sie sich jetzt sicher sofort die Frage: »Wie stelle ich sicher, dass ich mir nicht selbst Konkurrenz mache, wenn ich meinen Besuchern mehrere Möglichkeiten anbiete?«

Wie wir festgestellt haben, ist es wichtig, dass Sie für alle Besucher etwas Ansprechendes im Angebot haben. Ansonsten verkaufen Sie an diese eigentlich zum Kauf gewillten Besucher nichts, nur weil Sie nichts Passendes anbieten. Blöd wird es nur, wenn ein Besucher gewillt wäre, ein sehr teures Produkt von Ihnen zu kaufen, aber durch ein billigeres Angebot abgelenkt wird. Das Paradebeispiel hierzu ist:

Sie platzieren im Verkaufstext für das vegetarische Hundefutter (am besten auch noch gleich am Anfang) Google-AdSense-Anzeigen. Ihr Besucher sieht eine interessante Anzeige und klickt darauf.

Die gute Nachricht: Sie haben mit diesem Klick einen Betrag zwischen 5 und 50 Cent verdient. Die schlechte Nachricht: Ihr Besucher ist nun weg, er hat durch den Klick Ihre Website verlassen. Und jetzt wird's richtig ärgerlich: Ihr Besucher hätte fünf Kilo Hundefutter im Wert von 32 Euro bestellt, wenn er den Verkaufstext zu Ende gelesen hätte und nicht von der AdSense-Anzeige abgelenkt worden wäre. Wenn die Hälfte der 32 Euro nun Gewinn wären, hätten Sie mit diesem Besucher

16 Euro Gewinn machen können. Gemacht haben Sie im besten Fall 50 Cent. Sie haben also 15,50 Euro verloren. Bei Hundert solchen Besuchern würden Ihnen schon 1.550 Euro entgehen!

3.6.2 Der Most Wanted Response

Da das natürlich nicht tragbar ist, müssen Sie Ihre Website und Texte so gestalten, dass Ihr Besucher zu der Möglichkeit geführt wird, von der Sie am meisten wollen, dass er sie in Anspruch nimmt. Das nennt man **Most Wanted Response**, was frei übersetzt bedeutet: die von Ihnen meistgewollte Reaktion Ihrer Kunden.

Im Normalfall wollen Sie, dass Ihre Kunden das Produkt oder die Dienstleistung kaufen, mit der Sie am meisten Gewinn machen. Es könnte aber auch sein, dass Ihr Most Wanted Response (MWR) darin besteht, dass Ihre Besucher einen kostenlosen Bonus anfordern und im Gegenzug Ihnen ihre E-Mail-Adresse zukommen lassen. Das macht besonders dann Sinn, wenn Sie ein Produkt oder eine Dienstleistung anbieten, die zu teuer ist, als dass es Ihre Besucher in der Regel sofort kaufen würden (Makler, Qualitätsprüfer, Beratungsunternehmen).

Nehmen wir an, Sie sind Qualitätsprüfer für Häuser. Sie haben sich darauf spezialisiert, Häuser auf ihre Bausubstanz, Schimmelanfälligkeit usw. zu prüfen, die Ihre Kunden in Betracht ziehen, zu kaufen. Anstatt Ihre Kunden direkt zum Kauf einer Qualitätsprüfung bewegen zu wollen, bieten Sie ihnen eine kostenlose PDF-Datei an, in der Sie die zehn größten Fallen beim Häuserkauf ansprechen. Diese PDF-Datei kann der Kunde herunterladen, wenn er seine E-Mail-Adresse angibt. Sie richten es so ein, dass sich der Kunde mit Angabe der E-Mail-Adresse auch für Ihren E-Mail-Newsletter anmeldet. Über einen Zeitraum von ca. zwei Wochen lassen Sie ihm dann eine ausgeklügelte Serie von E-Mails zukommen, die ihn nach und nach davon überzeugt, Sie als Qualitätsprüfer zu engagieren. Studien haben ergeben, dass die meisten Menschen nämlich erst nach dem 7. bis 12. Kontakt kaufen. Besonders bei teuren Angeboten. Mehr Information zu E-Mail-Marketing erhalten Sie später in Kapitel 6.1.

Je nachdem, was Ihre Absicht ist, können Sie Ihren Most Wanted Response ganz unterschiedlich definieren: Sie können wollen, dass Ihr Besucher das teuerste Produkt kauft oder dass er sich einfach nur in Ihren E-Mail-Verteiler einträgt oder dass er Ihnen eine Anfrage zukommen lässt. Es gibt sehr viele verschiedene Möglichkeiten, was der Most Wanted Response sein kann.

Bestimmen Sie Ihren Most Wanted Response so, dass Sie an Ihren Besuchern langfristig gesehen am meisten verdienen.

Das Wort langfristig ist hier wichtig. Wenn Ihr Most Wanted Response wie im Beispiel oben darin besteht, eine kostenlose PDF-Datei im Gegenzug zur E-Mail-Adresse anzufordern, verdienen Sie kurzfristig gar nichts. Langfristig gesehen verwandeln Sie mit diesem Most Wanted Response aber einen hohen Prozentsatz von Website-Besuchern in Kunden, die tatsächlich ein Haus kaufen. Hätten Sie Ihre Besucher direkt über die Website zum Kauf eines Hauses bewegen wollen, würde niemand ein Haus kaufen. *Langfristigkeit* ist hier also wirklich eine wichtige Grundlage zur Definition des Most Wanted Response.

3.6.3 Halten Sie für Ihre Besucher auch Alternativen zum Most Wanted Response bereit

Im Beispiel zuvor haben Sie bestimmt, dass der Most Wanted Response darin besteht, einen kostenlosen Bonus anzufordern. Sie richten jetzt alles auf diesen Most Wanted Response aus. Die Gestaltung Ihrer Website, die Texte und deren Anleitung führen den Besucher alle dazu, diesen Most Wanted Response auszuführen. Damit Ihr Besucher das auch wirklich macht, entfernen Sie alle anderen Möglichkeiten, damit sie ja nicht ablenken. An und für sich eine gute Idee. Doch in der Praxis sollten Sie anders vorgehen:

Die Kunst besteht hier darin, dass Sie Ihren Besuchern zwar alle Möglichkeiten anbieten, aber diese weiteren Möglichkeiten nicht vom Most Wanted Response ablenken. Im Beispiel oben bedeutet das: Obwohl Ihr Most Wanted Response darin besteht, dass Ihre Besucher den kostenlosen Bonus anfordern und ihre E-Mail-Adresse im Gegenzug zur Verfügung stellen, bieten Sie Ihren Besuchern trotzdem die Möglichkeit, über Ihre Website zur Bestellseite des teuren Angebots zu kommen. Schließlich gibt es sicher auch Besucher, die sofort bereit sind, eine Qualitätsprüfung bei Ihnen zu buchen. Es wäre schade, wenn Sie diesem Besucher die Möglichkeit dazu nehmen würden.

Es geht also nicht darum, alle anderen Möglichkeiten wegzugeben, sondern darum, eine klare Hauptlinie vorzugeben. Durch die Gestaltung Ihrer Website und Texte richten Sie alles ganz klar auf Ihren Most Wanted Response (eben zum Beispiel das Anfordern eines kostenlosen Bonus) aus. Sie lenken den Kunden nicht mit anderen Möglichkeiten ab. Wenn jetzt aber ein Kunde sagt: »Hallo, ich würde gerne gleich kaufen!«, wäre es doch blöd, wenn Sie ihm diese Möglichkeit verwehren würden. Hier macht es also Sinn, dass Sie die Verkaufsseite für das teure Produkt beispielsweise in der Navigation auflisten, sprich die Verkaufsseite sollte erreichbar sein.

Ihr Besucher, der ganz bewusst gewillt ist, zu kaufen, wird diesen Link in der Navigation finden (er sucht ja bewusst danach), während die anderen Menschen, die nicht so zielgerichtet sind, im Haupttext weiterlesen und den Link in der Navigation gar nicht bemerken und so auch nicht abgelenkt werden.

3.6.4 Welche Teile Ihrer Website Sie auf den MWR ausrichten und in welchen Teilen Sie die weiteren Möglichkeiten anbieten

Eine Website ist normalerweise in drei Bereiche gegliedert:

- links ist die Navigation
- in der Mitte befindet sich der Haupttext
- rechts befinden sich Werbeanzeigen oder zusätzliche Informationen

Achten Sie speziell darauf, im Haupttext keine Möglichkeiten zu platzieren, die vom Most Wanted Response ablenken.

In der rechten Spalte ist es erlaubt, andere Möglichkeiten, wie zum Beispiel Google AdSense anzubieten, da sich diese nicht im Lesefluss des Haupttextes befindet. Gestalterisch sollten Sie hier darauf achten, dass der Inhalt der rechten Spalte nicht vom Haupttext ablenkt. Das Angebot der rechten Spalte zielt auf Besucher ab, die zu wenig am Haupttext interessiert sind oder freundlicher ausgedrückt zu wenig fokussiert sind und deshalb nach Alternativen suchen. Ich beziehe mich hier immer auf Informations-Portale, die den Besucher durch sachliche Information überzeugen und zum Verkauf erwärmen. Auf einer reinen Verkaufsseite (eine Seite Ihrer Website, die darauf abzielt, den Verkauf abzuschließen und deshalb weniger sachlich, sondern emotional und manipulierender geschrieben ist) sollten Sie eine rechte Spalte sowieso weglassen. Reduzieren Sie eine Verkaufsseite auf eine einfache Navigation und den Haupttext.

In der linken Spalte, also der Navigation eines Informations-Portals, sollten Sie alle Möglichkeiten, die es für den Besucher gibt, unterbringen. Halten Sie die Navigation aber schön übersichtlich und strukturiert. Warum ist es hier erlaubt, alle Möglichkeiten anzubieten? Ganz einfach deshalb, weil das der einzig dafür geeignete Ort ist, und zweitens, weil Navigations-Menüs so etwas Gewohntes sind, dass sie nicht vom Haupttext ablenken.

Bitte führen Sie sich während der Arbeit an Ihrem Internet-Business regelmäßig vor Augen, dass Sie letztendlich einzig und alleine am Wohl Ihrer Kunden interessiert sind. Sie denken nicht an Geld, Sie denken nicht an Ihre Produkte und Sie denken auch nicht an Einkommensquellen.

Sie denken daran, was Ihre Besucher, Ihre zukünftigen Kunden suchen und brauchen. Sie denken daran, wie Sie genau das auf eine Art und Weise so anbieten können, dass Ihre Kunden zufrieden sind und erkennen, dass Ihr Angebot die Lösung für ihr Problem ist. Erst wenn die Bedürfnisse Ihrer Kunden zur Grundlage Ihres Denkens geworden sind, ist die Zeit reif dafür, dass Sie an Ihre Produkte und sonstige Einkommensquellen denken. Dann denken Sie an Ihr Produkt, weil Sie überlegen, wie Ihr Produkt Ihrem Kunden von Nutzen sein kann und wie Sie die Vorteile Ihres Produkts so präsentieren, dass der Kunde dieses als relevant für seine Situation erkennt, kauft und so eine funktionierende Lösung für sein Anliegen gefunden hat.

Es ist nichts Falsches daran, an Produkte, Einkommensquellen und Gewinn zu denken. Die Frage ist nur, mit welcher Haltung man es macht. Denkt man grundsätzlich erst mal an sich und sind die Kunden nur Mittel zum Zweck (möglichst schnell viel Geld verdienen) oder denkt man erst mal an die Kunden und ihre Bedürfnisse und ist der dabei entstehende Gewinn einfach nur der schönste Nebeneffekt der Welt? Klar. Ich drücke das hier etwas utopisch aus. Ich weiß, dass die meisten von uns nicht völlig selbstlos handeln. Es ist ganz natürlich, dass Sie ein Internet-Business in erster Linie mit der Absicht starten, Geld zu verdienen, und nicht völlig selbstlos an der Zufriedenheit Ihres Kunden interessiert sind. In Ihrem eigenen Interesse sollten Sie jedoch selbstlos werden. Denn ...

Je mehr Sie sich um Ihre Kunden kümmern, desto mehr Gewinn machen Sie.

Lassen Sie sich nicht davon täuschen, dass es Menschen gibt, die mit verschleiernden, betrügerischen und schreierischen Werbetexten kurzfristig viel Geld verdienen. Auf lange Sicht sind diese Menschen zum Scheitern verurteilt, denn Lügen haben nach wie vor kurze Beine, speziell im Internet, wo sich alles in Sekundenschnelle herumspricht. Andersrum werden Sie einen Kunden, dessen Herzen Sie durch ehrliches Interesse gewonnen haben, ein Leben lang haben und dieser wird Sie gerne und oft weiterempfehlen, sodass Sie viele neue Kunden gewinnen, ganz ohne Aufwand und teure Werbekosten.

Wenn Sie bereits Ihre innewohnende Selbstlosigkeit entdeckt haben, wunderbar. Nutzen Sie sie für die erfolgreiche Gestaltung Ihres Internet-Business. Wenn Sie unbedingt egoistisch sein wollen und einfach nur aufs Geld aus sind, auch kein Problem. Seien Sie total egoistisch, indem Sie extrem selbstlos denken. Selbstloses, kundenorientiertes Denken ist im Internet-Marketing der bessere Egoismus.

Schließlich wollen Sie ganz in Ihrem eigenen Interesse doch sicher auch zufriedene Kunden, die Ihnen ein großes und sicheres Einkommen bringen?

> **Tipp**
>
> Wenn Sie mit Ihrem Internet-Business langfristig online Geld verdienen wollen, machen Sie die Wünsche Ihrer Kunden zur Grundlage all Ihres Denkens und Handelns.

Kapitel 4

Design und Text

Wenn Sie die bisherigen Kapitel dieses Buches aufmerksam gelesen haben, wissen Sie bereits, dass das Kernelement des in diesem Buch vorgestellten Konzepts das sogenannte Informations-Portal ist. Zur Erinnerung: Ein Informations-Portal besteht aus einzelnen Seiten, von denen jede auf ein bestimmtes Keyword optimiert ist. Die Keywords der einzelnen Seiten sind thematisch miteinander verbunden. Diese Keywords haben Sie während der Keyword-Recherche, die in Kapitel 2 erläutert wird, gefunden.

Nun möchte ich Ihnen zeigen, wie Sie für jedes einzelne Keyword einen informativen Text schreiben, der den Leser fesselt und sofort Vertrauen in ihm erweckt. Die Aufgabe dieses Textes ist es, dass der Leser letztendlich auf einen der subtil eingebauten Produktlinks klickt und durch den Text bereits so viel Vertrauen aufgebaut hat, dass er sich in größtmöglicher Kaufbereitschaft befindet.

4.1 Design, inhaltliche Struktur und Navigation einer Website

Die drei Aspekte Design, inhaltliche Strukturierung und Navigation haben auf den ersten Blick zwar nichts mit dem Schreiben guter Texte zu tun, gehören aber insofern zu einem guten Text, als dass sie quasi das Silbertablett sind, auf dem der Text präsentiert wird. Natürlich, letztendlich geht es um den Inhalt, den Text selbst, aber wenn das Drumherum so hässlich, unstrukturiert und unübersichtlich aussieht, dass man sich gar nicht auf die Botschaft des Textes konzentrieren kann oder – noch schlimmer – der Leser den Text gar nicht findet, haben alle das Nachsehen: Sie, weil Sie den Besucher sofort verloren haben (er klickt in Sekundenschnelle auf diesen gefürchteten Zurück-Button im Browser), und der Besucher, weil er die gewünschte Info nicht gefunden hat.

> **Hinweis**
>
> Sie brauchen ein sauberes Design, eine klare inhaltliche Struktur und eine übersichtliche und intuitive Navigation auf Ihrer Website.

4.1.1 Das Design

Ein gutes Website-Design besticht durch Einfachheit. Hierzu ein paar einfache Richtlinien:

Regel 1: Arbeiten Sie generell am besten mit weißem Hintergrund. Wenn Sie sich dennoch für eine Hintergrundstruktur entscheiden (Bild, Farbverlauf etc.), sollten Sie diese extrem dezent gestalten und schlicht halten.

Regel 2: Schwarzer Text auf weißem Hintergrund ist (zu 99 Prozent) ein *Muss*. Selbst wenn Sie sich für eine Hintergrundstruktur entscheiden: Der Text gehört auf weißen Hintergrund. Wie das geht, zeigt Abbildung 4.1.

Abb. 4.1: Trotz Hintergrundfarbe – der Text gehört Schwarz auf Weiß

In Abbildung 4.1 sehen Sie, dass mit einem Farbverlauf als Hintergrundstruktur gearbeitet wird. Allerdings ist darauf zentral eine weiße Fläche platziert, die als Hintergrund für den Text dient. Das ist eine gängige Vorgehensweise, wie man in den Website-Hintergrund ein wenig Dynamik bringt, aber letztendlich schwarzen Text auf weißem Hintergrund beibehält.

Hier noch ein Beispiel für eine weitere gelungene Website. Es handelt sich um die Website `www.german-translation-tips-and-resources.com` einer in Österreich lebenden Übersetzerin. Sie bedient mit ihrer englischsprachigen Website natürlich ein englischsprachiges Klientel, aber das ist auch gut so. Schließlich ist genau das Ihre Zielgruppe.

Abb. 4.2: Gelungene Website mit weißem Hintergrund

Die richtige Platzierung der einzelnen Website-Elemente

Im Internet hat sich hinsichtlich des Designs einer Website ein gewisser Standard etabliert. Dieser hat sich in der Praxis bewährt und wird von der Mehrheit der Webdesigner angewendet. Dies führt dazu, dass ein Website-Besucher mittlerweile intuitiv gewisse Erwartungen an Ihr Website-Design stellt.

Die Navigation: Gemäß einer Studie, die seit 2003 jährlich von der eResult GmbH durchgeführt wird, erwartet die überwiegende Mehrheit der Internet-Anwender die Navigationsleiste einer Website im linken (eher oberen) Bereich und zwar vertikal platziert. Vermehrt wird mittlerweile aber auch die horizontal platzierte Navigationsleiste im oberen Bereich der Website akzeptiert beziehungsweise erwartet. In Abbildung 4.1 und Abbildung 4.2 sehen Sie sowohl eine vertikal platzierte Navigationsleiste im linken Bereich der Website als auch eine horizontal platzierte. Die Nutzung beider Arten von Navigationsleisten setzt sich mittlerweile immer mehr durch.

Der Haupttext: Der Haupttext wird im mittleren Bereich der Website erwartet. Der Haupttext sollte meiner Erfahrung nach eine Mindestbreite von 450 Pixeln haben. Um leicht lesbar zu sein, sollte er aber auch nicht zu breit werden. Ich bevorzuge auf meinen Websites für den Haupttext daher eine Spaltenbreite um die 500 bis 600 Pixel.

Werbung: Gemäß oben erwähnter Studie betrachten Internet-Anwender Werbung mittlerweile als einen typischen Bestandteil einer Website. Werbung wird im rechten Bereich einer Website erwartet.

Diese Erkenntnis ist insofern sehr interessant, als dass man die Klickraten auf Werbung deutlich erhöhen kann, indem man diese dort platziert, wo der Website-Besucher sie nicht erwartet. Dies lässt sich beispielsweise sehr gut mit Googles-AdSense-Textanzeigen verwirklichen. Diese kann man so gestalten, dass sie auf den ersten Blick wie ein Bestandteil des Haupttextes wirken. Dadurch werden sie nicht sofort vom Besucher weggefiltert, sondern bleiben in dessen Wahrnehmungsfeld. Er findet eine für ihn interessante Textanzeige und klickt darauf. Auf den zweiten Blick sollte der Leser natürlich zwischen originalen Website-Inhalten und Werbung unterscheiden können, sonst wird es nervig. Bei AdSense-Anzeigen ist dies jedoch sowieso immer gegeben, da Google diese automatisch mit dem Schriftzug *Google-Anzeigen* kennzeichnet.

Sie sehen: Platziert man Werbung an einer für den Besucher unerwarteten oder ungewohnten Stelle **und** gestaltet sie so, dass sie wie ein Website-Element wirkt, das der Besucher an dieser Stelle erwartet, kann man damit wesentlich höhere Klickraten auf Werbung erzielen. Hierbei ist es jedoch wichtig, nicht die ganze Website mit Werbung vollzustopfen, sondern Werbeelemente sparsam einzusetzen. Bitte führen Sie den Besucher auch nicht in die Irre, indem Sie beispielsweise in der Navigation Werbung platzieren, die überhaupt nicht von der restlichen Navigation zu unterscheiden ist. Dies würde dazu führen, dass der Besucher Ihre Website in kürzester Zeit höchst genervt wieder verlässt.

> **Hinweis**
>
> Sie können Werbung so gestalten, dass sie auf den ersten Blick wie ein anderes Website-Element aussieht, letztendlich sollte der Besucher aber zwischen Werbung und Original-Inhalten unterscheiden können, damit er sich auf Ihrer Website wohlfühlt.

Zur Platzierung von Werbung wie beispielsweise Google-AdSense-Anzeigen finden Sie in Abschnitt 3.4.1 detailliertere Informationen.

Web 2.0 und andere Elemente: In letzter Zeit spielen Web-2.0-Elemente wie Facebook, Twitter und Co eine immer wichtigere Rolle im Internet-Marketing. Daher wollen die meisten Website-Betreiber auf ihren Websites auch auf ihre Facebook- oder Twitter-Profile hinweisen. Diese Hinweise passen sehr schön in den rechten Bereich einer Website. Auch andere Elemente wie Kurz-Infos, der Link zu Ihrem

RSS-Feed oder ein Formular zur Eintragung in Ihren kostenlosen E-Mail-Newsletter sind im rechten Bereich Ihrer Website gut aufgehoben.

4.1.2 Die inhaltliche Struktur (Content-Blueprint)

Damit sowohl die Suchmaschinen als auch die menschlichen Besucher Ihre Website bestmöglich erfassen können, sollten Sie die Seiten Ihrer Website in drei Ebenen strukturieren. Auf diese Weise machen Sie es den Suchmaschinen möglichst einfach, jede Seite Ihrer Website zu indizieren, und Ihre menschlichen Besucher werden die Navigation intuitiv begreifen. Siehe hierzu Abschnitt 2.1.3.

4.1.3 Die Navigation

Um die drei Ebenen der inhaltlichen Struktur leicht navigierbar zu machen, sollte die Navigation folgendermaßen aufgebaut sein:

Die Hauptnavigation, die im linken oberen Bereich der Website angesiedelt ist, sollte nur auf Seiten der Ebene 2 (Rubrikseiten) verweisen. Seiten der Ebene 3 sind hier fehl am Platz.

Auf der Startseite können Sie nach dem Haupttext alle Seiten der Ebene 2 nochmals als Links mit kurzen Erläuterungen anführen. Hierzu verwenden Sie am besten Title und Description einer Seite (siehe Abschnitt 4.3.6, »Das Schreiben beginnt mit den Metatags«). Der Title wird der Link zur Seite, die Description der Seite wird die Erklärung unter dem Link. Diese Auflistung ist optional.

> **Wichtig**
>
> Dass Sie auf der Startseite nicht auf Detailseiten (Ebene 3) verweisen, hat neben der besseren Übersichtlichkeit der Hauptnavigation noch einen weiteren suchmaschinenoptimierungstechnischen Grund: Eine Seite, auf die von der Startseite verlinkt wird, wird von den Suchmaschinen automatisch als Seite der Ebene 2 angesehen. Sie aber wollen, dass Seiten der Ebene 3 von den Suchmaschinen auch als solche angesehen werden, da nur so gewährleistet ist, dass die Suchmaschinen die überlegte inhaltliche Strukturierung mitsamt der Bündelung von Detailseiten unter passenden Rubrikseiten erkennen.

Auf die Seiten der Ebene 3 (Detailseiten) verweisen Sie nur von der jeweiligen übergeordneten Rubrikseite. Diese Verweise können Sie entweder in den Text einbauen, sprich, Sie machen Wörter oder Sätze des Textes zu Verweisen auf Detailseiten, oder Sie listen auf der Rubrikseite anschließend an den Haupttext alle Detailseiten auf. Hierbei folgen Sie wieder dem Muster: Der Title der Seite wird zum Link, die Description zur darunterliegenden kurzen Erklärung (Beispiel siehe Abbildung 4.3).

Hier finden Sie weitere Informationen über *seriöse Suchmaschinenoptimierung...*

Seriöse Suchmaschinenoptimierung - Nützen Sie sie zu Ihrem Vorteil
Seriöse Suchmaschinenoptimierung vermittelt Ihnen den korrekten Ansatz, um Ihre Website dauerhaft auf die vorderen Plätze in Google zu bringen.

Seriöse Suchmaschinenoptimierung - Die Grundlage des Internet-Erfolges...
Das gängige Verständnis von Suchmaschinen Optimierung gehört der Vergangenheit an. Hier erfahren Sie warum...

Erfolgreiche Suchmaschinenoptimierung bedeutet Realität zu bieten...
Suchmaschinen wollen die Realität verstehen. Suchmaschinen-Optimierung die darauf abzielt, diese Realität zu simulieren ist zum scheitern verurteilt.

Suchmaschinenoptimierung: Ein aussichtsloser Kampf?
Wenn Suchmaschinen-Optimierung darauf abzielt, die Suchmaschinen auszutricksen, wird sie zu einer undurchführbaren und frustrierenden Aufgabe.

Effektive Suchmaschinenoptimierung bedeutet Qualität zu bieten.
Suchmaschinen wollen hochqualitative Websites. Wenn Sie Suchmaschinenoptimierung jedoch verwenden, um Qualität zu SIMULIEREN, schaffen Sie sich "Feinde", gegen die Sie nicht gewinnen können.

Abb. 4.3: Auflistung von Verweisen zu Detailseiten

4.1.4 Impressumpflicht

Als Betreiber einer kommerziell ausgerichteten Website sind Sie in Deutschland, Österreich und der Schweiz (und wahrscheinlich in den meisten anderen Ländern auch) gesetzlich dazu verpflichtet, ein vollständiges Impressum anzugeben. Was ein vollständiges Impressum ausmacht, ist von Land zu Land verschieden. In Österreich stellt die Wirtschaftskammer hierzu detaillierte Informationen zur Verfügung, in Deutschland das Bundesministerium der Justiz. Im Online-Lesebereich finden Sie Links zu aktuellen Leitfäden, damit Sie sich ein rechtssicheres Impressum erstellen können. Manche Anwälte verdienen gutes Geld damit, Websites abzumahnen, die (meist bloß aufgrund von Unkenntnis) kein oder ein fehlerhaftes Impressum aufweisen. Gehen Sie daher sicher, ein gesetzeskonformes Impressum auf Ihrer Website anzugeben, um solchen Gierhälsen erst gar keine Angriffsfläche zu bieten. Zudem zeugt ein vollständiges Impressum von Professionalität und steigert somit das Vertrauen Ihrer Website-Besucher.

Mehr Infos unter: `http://insider.david-asen.de`

4.1.5 Zusammenfassung

Das grundlegende Design-Muster einer Website sollte wie in Abbildung 4.4 aussehen.

Abb. 4.4: Gutes Navigations-Design

Oben befindet sich der Kopfbereich. Dieser beinhaltet den Namen der Website (die Domain) und meist auch einen repräsentativen Slogan.

Wenn Sie sich den Bereich unter dem Kopf in drei Spalten vorstellen, ergibt sich folgendes Bild:

- In der linken Spalte befindet sich die Hauptnavigation, die nur auf Seiten der Ebene 2 verweist.

- In der mittleren Spalte befindet sich der Haupttext der jeweiligen Seite.

- In der rechten Spalte befinden sich Werbung und/oder weitere Angebote wie Web-2.0-Verweise, RSS-Feeds, Anmeldungsmöglichkeiten für E-Mail-Newsletter etc.

Am Ende einer jeden Seite ist es eine gute Idee, einen Copyright-Hinweis anzubringen.

4.2   Sie, der Autor (die Autorin)

Ich möchte dieses Kapitel gerne mit einem Zitat beginnen, mit dem der von mir sehr geschätzte Internet-Experte Ken Evoy sein Buch »Make your Content PreSell« beginnt:

> *»Ein Geschäft aufzubauen bedeutet, Beziehungen aufzubauen. Verstehen Sie diesen einfachen, aber wichtigen Punkt und Sie werden den Rest dieses Buches schnell und einfach begreifen.«*

Mit diesem Kapitel verhält es sich genauso. Die ganze Botschaft dieses Kapitels, alle Richtlinien, die ich Ihnen hier gebe, kann ich mit einem Hinweis beschreiben:

> *Um die perfekten Texte für Ihr Informations-Portal zu schreiben, müssen Sie nur eines tun: Denken Sie einfach daran, von welchen Texten Sie selbst ge-fesselt werden, und dann schreiben Sie ebenfalls solche Texte.*

Eigentlich ist es so einfach. Aber da wir oft gar nicht wirklich wissen, warum uns etwas gefällt, uns etwas fesselt, fasse ich mich in diesem Kapitel doch etwas weiter und versuche, Ihnen ein möglichst gutes Verständnis davon zu vermitteln, welchen Geisteszustand Sie brauchen, um Sachtexte zu verfassen, die den Leser Ihrer Website sofort ansprechen.

Ich werde Ihnen natürlich auch möglichst viele greifbare Richtlinien geben, weil ich weiß, dass Sie damit auf den ersten Blick viel mehr anfangen können als mit irgendwelchen Aussagen zum richtigen Geisteszustand, die viel Raum für Inter-pretation lassen. Ich weiß, dass Sie mit einer Aussage wie

»Ein guter Text für Ihr Informations-Angebot besteht aus ca. 800 Wörtern. Glie-dern Sie ihn anhand von Zwischenüberschriften in vier Teile. Geben Sie dem Leser in den ersten zwei Absätzen eine Zusammenfassung des restlichen Textes.«

wahrscheinlich viel mehr anfangen können, als mit folgender:

»Bevor Sie losschreiben: Schließen Sie die Augen und denken Sie an Ihren Leser. Wie stellen Sie ihn sich vor? Was sind seine Anliegen? Welche Lösungen sucht er? Hat er Zeit und möchte er sich genau informieren oder geht es ihm darum, mög-lichst schnell eine Lösung für sein Problem zu finden? Stellen Sie all diese Fragen, stellen Sie sich Ihren Leser vor und beantworten Sie dann diese Fragen. Stellen Sie sich nun vor, selbst der Leser zu sein, und schreiben Sie einen Text, genauso wie Sie ihn als Leser lesen wollen würden.«

Genau deshalb, weil die »praktischen« Richtlinien auf den ersten Blick so viel greifbarer und interessanter erscheinen als Aussagen zum richtigen Geisteszu-stand, ist es mir ein Anliegen, Ihnen, lieber Leser, an dieser Stelle mitzuteilen, dass letztendlich der richtige Geisteszustand beim Verfassen der Texte viel ausschlaggebender sein wird als das Einhalten irgendwelcher Richtlinien.

Ich werde darauf achten, Ihnen beides mitzugeben. Beginnen werde ich jedoch mit einem Kapitel über den richtigen Geisteszustand, denn das Faszinierende ist: Wenn Sie den richtigen Geisteszustand erlangen, brauchen wir keine Richtlinien mehr. Das menschliche Gehirn, Ihr Gehirn, ist viel genialer, als Sie im Moment glauben, und es weiß bereits viel mehr, als Sie im Moment zu wissen glauben. Daher besteht mein Lernansatz nicht darin, möglichst noch viel mehr Wissen in mich hineinzustopfen, sondern darin, dem Gehirn mitzuteilen, was mein Ziel ist, was ich eigentlich erreichen will. Und genau hier setzt das Erreichen des richtigen Geisteszustands an.

Wenn wir den Geisteszustand erlangen, unseren Lesern möglichst viel hochwertige, relevante und praktisch anwendbare Informationen vermitteln zu wollen, wird unser Gehirn all seine bisher gewonnen Erfahrungen abrufen, kombinieren und auswerten und Sie dann so handeln beziehungsweise in diesem Falle schreiben lassen, dass Sie den perfekten Text für Ihre Leser hervorbringen, der genau diese Anforderungen erfüllt.

Wenn Sie jedoch umgekehrt beim Schreiben **nicht** den richtigen Geisteszustand erreichen, sondern einfach nur gewisse Richtlinien anwenden, um Interesse und Sympathie für den Leser zu simulieren, werden Sie einen viel geringeren positiven Effekt erzielen. Der Leser wird Ihr fehlendes Interesse an ihm an so vielen Kleinigkeiten bemerken. Nicht zuletzt daran, dass Sie nicht das Fingerspitzengefühl aufbringen, das gebraucht wird, um zu entscheiden, wann man sich starr an Richtlinien hält und wann es angebracht ist, diese auch etwas zu dehnen oder gar außer Acht zu lassen.

Darum: Der richtige Geisteszustand ist Voraussetzung zum Schreiben erfolgreicher Informations-Texte. Richtlinien alleine können den richtigen Geisteszustand nur unzureichend ersetzen.

4.2.1 Der richtige Geisteszustand: Warum schreiben Sie überhaupt?

Machen wir es auf die ehrliche Tour: Wir schreiben, weil wir Geld verdienen wollen. Ob durch die Website selbst oder zur Unterstützung der Selbstständigkeit. Dafür müssen wir uns nicht schämen.

Aber wir sollten so viel Hausverstand haben, dass wir begreifen: Wenn wir langfristig Geld verdienen wollen, müssen wir das Vertrauen unserer Interessenten gewinnen und die Bedürfnisse unserer Kunden zufriedenstellen. Nur dieses Vorgehen bringt uns das gewünschte Ergebnis. Alle anderen Strategien bringen höchstens kurzfristigen Erfolg.

Der Vorteil dieses kundenorientierten Ansatzes liegt nicht nur darin, dass dies die einzige Möglichkeit für ein langfristig gewinnbringendes Internet-Business ist; es gibt auch noch einen anderen sehr entscheidenden Faktor:

Wir arbeiten im Einklang mit unserer Seele und können daher nachts ruhigen Gewissens schlafen. Ein ganz entscheidender Faktor. Um auf lange Sicht erfolgreich zu sein, sollten wir immer darauf achten, auf eine Weise zu handeln, die uns seelisch, mental und körperlich in Einklang sein lässt. Um optimale Resultate zu erzielen – egal in welchem Bereich des Lebens –, müssen wir zusehen, dass sich diese drei Faktoren unserer Persönlichkeit wohlfühlen.

Wenn wir mit falschen Versprechungen rücksichtslos Menschen ausbeuten, um möglichst schnell viel Geld zu verdienen, können wir dieses Vorgehen vielleicht mit unserem mentalen Ziel (dem schnellen Geld) vereinen. Doch wenn wir es nicht mit unserem Gewissen vereinen können, müssen wir ständig gegen unseren eigenen Widerstand arbeiten, bis wir irgendwann so aufgerieben sind, dass wir zusammenbrechen. Hören Sie daher auf Ihre innere Stimme und arbeiten Sie in Einklang mit Ihrem Gewissen.

Wie Sie vielleicht merken: Ich meine hier gar nicht die Vorteile für Ihre Kunden. Ich meine im Moment einzig und allein Ihre Situation und die Vorteile, die kundenorientiertes Denken für Sie mit sich bringt.

Nun, wie sieht es praktisch aus, das kundenorientierte Denken? Damit Sie das Vertrauen Ihres Interessenten (den Sie zu Ihrem Kunden machen wollen) gewinnen, müssen Sie sich in seine Situation, ja sogar in seine Persönlichkeit versetzen. Sie müssen fühlen, denken und wollen wie Ihr Interessent. Dann wissen Sie automatisch, wie Sie ihn bestmöglich ansprechen.

Folgende Fragen helfen Ihnen, in die Schuhe Ihres Kunden zu schlüpfen:

- Ist mein Kunde männlich oder weiblich?
- Wie alt ist er?
- Was ist seine Lebenseinstellung?
- Welche Prioritäten hat er momentan in seinem Leben?
- Wie viel Geld hat er?
- Welches Anliegen hat er?
- Geht es ihm um eine schnelle Lösung oder möchte er gründlich recherchieren?

Diese Fragen sind nicht nach Wichtigkeit geordnet. Jede ist ein unersetzliches Zahnrädchen im Uhrwerk. Die Beantwortung jeder dieser Fragen hat natürlich ganz praktische Auswirkungen auf die Art und Weise, wie Sie Ihre Texte schreiben. Nicht für jede Zielgruppe ist der gleiche Text beziehungsweise Schreibstil geeignet. Doch mehr zu diesen praktischen Auswirkungen in Abschnitt 4.3.2.

In diesem Teil des Buches möchte ich den richtigen Geisteszustand festhalten: Sie wollen **langfristig** Geld verdienen. Darum sagen Sie Ihrem Gehirn, dass dies nur möglich ist, wenn Sie die Anliegen Ihrer Interessenten zu Ihrer obersten Priorität machen. (Das ist wie in Ihrem eigentlichen Beruf …) »Vergessen« Sie das Geldverdienen und gewöhnen Sie sich an, während des Aufbaus Ihres Internet-Business, beim Schreiben eines jeden Wortes für Ihre Website, immer an die Bedürfnisse Ihrer Interessenten zu denken. Dazu müssen Sie wissen, wer Ihr Interessent ist, wie er fühlt, denkt und handelt.

> **Wichtig**
>
> Wenn das Wohl und die Zufriedenstellung Ihres Lesers Ihre oberste Priorität ist, schreiben Sie automatisch den richtigen Text.

Alles klar. Ich denke, ich habe meinen Standpunkt so weit deutlich gemacht. Daher zur nächsten Frage …

4.2.2 Können Sie schreiben?

Ich weiß, dass Sie schreiben können. Aber wissen *Sie* es auch? Ich hatte einige Interessenten, die voller Eifer zu mir gekommen sind, um so wie Sie ihr bereits bestehendes Angebot an Produkten beziehungsweise Dienstleistungen auch erfolgreich über das Internet zu vermarkten. Ich erklärte ihnen mein Konzept und sie waren begeistert. Schließlich ist mein Konzept langfristig erfolgreich und ethisch einwandfrei.

Was mir jedoch immer wieder auffiel, war, dass die Aufmerksamkeit so mancher Kunden abrupt nachließ, wenn ich auf den Umstand zu sprechen kam, dass eine Menge hochwertiger Inhalt für eine entsprechende Website erstellt werden müsse; schließlich basiert darauf das ganze Konzept. Warum ließ die Aufmerksamkeit meiner Kunden bei diesem Thema so auffallend nach? Weil sie Angst hatten. Sie hatten Angst zu schreiben. Sie wollten dieses Thema möglichst umgehen und so tun, als wäre es nicht relevant. Doch es ist relevant. Ihre Website braucht hochwertigen, einzigartigen Inhalt. Nun frage ich Sie! Haben Sie Angst zu schreiben? Viel, ein bisschen, wenig?

Es ist gut, wenn Sie nur wenig Angst haben, aber ich sage Ihnen, jede Angst – ob viel oder wenig – ist völlig unbegründet. Ich garantiere Ihnen, dass Sie bereits alles wissen, um die bestmöglichen Sachtexte für Ihre Website zu verfassen, weil Sie Experte auf Ihrem Gebiet sind und genau das durch Ihre Website vermitteln wollen. Ich garantiere Ihnen, dass Sie die Fähigkeit haben, Texte zu schreiben, die Ihre Leser fesseln, ansprechen und begeistern. Sie können das und ich werde Ihnen in Kürze beweisen, dass Sie es können.

Wenn Sie mir nicht glauben, liegt das daran, dass Sie momentan nicht in der Lage sind – oder vielleicht glauben, nicht in der Lage zu sein –, die genialen Ressourcen Ihres Gehirns anzuzapfen. Falls dem so ist, brauchen Sie sich dafür nicht zu schämen, denn es ist nur allzu verständlich. Auch ich hatte zu Beginn große Angst, wenn ich daran dachte, dass ich nun den Inhalt für eine ganze Website mit 120 Seiten schreiben muss!

Diese Angst wurde uns regelrecht eingeimpft, indem man uns einredete, dass wir nichts einfach so können. Nur wenn wir hart arbeiten, bis tief in die Nacht büffeln, bekommen wir die Fähigkeit, etwas richtig zu machen. Wenn wir etwas einfach so gemacht haben, kann das nichts sein. Das ist zu billig, zu einfach. Doch was ist das für ein Blödsinn? Wer sagt denn, dass etwas nur gut ist, wenn es im Schweiße des Angesichts erstellt wurde? Dummköpfe, die ihr Leben lang schwer arbeiten, anstatt Spaß zu haben. Mir macht es mittlerweile Spaß, einen guten Text zu schreiben. Das heißt: Obwohl beispielsweise das Schreiben dieses Buches offiziell meine Arbeit ist, macht es mir Spaß. Ich arbeite gerne; ich schreibe gerne.

Diese Freude am Schreiben habe ich mir geholt, indem ich diese ganzen zuvor beschriebenen lähmenden Glaubensmuster abgelegt habe. Denn beachten Sie bitte: Die ganzen negativen Glaubensmuster, die uns bezüglich unserer Fähigkeiten (in diesem Fall der Fähigkeit zu schreiben) eingetrichtert werden, betreffen auch immer ganz stark das Thema Selbstwert. Nach dem Motto: »Alles, was einfach so von uns kommt, hat keinen Wert. Den Wert bekommt es erst, wenn wir ganz viel Mühe hineinstecken. Je mehr Mühe, desto mehr Wert.« In dieser Botschaft ist die Aussage versteckt, dass wir selbst nichts wert sind und darum auch unsere Schöpfungen keinen Wert haben.

Schütteln Sie diese Aussage ab. Im wahrsten Sinne des Wortes: Schütteln Sie sich und sagen Sie sich: »Ich schüttle diese Unwahrheit ab.« Sie sind etwas wert. Sie haben Überlegungen, Träume, Ziele, Leidenschaften. Sie haben Motivation, Inspiration, Wissen, Lebenserfahrung, Hobbys, berufliche Kompetenzen und und und. Sie tragen in sich Liebe, Fürsorge, Aufmerksamkeit, Hilfsbereitschaft. Wie um Gottes willen kann jemand behaupten, dass Sie nicht wertvoll sind? Und somit gleich die nächste Frage: Wie kann ein Text schlecht sein, in den Sie große Teile Ihrer wertvollen Persönlichkeit wie Wissen, Erfahrung und Hilfsbereitschaft einfließen lassen? Nicht nur das: Sie haben sich auch noch ganz bewusst die Zufriedenheit Ihrer Leser zu Ihrer obersten Priorität gemacht. Wie könnte ein solcher Text um Himmels willen jemals schlecht sein?

Es würde ein ganzes Buch füllen, hier ins Detail zu gehen. Aber ich hoffe doch, dass ich mit diesen Zeilen zumindest einen Anstoß geben kann, hinderliche Glaubensmuster aufzubrechen, die vielleicht auch in Ihnen noch aktiv sind. Je tiefer Sie sich von diesen negativen Glaubensmustern befreien, desto einfacher finden Sie Zugang zu Ihrer innewohnenden Genialität. Je mehr Sie sich selbst schätzen, desto einfacher fällt es Ihnen, sich in die Schuhe anderer zu begeben. Je mehr Sie andere nachvollziehen können, desto besser können Sie sie für sich gewinnen. Und genau darum geht es beim Schreiben.

Ich sage daher: »Je leichter ein Text für Sie zu schreiben war, desto wertvoller ist er, denn je ungehemmter Sie ans Werk gingen, desto mehr konnten Sie von Ihrer Persönlichkeit und Professionalität einfließen lassen.«

Sie sind (1) auf Ihrem Gebiet ein Fachmann, der (2) die Absicht hat, seine Leser bestmöglich zufriedenzustellen. Mit dieser Geisteshaltung schreiben Sie nun einen Text und teilen darin Ihre Persönlichkeit, sprich Ihre Erfahrung und Ihr Wissen mit Ihrem Leser.

4.2.3 Der Beweis

Aus dem vorhergehenden Abschnitt bin ich Ihnen noch den Beweis schuldig, dass Sie bereits alles wissen, um die bestmöglichen Sachtexte für Ihre Website zu verfassen und dass Sie die Fähigkeit haben, Texte zu schreiben, die Ihre Leser fesseln, ansprechen und begeistern.

Nun, hier ist der Beweis: Sie haben tagtäglich mit Menschen zu tun. In der Familie, am Arbeitsplatz, mit Freunden, im Sportverein, wo auch immer. Sie geben Ihren Kindern Ratschläge, helfen Ihrem Kollegen bei einem Problem, erzählen Freunden begeistert von Ihren Leidenschaften, stellen beim Fortgehen Kontakt zu völlig unbekannten Menschen her und fachsimpeln im Fußball-Verein über die völlig unpassende Taktik des Nationalteamchefs (zumindest in Österreich ist das überaus beliebt).

Als Selbstständiger haben Sie jeden Tag mit Kunden und Geschäftspartnern zu tun. Als Steuerberater treten Sie den ungeliebten Finanzbeamten gegenüber (und freunden sich, geschickt wie Sie sind, mit diesen an). Als Anwalt haben Sie nicht nur mit schuldigen oder unschuldigen Kunden zu tun, sondern auch mit Richtern, Zeugen und Opfern. Als Ernährungsberaterin helfen Sie Menschen zur Umstellung auf ein gesünderes Leben, als Fitness-Trainer motivieren Sie Leute täglich aufs Neue, an ihre Grenzen zu gehen. Kurzum: Sie kommunizieren ständig. Sie teilen sich mit.

Sie machen genau das, um das es auch beim Schreiben von vertrauensaufbauendem Inhalt für Ihre Website geht: Sie geben Ratschläge, helfen, begeistern, stellen Kontakt zu unbekannten Menschen her und fachsimpeln. Mehr braucht es nicht. Im Prinzip kann ich Sie jetzt – befreit von inneren Blockaden, aufgepumpt mit Vertrauen in Ihre innewohnende Genialität – entlassen, damit Sie sich an den ersten Text für Ihre Website machen. Ich traue es Ihnen jetzt schon zu. Die folgenden Richtlinien dienen nichtsdestotrotz dazu, das zu bestätigen, was Ihr Unterbewusstsein jetzt schon weiß, und werden Ihnen helfen, Ihre Texte übersichtlich zu strukturieren, interessant zu gestalten und auf die Situation des Lesers anzupassen.

4.3 Der Text

Kennen Sie diese Situation? Sie wollen einen Text für Ihre Website schreiben, sitzen aber bloß da wie der Ochs vorm Scheunentor, weil Sie nicht wissen, wie viele Informationen Sie auf der Website bereits preisgeben sollen? Sie wollen Ihre ganze Expertise ja nicht uneingeschränkt und kostenlos auf Ihrer Website zur Verfügung stellen, sondern sie in Form eines Produkts oder einer Dienstleistung verkaufen. Mit anderen Worten: Wenn der Inhalt Ihres Info-Portals so gut ist, dass der Leser sich dann alles selbst machen kann und Sie gar nicht mehr braucht, ist das zwar für den Leser super, aber Geschäft können Sie auf diese Weise keines betreiben …

Gleichzeitig wollen Sie auf Ihrer Website aber keinesfalls bloß heiße Luft von sich geben, denn dann ist der Besucher ganz schnell wieder weg, ohne Ihr kommerzielles Angebot in Anspruch genommen zu haben. Leere Worte, reißerische Verkaufstexte oder langes Reden um den Brei kommen also nicht infrage. Auch auf die Website gehören bereits hochwertige Informationen, die dem Besucher sofort helfen.

Was also tun, damit Sie sich mit den kostenlosen Informationen auf Ihrer Website nicht selbst Konkurrenz zu Ihrem Produkt oder Ihrer Dienstleistung machen? Sehen Sie sich die Geschichte von Martin Weiser an:

Martin Weiser ist Fotograf aus Leidenschaft. Er nimmt Aufträge aus der Modebranche an, fotografiert auf Hochzeiten, Schulfeiern und im Business-Bereich. Allerdings ist er nicht ganz ausgelastet und entschließt sich daher, seine Dienstleistungen über das Internet zu vermarkten, um neue Kunden zu gewinnen. Er erstellt ein Info-Portal namens *richtig-fotografieren-leicht-gemacht.com*. Auf diesem Info-Portal stellt er sehr viele Infos und Tipps bereit, wie man wirklich professionell fotografiert. Er beschreibt die richtige Ausleuchtung einer Szene, welche Ausrüstung Sie brauchen, und gibt Tipps zur Nachbearbeitung.

Wieso macht er das? Wenn Martin jedem erklärt, wie er professionelle Fotos machen kann, macht er sich ja selbst totale Konkurrenz. Weil jetzt jeder weiß, wie es geht, nimmt keiner mehr Martins Dienstleistungen in Anspruch. Könnte man meinen. In der Praxis sieht es aber ganz anders aus: Die Besucher von Martins Info-Portal sind begeistert davon, dass er sein Wissen so freigiebig teilt, aber vor allem sind sie extrem beeindruckt von der Fülle an Wissen und der persönlichen Erfahrung, die Martin hat. Ohne dass sich Martin jemals selbst als Experte bezeichnet hätte, betrachten ihn die Besucher seines Info-Portals sofort als extrem erfahrenen Fotografen. Und jetzt kommt das Entscheidende:

Viele der Besucher von Martins Info-Portal wollen ihre Fotos gar nicht selber machen! Sie suchen eigentlich jemanden, von dem sie das Gefühl haben, dass er wirklich kompetent ist, und wollen diesen buchen. Mit dem vielen Wissen, das Martin preisgibt, zeigt er, wie kompetent er ist. Sein ganzes Info-Portal ist also mehr oder weniger eine riesige Werbeplattform für seine Kompetenz. Martin bekommt durch sein Info-Portal mittlerweile so viele Anfragen, dass er mehr als ausgelastet ist. Er muss sogar Aufträge ablehnen. Doch Martin geht noch einen Schritt weiter. Obwohl ein großer Teil seiner Leser trotz seiner praktisch umsetzbaren Tipps lieber auf seine Dienstleistungen zurückgreift, gibt es unter seinen Lesern auch den Teil, der es tatsächlich selbst machen möchte. Martin nutzt dies, indem er auf seiner Website weiterführende Video-Kurse und Ratgeber in Form von E-Books verkauft. So verkauft er mittlerweile schon fünf Ratgeber zu Fotografie in den Bereichen Mode, Business, Landschaft, Gesellschaft und Kunst.

Hinweis

Selbst wenn Ihr Website-Besucher merkt, dass die Infos auf Ihrer Website so gut sind, dass er sein Anliegen selbst lösen könnte, entscheidet sich ein Großteil der Besucher trotzdem dazu, Ihre Produkte oder Dienstleistungen in Anspruch zu nehmen. Es ist bequemer und Ihr Kunde weiß, dass ein Experte die Verantwortung übernimmt.

Tatsächlich müssen Sie dem Besucher Ihres Info-Portals auch nicht alles verraten. Geben Sie ihm ein paar in sich geschlossene Teilinformationen, um sein Vertrauen zu gewinnen und ihn neugierig zu machen. Diese Bruchstücke sollten für den Leser natürlich relevant sein und für ihn auch schon eine gewisse Befriedigung seines Bedürfnisses darstellen, es aber eben noch nicht vollständig stillen. Das geht einfacher, als Sie glauben.

Bedenken Sie: Die einzelnen Texte beziehungsweise Seiten Ihrer Website müssen nicht super detailliert und lang sein. Circa 600 bis 1.000 Wörter genügen. Bringen Sie im Text ein paar grundlegende Punkte zum jeweiligen Keyword, auf das die Seite optimiert ist, und merken Sie auf subtile Weise an, dass der Leser den vollen Nutzen beziehungsweise die volle Lösung für sein Anliegen in Ihren Produkten und Dienstleistungen findet. So mache ich es.

Produktbeschreibungen, Werbetexte und Verkaufstexte sind übrigens kein Inhalt. Zumindest kein Inhalt, so wie Sie ihn brauchen, um das Vertrauen Ihrer Leser zu gewinnen. Bannen Sie daher alle Verkaufsabsichten aus Ihren Gedanken, wenn Sie sich daran machen, einen Text für Ihr Informations-Portal zu schreiben. Diese haben darin nichts verloren.

Sie sollten sich beim Schreiben der Texte für Ihre Website einzig und alleine zum Ziel setzen, Ihrem Leser genau die Informationen zu bieten, nach denen er sucht, und Sie sollten ihm mehr davon bieten, als er erwartet. Dieses »Mehr« bezieht sich nicht nur auf die Quantität, sondern vor allem auf die Qualität.

Wichtig

Je mehr Ihr Leser erkennt, dass Sie ein ehrliches Interesse an ihm und seinem Anliegen haben, desto mehr Vertrauen fasst er zu Ihnen.

Vertrauen bedeutet, sich zu öffnen. Der Leser wird also für Ihre Gedanken empfänglich. Damit haben Sie bereits alles erreicht, was Sie brauchen. Warum sollten Sie dieses Vertrauen wieder zerstören, indem Sie plötzlich Verkaufsabsichten zeigen und dem Leser somit signalisieren, dass es Ihnen eigentlich um die eigene Geldbörse und nicht um ihn geht? Verkaufsabsichten haben ihren Platz in Verkaufstexten. Dort sind sie erwünscht und sogar gebraucht. Doch Verkaufstexte sind hier nicht das Thema. An dieser Stelle geht es darum, wie Sie sachliche, vertrauensaufbauende Texte schreiben.

4.3.1 Wie cool sind Sie?

Ihr Text sollte Ihr Wesen haben, Ihre einzigartige Stimme, Ihre Erfahrung, Ihre Expertise und die einzigartige Note Ihrer Persönlichkeit. Vergessen Sie nie, dass es in den Augen Ihres Lesers Hunderte, wenn nicht Tausende Alternativ-Angebote zu dem Ihrigen gibt. Sie müssen dem Leser also klar machen, warum er bei Ihnen besser aufgehoben ist, warum er Ihre Website, Ihr Info-Portal lesen soll und nicht zur nächsten Website gehen soll.

Nun erlangen Sie die Gunst des Lesers sicher nicht damit, dass Sie ihm ins Gesicht schrei(b)en: »Bei mir bist du am besten aufgehoben.« Warum sollte der Leser dieser leeren Behauptung Glauben schenken? Im Gegenteil, Sie werden mit solchen Floskeln ordentlich Minuspunkte in der Gunst Ihres Lesers machen. Oder finden Sie jemanden cool, der auf Sie zugerannt kommt und sagt: »Schau mal, wie cool ich bin!«

Da finden Sie doch viel eher den smarten, gut gekleideten jungen Typen cool, der an der Hotelbar des Ritz Carlton sitzt und eine hübsche Frau bestens unterhält. Warum? Der Erste hat doch extra auf seine Coolness hingewiesen, der Zweite hat Sie nicht mal angesehen? Eh klar. Beim ersten Typen haben Sie nichts gesehen, was Sie cool gefunden hätten. Er war offensichtlich völlig uncool und hat diese Tatsache mit seiner lächerlichen Behauptung nur bestätigt. Der junge, smarte Typ hingegen hat Eigenschaften, die Sie erstrebenswert finden, die Sie auch haben wollen. Er war tatsächlich cool und diese Coolness gefällt Ihnen spontan. Ohne dass er ein Wort darüber verloren hätte. Mit einem guten Sachtext für Ihre Website verhält es sich genauso.

Lassen Sie die Coolness des Textes für sich sprechen. Setzen Sie sich von der Konkurrenz ab, indem Sie Ihrem Text die nötige Coolness in Form von Qualität (Ihre Erfahrung und Ihr fachmännisches Wissen), präsentiert in Ihrer einzigartigen Stimme, geben. Vermeiden Sie unter allen Umständen leere Behauptungen, um sich von der Konkurrenz abzuheben. Das funktioniert nicht.

4.3.2 Die Herangehensweise – Wie Sie sich anhand zielgruppenspezifischer Überlegungen richtig positionieren

Was macht einen Text nun einzigartig und attraktiv?

- Ihre Herangehensweise
- Ihr Verständnis für den Leser
- Ihre Erfahrung
- Ihr Sachwissen
- Ihr persönlicher Kommunikationsstil

Bereits in Abschnitt 2.5.1 habe ich geschrieben: Die Domain »beinhaltet Ihren einzigartigen Ansatz, mit dem Sie sich Ihrem Thema nähern und sich von Ihrer Konkurrenz unterscheiden.« Was ich dort als »Ansatz« bezeichne, bezeichne ich hier als »Herangehensweise«. Gemeint ist in beiden Fällen das Gleiche. Und weil es schon um Domains geht, möchte ich anhand von Domains illustrieren, wie man an ein bestimmtes Website-Thema ganz unterschiedlich »herangehen« kann.

Nehmen wir das Thema »New York« (eine meiner Lieblingsstädte). Ohne spezielle Herangehensweise würde die Domain für eine solche Website lauten: *new-york.com* (abgesehen davon, dass diese Domain natürlich nicht mehr verfügbar ist).

Probieren wir nun einmal eine spezifischere Herangehensweise. Nehmen wir an, Sie betreiben ein Reisebüro. Eines Ihrer exklusiven Angebote sind Themen-Reisen nach New York. Sie lieben diese Stadt selbst, haben sehr gute Kontakte und verfügen über extrem viel Erfahrung, wie Sie aufregende und ereignisreiche Reisen für diese Stadt organisieren. Um die entsprechende Zielgruppe zu erreichen, wollen Sie nun ein tolles Info-Portal über New York aufbauen. Nun gibt es mehrere Möglichkeiten: Sie können sich diesem Thema von einer künstlerischen Seite nähern und einen Kunstführer für New York erstellen. Sie berichten über die verschiedenen Museen, Galerien, aktuelle Vernissagen etc. Ich kann mir gut vorstellen, dass Sie für diese Website einen leichten, freundlichen, vielleicht sogar verspielten subjektiven Ton wählen. Ihre Zielgruppe besteht aus Kunst-Liebhabern, die in der Regel eine klare Meinung zu schätzen wissen und scharfzüngige Kritik amüsant finden, auch wenn sie sie nicht notgedrungen teilen.

Die Domain dazu: *new-york-kunstführer.com*.

Auch sehr gut vorstellen kann ich mir zum Thema New York die Herangehensweise über den Bereich Shopping. Wo kann man besser einkaufen als im hippen New York? Hier stelle ich mir einen begeisterten, emotionalen Ton vor, der aber durchaus auch sachlich wird, wenn es zu wichtigen Punkten wie Preis oder Servicequalität kommt. Auch hier entscheidet wie immer natürlich die Zielgruppe, welchen Ton und welchen Stil Sie verwenden sollten. Wenn Sie sich auf New Yorker Luxusmodeboutiquen konzentrieren und ein dementsprechendes Klientel ansprechen wollen, werden Sie gediegener schreiben, als wenn Sie die hippen und freakigen Undergroundshops New Yorks vorstellen und dementsprechend eine eher alternative Zielgruppe wie junge Künstler, Freigeister, Fotografen, Designer etc. ansprechen wollen.

Die Domain dazu: *new-york-shopping-guide.com*.

Oder noch detaillierter: *new-york-luxury-shopping.com* beziehungsweise *new-york-underground-shopping.com*.

Okay, noch ein Beispiel. Nehmen wir an, Sie sind ein international tätiger Immobilien-Makler. Aufgrund eines langjährigen Aufenthalts sind Sie mit dem Immobilien-Markt in New York sehr gut vertraut. Wobei, dieses Beispiel würde mit jeder anderen Stadt wie Berlin, Köln oder Wien auch funktionieren. Gebildet, wie Sie mittlerweile sind, wissen Sie, dass es nicht genügt, einfach eine Website mit einer Auflistung Ihrer Dienstleistungen ins Internet zu stellen. Nein, Sie wollen ein richtig informatives Info-Portal zum Thema *Immobilien in New York* erstellen, damit eine große Anzahl von zielgerichteten Besuchern akquirieren und diese in kaufbereiter Stimmung auf Ihr Angebot leiten.

Die allgemeinste Domain zum Thema wäre: *wohnen-in-new-york.com*.

Doch wieder entscheidet Ihre Zielgruppe, welchen Ansatz beziehungsweise welche Herangehensweise an ein Thema Sie wählen. Natürlich: Sie beziehungsweise die Art Ihres Angebots entscheidet, welche Zielgruppe Sie wollen, aber wenn Sie sich einmal für eine entschieden haben, bestimmt Ihre Zielgruppe die Herangehensweise. Jetzt stellen Sie sich die Fragen zu Ihrer Zielgruppe, die ich bereits eingehend in diesem Buch vorgestellt habe:

- Ist mein Interessent männlich oder weiblich?
- Wie alt ist er?
- Was ist seine Lebenseinstellung?
- Welche Prioritäten hat er momentan in seinem Leben?
- Wie viel Geld hat er?
- Welches Anliegen hat er?
- Geht es ihm um eine schnelle Lösung oder möchte er gründlich recherchieren?

Wollen Sie eine Zielgruppe ansprechen, die schon älter, gediegen, auf Sicherheit bedacht und überdies gut betucht ist? Dann können Sie ein Info-Portal starten, auf dem Sie die besten Gegenden New Yorks vorstellen, Sicherheitstipps geben und luxuriöse Apartments in New York vorstellen, die hohe Sicherheitsstandards aufweisen und in sicheren Stadtteilen liegen.

Die Domain dazu: *new-yorker-luxus-immobilien.com*.

Was aber, wenn Sie eine Zielgruppe ansprechen, die jung, lebensfroh und abenteuerlustig ist, wenig Geld hat und daher nach Möglichkeiten sucht, in New York möglichst günstig zu wohnen? Den jungen Abenteurern, Studenten und Lebenskünstlern, die es nach New York zieht, helfen Sie zum Beispiel mit einem Info-Portal, auf dem Sie die besten Tipps vorstellen, wie man in New York preiswerte Wohnungen findet, Stromkosten spart, Fallen bei Mietverträgen umgeht, spezielle Wohnungen für Studenten ergattert etc. Alle Tipps geben Sie dann beispielsweise in einem E-Book mit dem Titel »11 Tipps für günstiges Wohnen in New York« preis. Natürlich verweisen Sie auch auf Ihre Makler-Dienstleistungen. Ihre jungen Leser sind durch Ihre Tipps und Inhalte zum Thema *Günstig Wohnen in New York* beeindruckt und vertrauen Ihnen, dass Sie der richtige Mann oder auch die richtige Frau sind, wenn es darum geht, in New York eine gute, aber preiswerte Wohnung zu finden. In diesem Beispiel haben Sie Ihr ursprüngliches Angebot (Makler-Dienstleistungen) wieder um ein digitales Produkt ergänzt.

Die Domain hierzu: *preiswert-wohnen-in-new-york.com*.

Was, wenn Sie vor Jahren einmal Immobilien-Makler in New York waren, den New Yorker Immobilien-Markt auch nach wie vor aus Interesse beobachten, aber mittlerweile schon längst wieder in Deutschland sind und keine Immobilien mehr in New York vermitteln? Dann ist es natürlich naheliegend, dass Sie ein Info-Portal in Zusammenhang mit Ihrem deutschen Immobilien-Angebot starten. Trotzdem könnten Sie auch aus Ihrem New-York-Bezug Kapital schlagen, indem Sie ein Info-Portal zum Thema *Wohnen in New York* starten und sich mit einem in New York ansässigen Makler-Büro zusammenschließen. Sie vermitteln diesem Büro durch Ihr Info-Portal neue Kunden und erhalten für jede Vermittlung einen Fixbetrag oder bekommen für jeden über Ihre Vermittlung zustande gekommenen Abschluss eine Provision. Sie sehen, es gibt sogar Möglichkeiten, wie Sie Ihre berufliche Erfahrung im Internet zu Geld machen können, selbst wenn diese nicht mehr notgedrungen mit Ihrem aktuellen Angebot zusammenhängt.

Sehr begabte Schreiberlinge können sich verschiedenen Zielgruppen anpassen und so einen Schreibstil wählen, durch den sich die spezifische Zielgruppe angesprochen fühlt. Dies ist jedoch wirklich ein sehr großes Talent. Den meisten Menschen empfehle ich, auch im Internet die Zielgruppe anzusprechen, die sie bereits jetzt mit ihrem Angebot ansprechen.

4.3.3 Verständnis für den Leser

Egal, worüber Sie schreiben: Sie müssen dem Leser mitteilen, dass Sie auch schon mal in seiner Situation waren. Schreiben Sie, wie Sie sich gefühlt haben, als Sie die Lösung (die Sie dem Leser noch vorstellen werden) für das jeweilige Problem noch nicht kannten. Schreiben Sie von Ihren damaligen Ängsten, Fehlern, kurzum von Ihren Menschlichkeiten. Nichts macht einen Menschen liebenswerter, als wenn er Fehler hat und diese zugibt, speziell wenn man sieht, dass er gewillt ist, daraus zu lernen. Und haben Sie keine Angst, dass dadurch Ihre Vertrauenswürdigkeit als Profi leidet. Sie müssen nur klar machen, dass Sie aus diesen Fehlern gelernt haben und sie jetzt natürlich nicht mehr machen.

Sie können als Zahnarzt erwähnen, dass Sie früher auch Amalgam-Füllungen angeboten haben, sich aber schnell – ja sogar gegen den Druck Ihrer Kollegen –

dazu entschieden haben, diese aufgrund ihrer schädlichen Nebeneffekte nicht mehr anzubieten. Damit räumen Sie zwar einen Fehler ein, aber Sie zeigen auch auf, dass Sie bereit sind, sich für das Wohl Ihrer Patienten einzusetzen, selbst wenn Ihnen damit Gegenwind aus der Kollegschaft ins Gesicht weht. Auch zeigen Sie damit auf, dass Sie Ihre eigenen Methoden hinterfragen und verbessern.

Als Landschaftsgestalter können Sie erzählen, wie Sie in den ersten zwei Jahren nach Ihrer Ausbildung unglaubliche Schwierigkeiten hatten, eine ganz exotische und wunderschöne Topfpalme über den Winter zu bringen, die Sie selbst aus Mittelamerika mitgebracht haben. Nirgendwo fanden Sie Hilfe, weil keiner mit dieser Pflanze Erfahrung hatte. Nach zwei Jahren hatten Sie aber den Dreh raus und mittlerweile sind Sie österreichweit ein gefragter Experte, wenn es um die Pflege exotischer Pflanzen geht. Unter anderem arbeiten Sie für die Stadt Wien und schmücken verschiedenste Plätze und Schlossgärten in den Sommermonaten mit exotischen Pflanzen und kümmern sich im Winter darum, dass diese den nächsten Frühling wieder erleben.

Erinnern Sie sich noch an das Beispiel mit dem Thema Bonsai-Bäume aus Abschnitt 2.1.3? Auch hier ist es eine super Taktik, wenn Sie dem Leser von Ihren Herausforderungen mit diesen kleinen Wundern erzählen. Ihr Leser steht ja vor den gleichen Herausforderungen mit seinen Bonsais und wird sich selbst in Ihrer Geschichte wiedererkennen. Das schafft ungemein Vertrauen. Dieses Vertrauen nutzen Sie dann natürlich, um den Leser darauf aufmerksam zu machen, wie er diese Herausforderung meistert. Hierzu geben Sie ihm Tipps und empfehlen zur Umsetzung der Tipps notwendige Werkzeuge und Pflegemittel aus Ihrem Online-Shop, verweisen auf Ihren E-Book-Ratgeber oder bieten Ihre Dienstleistungen an.

Ihr Besucher wird sich angesprochen und verstanden fühlen. Er erkennt, dass Sie seine Situation nachvollziehen können, und – ganz wichtig: Er beginnt, Sie als Freund zu akzeptieren. Das ist entscheidend, denn nur so gehen Sie sicher, dass der Leser seine Vorbehalte Ihnen gegenüber aufgibt, die er zweifelsohne haben wird, wenn Sie ihm – egal wie gebildet und erfahren – als Oberlehrer begegnen.

Wenn Sie dem Leser zeigen, dass Sie »dort waren und das Gleiche getan haben«, wird er sich verstanden fühlen, seine Vorbehalte verlieren und Sie als seinesgleichen akzeptieren. Ja, er wird sogar noch weiter gehen, das von Ihnen erhaltene Verständnis zurückspiegeln und an Ihrem Schicksal Anteil nehmen nach dem Motto: »Oh mein Gott. Dem ist es ja genauso wie mir ergangen. Was ist denn letztendlich bei ihm rausgekommen?«

Das ist genau der Moment, auf den Sie gewartet haben, denn ab jetzt ist der Leser offen für Ihren Lösungsvorschlag. Diesen Lösungsvorschlag bieten Sie zu einem gewissen Ausmaß noch im Text an, in detaillierterer Form jedoch in einer Dienstleistung oder einem Produkt. Hierbei ist es unerheblich, ob Sie Ihr eigenes Produkt verkaufen oder das Produkt eines anderen empfehlen. Der Verweis auf ein Produkt oder auch eine Dienstleistung – egal ob eigenes oder Affiliate-Produkt – wird in beiden Fällen nach dem gleichen Schema gestaltet. Wie Sie Links zu Ihren Einkommensquellen richtig integrieren, erfahren Sie in Abschnitt 4.3.7.

4.3.4 Erfahrung und Sachwissen

Ein überzeugender Text besteht aus mehreren Bausteinen. Wenn Sie einen herausnehmen, bricht die ganze Überzeugungskraft des Textes zusammen, zumindest aber büßt der Text viel von seinem Potenzial ein. Genauso verhält es sich mit Erfahrung und Sachwissen. Egal, wie gut Sie in den anderen Bereichen (Herangehensweise, Verständnis für den Leser etc.) sind: Wenn Sie in einem Text nicht persönliche Erfahrung und solides Fachwissen vermitteln, werden Sie damit nicht das Vertrauen Ihrer Leser gewinnen können. Der Unterschied zwischen Erfahrung und Wissen besteht darin, dass Sie Ersteres durch unmittelbares Erleben erhalten, während Sie sich Zweites allein durch theoretisches Lernen aneignen können. Achten Sie darauf, Ihre Erfahrung immer mit soliden, objektiven Fakten zu einem Thema zu untermauern. Dann wird Ihre persönliche Erfahrung sehr positiv vom Leser aufgenommen und dahin gehend gewertet, dass Sie ein echter Profi auf dem jeweiligen Gebiet sind.

Wenn Sie sich nur auf Ihre eigene Erfahrung berufen, entsteht leicht der Eindruck, dass Sie nur eine subjektive Wahrnehmung wiedergeben, und der Leser ist zu Recht verunsichert, ob denn Ihre subjektive Erfahrung auch der Wahrheit entspricht. Stellen Sie Ihre Erfahrung daher soliden Fakten gegenüber, die diese untermauern. Wenn der Leser die Übereinstimmung Ihrer Erfahrung mit den ebenfalls präsentierten Fakten sieht, bekommt er mehr Vertrauen in Ihre Beurteilung der Dinge, da er diese mit den ebenfalls präsentierten Fakten vergleichen kann, was ihm zu einem objektiveren Bild verhilft.

Die Vermittlung soliden Fachwissens alleine wiederum ist auch zu wenig, um einen überzeugenden und vertrauensaufbauenden Text zu kreieren. Ganz einfach, weil es bereits unzählige Texte mit soliden Fakten und trockenem Fachwissen gibt. Würden Sie ebenfalls bloß einen trockenen Sachtext verfassen, hätten Sie kein Alleinstellungsmerkmal, kein Argument, warum der Leser bei Ihnen verweilen und nicht auf eine andere Website gehen soll. Er könnte ja auch einfach in die Wikipedia gucken.

Letztendlich geht es dem Leser um Ihre persönliche Erfahrung, Ihre persönliche subjektive Meinung. Im Endeffekt möchte der Leser eben kein theoretisches Wissen, sondern die Meinung einer Person, von der er das Gefühl hat, dass er sie (be)greifen kann. Durch Ihre persönliche Erfahrung, Ihr Verständnis und Ihren individuellen Schreibstil geben Sie dem Leser das Gefühl, greifbar zu sein. Das Wissen und die Fakten, die Sie vermitteln, erfüllen letztendlich nur den Zweck, Ihre persönliche Erfahrung zu untermauern und ins rechte (vertrauenswürdige) Licht zu rücken. Ein guter Text für ein Informations-Portal besteht daher aus einer gesunden, natürlichen Mischung präsentierter Fakten und persönlicher Erfahrung. Es gibt keine Patentregel für das optimale Verhältnis zwischen Erfahrung und Wissen. Wichtig ist, dass beide vorkommen.

Hinweis

Bezüglich des Aneignens von Fachwissen ist das Internet natürlich eine sehr gute, weil umfangreiche und leicht zu navigierende Quelle. Bitte achten Sie jedoch immer darauf, dass im Internet jeder irgendetwas – unter der Vorgabe, ein großer Experte zu sein – erzählen kann, ohne dass dies tatsächlich der Fall sein muss. Akzeptieren und übernehmen Sie daher nicht einfach irgendwelche »Fakten«, nur weil jemand im Internet darüber geschrieben hat. Hinterfragen Sie auch immer, ob der Autor tatsächlich vertrauenswürdig ist.

Wenn ich mir zu einem Thema Wissen aneignen will, greife ich nach wie vor auf das gute alte Sachbuch zurück. Ich mache mich bei *amazon.de* schlau, welche Bücher es zu meinem Thema gibt, und wähle dann anhand der Buchrezensionen aus, welches am besten bewertet wird beziehungsweise welches für mich und meine Zwecke am besten geeignet ist. Erst wenn ich durch dieses beziehungsweise diese Bücher einen Grundstock an Wissen habe, recherchiere ich Details im Internet. Denn erst jetzt bin ich in der Lage, zu beurteilen, ob ein Autor tatsächlich ein Experte zu dem jeweiligen Thema ist.

Für die weiterführende Recherche empfehle ich das Internet wärmstens. Das Internet ist viel dynamischer als ein Buch, daher finden Sie dort viel aktuellere Informationen, Fakten und Zahlen zu einem Thema als in einem Buch. Als einführende Recherche empfehle ich aber – wie erwähnt – das Buch.

Im Internet finden Sie schnell viele Meinungen, Erfahrungen, Artikel und »Fakten«-Sammlungen diverser Menschen. All diese können und sollten Sie durchaus für die Zusammenstellung und Aneignung Ihres Fachwissens nutzen. Vergessen Sie ob dieser Fülle aber nicht die naheliegenden Wissens-Quellen im Internet wie etwa Wikipedia (ist zwar auch nicht das Nonplusultra, in der Praxis aber bewährt) und Websites von offiziellen Organisationen wie dem Konsumentenschutz, Stiftung Warentest, Statistisches Bundesamt etc. Gehen Sie für Fakten möglichst direkt an die Quelle. Es schadet aber nicht, diese Fakten anhand anderer Quellen zu prüfen. Damit meine ich: Wenn Sie eine Website über Urlaub in Kroatien schreiben, erhalten Sie viele Fakten über das Land auf der offiziellen Tourismus-Website von Kroatien. Dort mögen aber für Kroatien unangenehme Dinge wie Kriminalität verschwiegen werden. Darum gehen Sie nun zur Website des Außenministeriums und lesen sich dort die Reiseinfos über Kroatien durch. Auch eine Google-Suche mit der Suchphrase »kroatien kriminalität« oder »kroatien urlaub sicherheit« kann Interessantes zutage fördern.

4.3.5 Ihr persönlicher Kommunikationsstil

Neben der bereits erwähnten thematischen Herangehensweise gibt es – direkt mit dieser verbunden – auch noch die persönliche Herangehensweise. Wie präsentieren Sie sich als Autor? In Abschnitt 4.3.2 gab ich das Beispiel einer älteren und jüngeren Zielgruppe.

Für die ältere Zielgruppe präsentieren Sie sich zum Beispiel als erfahrener Immobilien-Händler. Sie schreiben grundsätzlich nüchtern, bauen viele Fakten ein, bringen jedoch auch eine persönliche Note durch die Wiedergabe eigener Erfahrungen ins Spiel.

Der jüngeren Zielgruppe treten Sie als junger, lebenslustiger Mensch entgegen. Sie können die Leser beispielsweise ganz informell mit »du« ansprechen. Sie bauen nicht nur sachliche Punkte ein, sondern erzählen auch von der einen oder anderen humorvollen Begebenheit (und stärken damit auch gleichzeitig Ihr Ansehen in den Augen des Lesers, da Sie dadurch indirekt zum Ausdruck bringen, wie viel Sie schon erlebt haben, sprich, wie viel Erfahrung Sie schon haben).

Die Zielgruppe entscheidet also, ob Sie ...

- sehr objektiv oder doch eher subjektiv
- formell oder ungezwungen
- sehr nüchtern oder begeistert
- ausführend oder knapp
- stark auf eigene Erfahrungen bauend oder doch hauptsächlich auf Fakten gestützt

... über ein Thema schreiben.

4.3.6 Der inhaltliche Aufbau eines Textes

Wir haben uns bereits mit einer inhaltlichen Struktur für die gesamte Website beschäftigt. So wie die gesamte Website einen durchdachten inhaltlichen Aufbau benötigt, so benötigt auch jede einzelne Seite der Website ein gutes inhaltliches Konzept. Schreiben Sie daher nicht blindlings drauflos. Überlegen Sie sich zuerst, welchen Inhalt Sie dem Leser auf der jeweiligen Seite vermitteln wollen und wie Sie den Text aufbauen, um dies bestmöglich zu erreichen.

Eine gute Übung besteht darin, in wenigen Sätzen die Kernaussage und den Hauptnutzen für den Leser zusammenzufassen. Anhand dieser Kernaussage überlege ich mir dann, in welche Teilbereiche ich den Text gliedere, sprich, ich überlege mir Zwischenüberschriften. Unter jede Zwischenüberschrift schreibe ich mir Stichwörter für Gedanken, die ich dort zum Ausdruck bringen will. Nun habe ich schon ein sehr detailliertes Gerüst, das ich nur noch auffüllen beziehungsweise ausformulieren muss.

Ich schreibe immer gemäß oben dargestellter Vorgangsweise, da ich die Erfahrung gemacht habe, dass es sich so am einfachsten und effektivsten schreiben lässt. Wenn ich beispielsweise ein Buch schreibe, beginne ich immer mit der Planung des Inhaltsverzeichnisses. Wenn das Inhaltsverzeichnis einmal steht, schreibt sich das Buch nämlich wie von selbst. Bei einem Website-Text ist es das Gleiche: Wenn die inhaltliche Struktur einmal steht, die Zwischenüberschriften und dazugehörenden Gedanken grob umrissen sind, hat man den Text schon zu 50 Prozent fertig geschrieben. Zusammenfassend kann ich sagen: Beginnen Sie mit einem Gedanken und lassen Sie daraus den Gesamttext entstehen.

In den folgenden Unterkapiteln gebe ich Ihnen praktische Richtlinien zum Schreiben Ihrer Website-Texte. Hierzu werde ich näher auf die einzelnen Teilbereiche eines Website-Textes eingehen, die wie folgt lauten:

- Metatags
- Dokumentname
- Überschrift
- Einleitender Absatz
- Textkörper
- Abschluss

Das Schreiben beginnt mit den Metatags

Bitte bedenken Sie beim Schreiben und dem inhaltlichen Aufbau Ihres Textes, dass die meisten Leser Ihre Website das erste Mal über eine Suche in einer Suchmaschine entdecken. Noch bevor der Interessent Ihre Website betritt, sieht er sie als Eintrag im Suchergebnis, umgeben von weiteren Websites (siehe Abbildung 4.5). Hier entscheidet sich, ob er überhaupt auf Ihre Website klickt oder eine andere Website wählt.

Haus Selber Bauen: Alle Baukosten, Daten, Fakten und Infos
www.**haus-selber-bauen**.com/ ▾
Wie Sie Ihr **Haus selber bauen** und wieviel jede einzelne Bauetappe in Ihrem Land maximal kosten darf. Dazu alle Bauzeiten, Detailpreise und noch viel mehr.
Haus Bauen Kosten - Erfolgreicher Hauskauf ... - Hausbau Forum - Hausbau Kosten

Ytong **Selberbauen** 1 - die 77 Schritte zum selbstgebautem **Haus** ...
 www.youtube.com/watch?v=y_r-uljxz4Y
06.01.2011 - Hochgeladen von bs043176
Bei http://bausatzhaus-berlin.de erfahren Sie mehr zum Thema Ytong und **Selberbauen** in Berlin und ...

Haus selber bauen mit Ytong Bausatzhaus GmbH
www.ytong-**bausatzhaus**.de/de/content/organisierter_**selbstbau**.php ▾
Ein **Haus selber bauen** ist nicht schwer. Mit Ytong Bausatzhaus steht Ihnen ein starker Partner an Ihrer Seite. Durch Eigenleistung sparen Sie bis zu 50.000 ...

Haus SELBER bauen : Forum goFeminin
forum.gofeminin.de › ... › Wohnen - Sein eigenes Haus bauen
16 Beiträge - 8 Autoren
Haus SELBER bauen. huhu..also ist es nicht viel viel günstiger wenn man sich sein haus selber baut..kla man kann sich privat einen architekten holen dem gibt ...

Haus selber bauen: Das können Bauherren in Eigenleistung ...
www.bauen.de › Hausbau › Bauplanung › Planung ▾
Mit einem Hausbau in Eigenleistung kann man viel Geld sparen. Doch wer ein **Haus selber bauen** will, sollte manche Gewerke dem Fachmann überlassen.

Abb. 4.5: Die Konkurrenten Ihrer Website

Was können Sie tun, um mit Ihrer Website aus dieser Liste herauszustechen? Was können Sie tun, um den Leser zum Klick auf Ihre Website zu bewegen? Die Antwort: Sie müssen ansprechende Metatags schreiben.

Metatags sind Zusatzinformationen, die Sie einem Dokument, sprich einer einzelnen Seite Ihrer Website hinzufügen können. Bekannte Metatags sind beispielsweise der *title tag*, die *description* und der *keyword tag*. Es würde den Rahmen dieses Buches sprengen, hier im Detail den Vorgang zu erklären, wie Sie Metatags in eine HTML-Seite einfügen, vor allem auch deshalb, weil dieser Vorgang – je nachdem, welches System Sie verwenden – unterschiedlich ist. Es sei aber verraten, dass es grundsätzlich drei Möglichkeiten gibt:

1. Sie können Metatags direkt in den HTML-Code einer Seite schreiben.

2. Wenn Sie ein Webdesign-Programm wie Dreamweaver etc. verwenden, können Sie die Metatags dort über die Benutzeroberfläche eingeben. Wie das funktioniert, lesen Sie bitte in der jeweiligen Programm-Hilfe nach.

3. Wenn Sie ein System mit Content-Management verwenden (WordPress, Typo3 etc.), finden Sie dort ebenfalls Eingabefelder vor, um einer Seite Metatags hinzuzufügen. Bitte ebenfalls wieder in der Systemhilfe selbst nachlesen.

Suchmaschinen wie Google verwenden die Metatags einer Seite, um sie in ihren Suchergebnissen zu präsentieren. Wenn Sie es also schaffen, ansprechende Metatags zu schreiben, erhalten Sie auch mehr Klicks auf Ihre in den Suchergebnissen aufscheinenden Seiten Ihrer Website.

Wenn Suchmaschinen eine Seite Ihrer Website in den Suchergebnissen listen, verwenden sie meistens das *title tag* als Überschrift (siehe schwarzer Pfeil, Abbildung 4.6) und die *description* als darunter angeführte Erklärung (siehe grauer Pfeil).

Haus Selber Bauen: Alle Baukosten, Daten, Fakten und Infos ⬅
www.**haus-selber-bauen**.com/ ▾
Wie Sie Ihr **Haus selber bauen** und wieviel jede einzelne Bauetappe in Ihrem Land ⬅
maximal kosten darf. Dazu alle Bauzeiten, Detailpreise und noch viel mehr.
Haus Bauen Kosten - Erfolgreicher Hauskauf ... - Hausbau Forum - Hausbau Kosten

Ytong **Selberbauen** 1 - die 77 Schritte zum selbstgebautem **Haus** ...

www.youtube.com/watch?v=y_r-uljxz4Y
06.01.2011 - Hochgeladen von bs043176
Bei http://bausatzhaus-berlin.de erfahren Sie mehr zum Thema
Ytong und **Selberbauen** in Berlin und ...

Haus selber bauen mit Ytong Bausatzhaus GmbH
www.ytong-**bausatzhaus**.de/de/content/organisierter_**selbstbau**.php ▾
Ein **Haus selber bauen** ist nicht schwer. Mit Ytong Bausatzhaus steht Ihnen ein starker
Partner an Ihrer Seite. Durch Eigenleistung sparen Sie bis zu 50.000 ...

Haus SELBER bauen : Forum goFeminin
forum.gofeminin.de › ... › Wohnen - Sein eigenes Haus bauen
16 Beiträge - 8 Autoren
Haus SELBER bauen. huhu..also ist es nicht viel viel günstiger wenn man sich sein
haus selber baut..kla man kann sich privat einen architekten holen dem gibt ...

Haus selber bauen: Das können Bauherren in Eigenleistung ...
www.bauen.de › Hausbau › Bauplanung › Planung ▾
Mit einem Hausbau in Eigenleistung kann man viel Geld sparen. Doch wer ein **Haus**
selber bauen will, sollte manche Gewerke dem Fachmann überlassen.

Abb. 4.6: *title tag* (schwarzer Pfeil) und *description* (grauer Pfeil)

In der Abbildung sehen Sie an erster Stelle eine Website mit ansprechenden Metatags zu einer Suchanfrage mit dem Keyword »haus selber bauen«: Im *title* wird das Keyword verwendet, auf das die Seite optimiert ist, und danach wird kurz und knapp präsentiert, worum es inhaltlich geht. In der *description* wird der Leser direkt angesprochen (»Wie Sie Ihr Haus selber bauen ...«) und ein klarer Hinweis gegeben, was ihn auf der Website erwartet (»... wie viel jede einzelne Bauetappe in Ihrem Land maximal kosten darf. Dazu alle Bauzeiten, Detailpreise und noch viel mehr.«). Wäre ich der Betreiber dieser Website, könnte ich mir vorstellen, die Metatags folgendermaßen zu gestalten:

Haus selber bauen: Kostenloser Report zeigt Ihnen, wie es geht (*title*)

Sie wollen Ihr Haus selber bauen? Kostenloser Report zeigt Ihnen, wie Sie in 10 Schritten zum eigenen Traumhaus kommen. Plus Kostenkalkulator. (*description*)

Wenn ich einen neuen Text für eine Website schreibe, sind die Metatags (speziell *title, description* und *keyword tag*) integraler Bestandteil des Textes. In das *keyword tag* schreibe ich das Keyword, für das ich den jeweiligen Text verfasse. Bei obiger Website wäre dies *haus selber bauen*.

Sie erinnern sich: Sie haben in Abschnitt 2.4.2 eine Liste profitabler Keywords recherchiert. Für jedes Keyword schreiben Sie – wenn möglich und sinnvoll – einen eigenen Text. Wenn Sie beispielsweise einen Text zum Keyword *pflege bonsai-bäume* verfassen, schreiben Sie exakt dieses Keyword in das *keyword tag*. Das HTML-Dokument, in das Sie den jeweiligen Text schreiben, benennen Sie nach dem Keyword. In diesem Fall also: *pflege-bonsaibaeume.html*.

Überschrift und erster Absatz

Wenn ein Besucher zum ersten Mal eine Seite Ihrer Website betritt, sieht er etwas ganz anderes als Sie. Sie werden den Inhalt Ihrer Website wahrscheinlich mehr oder weniger auswendig kennen. Ihr Interessent hat Ihre Website hingegen noch nie gesehen. Er sieht bloß eine Seite. Nicht mal das: Er sieht nur eine Überschrift und den darunterliegenden Absatz. Darum gilt:

> Die Überschrift und der erste Absatz entscheiden, ob der Interessent länger auf der Seite bleibt oder sofort wieder wegklickt!

Das Internet ist schnelllebig und Ihr Besucher kann sofort zur nächsten Seite klicken, falls er nicht sofort weiß, ob er auf Ihrer Seite findet, was er sucht: Zeigen Sie ihm daher gleich im ersten Absatz, was Sie im gesamten Text behandeln.

Gestalten Sie die Einleitung so, dass sich Ihr Leser sofort ein Bild über das Thema des Textes machen kann; nehmen Sie jedoch nicht alles vorweg. Der erste Absatz soll dem Leser zeigen, worum es geht, aber nicht alles verraten. Machen Sie den Leser neugierig, den ganzen Text zu lesen!

Hier ein Beispiel für eine sachliche Variante des ersten Absatzes:

»Im Folgenden erfahren Sie, wie sich erfolgreiche Suchmaschinenoptimie-rung von herkömmlichem SEO unterscheidet. Anschließend finden Sie

*praktische, sofort umsetzbare Tipps und Richtlinien, wie Sie Ihre Seite bes-
ser für die Suchmaschinen optimieren können.«*

Hier ein Beispiel für eine etwas frechere Variante, die mehr Neugierde weckt:

*»E-Book-Muffel oder E-Book-Freak? Hier erhalten Sie fünf Pros und Contras
für den Kauf von E-Books. Lesen Sie und erweitern Sie Ihren Horizont ;-)«*

Beim Schreiben eines Textes sollten Sie zuallererst die Metatags verfassen. Beim
Erstellen der Metatags sind Sie gefordert, die Kernaussage des Textes in wenige
Sätze zu packen. Dieser Umstand kommt Ihnen jetzt im Zusammenhang mit dem
ersten Absatz Ihres Textes sehr zugute, da Sie für den ersten Absatz einfach die
description verwenden können! Diese erfüllt alle Voraussetzungen, die der erste
Absatz erfüllen muss. Suchmaschinen verwenden statt der *description* manchmal
die ersten Wörter eines Textes (inklusive Überschrift) als unter dem Link ange-
führte Erklärung (siehe grauer Pfeil, Abbildung 4.6) für die Listung einer Seite
Ihrer Website. Dies ist ein weiterer Grund, warum die Überschrift plus erstem
Absatz deckungsgleich mit der *description* sein sollte.

Gemäß meiner Erfahrung schneidet Google die *description* ab 154 Zeichen beziehungsweise 25 Wörtern ab, wenn es daraus die Listung Ihrer Website generiert.
Daraus ergibt sich:

Ihr Text sollte (am besten inklusive Überschrift) bereits in den ersten 25 Wörtern
beziehungsweise 154 Zeichen einen als *description* verwendbaren Inhalt aufweisen. Der erste Absatz darf aber ruhig länger sein. Im Folgenden ein Beispiel von
Überschrift und erstem Absatz, um dies zu veranschaulichen. Der Text, der als
description dient, ist fett dargestellt:

Fünf Gründe, warum Sie (k)ein Haus selber bauen sollten

**Sie wollen Ihr Haus selber bauen oder doch nicht? Hier erhalten Sie fünf
Pros und Contras** *und können selbst entscheiden, ob ein eigener Hausbau
das Richtige für Sie ist.*

Zusammengefasst können wir sagen:

Description = die ersten 25 Wörter beziehungsweise 154 Zeichen eines Textes
(Überschrift plus erster Absatz)

> **Wichtig**
>
> Den Link für die Listung Ihrer Website in den Suchergebnissen (siehe schwarzer
> Pfeil, Abbildung 4.6) generieren die Suchmaschinen ausschließlich aus dem
> *title tag.*

Das *title tag* sollte sich daher immer von den ersten 25 Wörtern beziehungsweise 154 Zeichen des Textes unterscheiden. Ansonsten kann es passieren, dass der Link und die darunter angeführte Erklärung in der Listung Ihrer Website in den Suchergebnissen identisch sind. Das wäre schade, denn so würden Sie kostbaren Platz verschwenden, den Sie nutzen könnten, um Ihre Seite gut zu präsentieren.

Textkörper

Die meisten Leser lesen sich einen Text nicht gleich von Anfang bis Ende durch. Sie überfliegen ihn erst einmal, um zu sehen, ob dieser die gewünschten Informationen bietet. Folgende Richtlinien tragen diesem Umstand Rechnung.

- Verwenden Sie für jeden Gedankengang einen eigenen Absatz. Dadurch fällt dem Besucher das Lesen am Bildschirm leichter. Ein Absatz besteht aus ca. 5 bis 10 Sätzen. Der Text wirkt übersichtlicher, luftiger und leichter verdaulich.

- Gliedern Sie den Text in einzelne Teilbereiche und kennzeichnen Sie diese durch Zwischenüberschriften. Zwischenüberschriften sind sehr wichtig, da sie dem Leser beim Überfliegen des Textes zur Bewertung dienen. Dementsprechend sollten sie auch interessant geschrieben sein und auf den nachfolgenden Inhalt verweisen.

- Verwenden Sie lieber Listen mit Aufzählungszeichen, anstatt Dinge in einer Wurst aufzuzählen. Aus ...

  Digitale Produkte sind beispielsweise Fotos, Filme, Musik, Software und eben E-Books.

  ... wird:

  Hier einige Beispiele für digitale Produkte ...

  - *Fotos*
  - *Filme*
  - *Musik*
  - *Software*
  - ... und eben E-Books.

- Eine gute Länge für den Textkörper sind in etwa 600 bis 1.000 Wörter. Haben Sie einen längeren Text, können Sie ihn auch auf mehrere HTML-Seiten aufteilen und diese untereinander fortführend verlinken. Beachten Sie aber bitte, dass Sie für jede HTML-Seite eigene Metatags erstellen müssen.

Wenn es Ihnen zu kompliziert ist, einen Text auf mehrere Seiten aufzuteilen, macht das überhaupt nichts. Ein Text kann in dem Sinne nicht zu lang sein. Im Gegenteil: Ihre Leser werden sich freuen und auch die Suchmaschinen bewerten einen längeren Text durchaus positiv. Natürlich, einen ganzen Roman sollten Sie nicht in eine HTML-Seite packen, aber ich denke, das versteht sich von selbst. ☺

Abschluss

Der letzte beziehungsweise die letzten Absätze eines Textes sind ebenfalls sehr wichtig. Viele Leser springen beim Überfliegen gleich von der Hauptüberschrift und dem darunterliegenden Absatz zum letzten Absatz des Textes. Der abschließende Absatz muss daher zwei Zwecke erfüllen:

- Er muss dem Leser, der den Text nur überfliegt, einen Anreiz geben, den vorhergehenden Text ebenfalls zu lesen.

- Er muss den aufmerksamen Leser, der den Text von vorne bis hinten liest, dazu bewegen, den Most Wanted Response (die von Ihnen meistgewollte Reaktion Ihres Lesers) auszuführen. Diese gewünschte Reaktion besteht beispielsweise darin, dass der Leser auf einen Link zu Ihrem Produkt klickt oder sich in Ihren E-Mail-Newsletter einträgt.

Beispiel für einen abschließenden Absatz, der diese Zwecke erfüllt:

»Diese fünf Faktoren entscheiden, ob Sie mit Ihrem Geschäft langfristigen Erfolg haben werden. Ich finde es daher sehr wichtig, dass Sie sich mit den notwendigen Strategien beschäftigen, wie Sie diese fünf Faktoren zu Ihrem Vorteil nutzen, damit Sie sich nicht selbst wichtiger Einnahmen berauben. Ich habe in diesem Zusammenhang viel Lehrgeld (im wahrsten Sinne des Wortes durch entgangene Einnahmen) bezahlen müssen, bevor ich in Ken Evoys Buch Make your Site Sell (← Link zu meinem Online-Buchshop) auf die richtigen Strategien gestoßen bin.«

Obiger Beispielabsatz spricht von fünf nicht näher ausgeführten Faktoren, deren Nichtberücksichtigung zu enormen Einkommenseinbußen führen kann. Das macht den Leser neugierig, sich im vorhergehenden Text durchzulesen, was diese fünf Faktoren denn überhaupt sind.

Den aufmerksamen Leser motiviere ich in diesem Absatz nochmals, auf den Link zu meinem Online-Buchshop zu klicken, indem ich ihm indirekt mitteile, dass das Buch von Ken Evoy die Lösung für sein Problem ist (ich hatte das gleiche Problem und es war die Lösung für mein Problem). Diese indirekten Mitteilungen können sehr kraftvoll sein, da der Leser sich nicht aufgefordert fühlt, auf einen Link zu klicken (was Widerstand erzeugen kann), sondern das Gefühl hat, sich ganz aus eigener Freiheit für den Klick auf den Link zu entscheiden.

Rudolf, der Landschaftsgärtner, würde einen abschließenden Absatz zum Thema *pflege bonsaibäume* folgendermaßen schreiben:

> *»Mit diesen fünf Pflegetipps gehen Sie sicher, dass Sie Ihre Bonsaibäume unbeschadet über die Wintermonate bringen. Da Bonsaibäume so empfindlich sind, ist die exakte Umsetzung dieser Tipps ganz entscheidend. Schon ein kleiner Fehler in der Dosierung des Düngers kann fatale Folgen haben. Mit fachmännischer Pflege (← Link zu Kontaktformular für Buchung Ihrer Dienstleistung zur Überwinterung von Bonsai-Bäumen oder Link zu einem E-Book-Ratgeber) und der richtigen Ausrüstung (← Link zum Bonsai-Pflegekit in Ihrem Online-Shop) werden Ihre Bonsai-Bäume aber im nächsten Frühling wieder richtig aufblühen.«*

Inhaltliche Überprüfung und Rechtschreibung

Überarbeiten Sie einen Text nicht gleich, nachdem Sie ihn fertiggestellt haben. Gönnen Sie sich etwas Abstand. Am besten lassen Sie den Text einen Tag ruhen und lesen ihn sich erst dann nochmals durch. Nun sind Sie frischer und können mit mehr Abstand objektiver beurteilen, was passt und was noch verbesserungswürdig ist.

Achten Sie beim Schreiben generell auf gute Rechtschreibung und Grammatik und prüfen Sie den Text abschließend unbedingt nochmals auf beides. Eine saubere Rechtschreibung wirkt seriös und schafft Vertrauen, wohingegen eine schlechte Rechtschreibung abschreckend wirkt.

Wenn irgendwie möglich, sollten Sie Ihre Texte immer von einer geschulten Person Korrektur lesen lassen. Unterstützend können Sie auch Korrekturprogramme verwenden:

- Die Rechtschreib- und Grammatikprüfung von Microsoft Word (finde ich am besten)

- Online-Rechtschreibprüfung unter `http://rechtschreibpruefung24.de` (nicht für Grammatik)

4.3.7 Wie Sie Links zu Ihren Einkommensquellen richtig integrieren

Zum Schreiben effektiver Sachtexte für Ihre Website gehört auch das richtige Integrieren von Affiliate- und Produkt/Dienstleistungs-Links. Schließlich sind Sie keine Non-Profit-Organisation. Sie betreiben ein Internet-Business. Das letztendliche Ziel der Informations-Texte auf Ihrer Website besteht darin, Ihren Kunden zum Klick auf einen Produkt-Link (Link zu einem Verkaufstext für Ihr Produkt, ein Kontaktformular zum Anfordern Ihrer Dienstleistungen, Produktbeschreibung in Ihrem Online-Shop etc.) zu bewegen.

Um den Sachverhalt dieses Kapitels in vollem Umfang zu verstehen, bitte ich Sie, sich folgende Situation vorzustellen.

Stellen Sie sich eine zehnspurige Autobahn vor, die zwei große Städte miteinander verbindet, die 100 Kilometer voneinander entfernt sind. Auf dieser Autobahn sind viele Autos unterwegs. Da die Autobahn aber so breit ist, können all diese Autos problemlos fahren und in kurzer Zeit ihren Zielort erreichen.

Stellen Sie sich nun vor, dass es auf dieser Autobahn auf halber Strecke eine riesige Baustelle gibt, wodurch neun der zehn Spuren geschlossen werden müssen. Diese Baustelle ist zwar nur einen halben Kilometer lang und dennoch: Es entsteht ein kilometerlanger Stau, nichts geht mehr. Aufgrund dieser 0,5 Kilometer langen Baustelle sind die restlichen 99,5 Kilometer der Autobahn, die sogar zehnspurig ausgebaut sind, praktisch nutzlos geworden. Diese im Vergleich kurze Baustelle ist wie ein Flaschenhals, der das ganze Potenzial der Autobahn lahmlegt.

Stellen Sie sich nun vor, diese Autobahn ist Ihr Internet-Business und die Autos sind die Besucher Ihrer Website. Die Anzahl der Spuren stellt die Größe Ihres Internet-Business dar. Ihr Internet-Business sollte eine Autobahn sein, die viele Besucher vom Startpunkt weg auf gekonnte Art und Weise zum Ziel (Kauf eines Produkts, Inanspruchnahme Ihrer Dienstleistung, Klick auf eine Anzeige, was auch immer Ihr Most Wanted Response ist) führt. Damit Sie Erfolg haben, muss dieser Weg reibungslos zurückgelegt werden können. Sie müssen sicherstellen, dass es keine Schwachpunkte oder Hindernisse auf diesem Weg gibt. Wenn Sie auch nur einen Schwachpunkt haben, können Sie sich leicht um den Erfolg Ihrer anderen Bemühungen bringen. Ihre Besucher bleiben auf halbem Wege stehen und kommen nie dazu, eine Aktion auszuführen, die Ihnen Geld bringt.

Bitte verstehen Sie mich nicht falsch: Es ist nicht so, dass alle anderen Bemühungen umsonst waren, wenn Sie einen Schwachpunkt haben. Schließlich müssen Sie nur den einen Schwachpunkt beheben und dann können Ihre anderen Bemühungen ebenfalls ihr Potenzial entfalten. Es ist also wirklich nichts umsonst. Solange Sie diesen einen Schwachpunkt, diesen Flaschenhals, jedoch nicht beseitigt haben, haben Sie für diesen Zeitraum de facto keinen Erfolg. Stellen Sie in Ihrem eigenen Interesse sicher, dass Ihr Internet-Business einer durchgehend glattasphaltierten Hochgeschwindigkeits-Autobahn gleicht.

Bisher haben Sie viel über die Vorteile der einzelnen Einkommensquellen gelernt. Sie haben erfahren, wie man Einkommensquellen verwenden muss, damit sie sich ergänzen, und ich habe Ihnen gezeigt, wo Sie passende Einkommensquellen finden, die Sie ergänzend zu Ihrem ursprünglichen Angebot in Ihre Website integrieren können. Ich habe Ihnen auch verraten, wie Sie Ihre AdSense-Anzeigen platzieren müssen, um die meisten Klicks zu erhalten.

Jetzt ist es an der Zeit, dass ich Ihnen zeige, wie Sie Ihre Affiliate-Links und Links zu eigenen Produkten/Dienstleistungen in Ihre Website integrieren müssen, damit Besucher am meisten darauf klicken.

Ich habe hier das Beispiel der Autobahn gegeben, damit Sie sich bewusst machen, wie wichtig scheinbare Kleinigkeiten sein können, wenn es darum geht, den Kunden zum Most Wanted Response zu bewegen. Das richtige Integrieren von Affiliate- oder Produkt/Dienstleistungs-Links (AoP-Links) ist eine solche scheinbare Kleinigkeit, bei der viele Internet-Unternehmer den Fehler machen, ihr nicht genügend Aufmerksamkeit zu schenken. In Wirklichkeit ist das richtige Integrieren von AoP-Links ein ganz kritischer Abschnitt Ihrer Autobahn. Wenn Sie diesen Abschnitt meistern, biegen Ihre Kunden mit Hochgeschwindigkeit in die Zielgerade ein und stehen kurz davor, Ihren Gewinn zu steigern, indem sie eine Ihrer Einkommensquellen nutzen.

Warum erwähne ich Affiliate-Links und Links zu Ihrem eigenen Produkt- oder Dienstleistungs-Angebot in einem Atemzug? Sind das nicht ganz verschiedene Einkommensquellen? Es stimmt, beide Links stehen für verschiedene Einkommensquellen: Ein Affiliate-Link führt zum Shop eines Ihrer Partner, ein Produkt-Link führt zu Ihrem eigenen Shop, Ihrem Produkt oder Ihrer Dienstleistung. Dieser Unterschied fällt jedoch nur Ihnen auf. Ihrem Besucher ist es egal, ob er zum Shop Ihres Partners oder zu Ihrem eigenen Shop gelangt. Ihr Kunde möchte einfach ein gutes Produkt erhalten oder eine hochqualitative Dienstleistung in Anspruch nehmen. Aus diesem Grund müssen Sie beide Arten von Links gemäß den gleichen Richtlinien in Ihre Texte integrieren.

Richtlinien zur richtigen Integration

Regel 1: Die Links müssen zum Thema passen

Viele Webmaster machen den Fehler, dass sie irgendwelche AoP-Links in Form von Werbebannern, Videoclips oder reißerischen Textzeilen auf ihrer Website platzieren, obwohl diese nichts oder nur sehr weit hergeholt etwas mit dem Inhalt der Website zu tun haben. Das Problem: Auf solche Links klickt kein Besucher. Schließlich haben sie nichts mit dem Thema zu tun, weshalb der Besucher ihre Website überhaupt erst aufgerufen hat.

Achten Sie immer darauf, dass Ihre AoP-Links genau zum Thema passen. Wenn Sie eine Website über die Toskana betreiben, sollten Sie darin AoP-Links verwenden, die beispielsweise zu Ihrem E-Book-Reiseführer über die Toskana, zum Buchungsformular für Ihr Ferienhaus in der Toskana, zum Buchungsformular für Sie als Reiseführer (Link zu eigenem Angebot) oder zu Hotels in der Toskana, Autovermietungen in der Toskana und Ähnlichem (Links zu Angeboten von Partnern, Affiliate-Links) führen. Ihre AoP-Links müssen in direktem Zusammenhang mit dem Thema der Website stehen und zu Produkten beziehungsweise Dienstleistungen führen, die dies ebenfalls tun.

Regel 2: Verwenden Sie Textlinks

Diese Regel beantwortet eine Frage, die Sie sich sicherlich schon oft gestellt haben: Wie baue ich meine AoP-Links am besten in den Inhalt meiner Website ein?

Die Antwort: Machen Sie es sich einfach. Bauen Sie Ihre AoP-Links ganz natürlich in die Texte Ihrer Website ein. Das funktioniert folgendermaßen: Nehmen wir wieder das Thema Toskana als Beispiel. Sie haben bereits einige Seiten hochinformativer Texte für Ihre Website zu diesem Thema erstellt. In diesen Texten erwähnen Sie empfehlenswerte Pensionen, Hotels, Restaurants und Agenturen, um Ferienhäuser zu mieten.

Sie haben nun zwei Möglichkeiten:

1. Nehmen wir an, Sie empfehlen unter anderem das Hotel Toskana. Machen Sie nun einfach die Wörter »Hotel Toskana« zu einem Affiliate-Link, der direkt zur Website des Hotels führt, damit Ihre Besucher dort sofort buchen können.

2. Die zweite Möglichkeit besteht darin, den Affiliate-Link auszuformulieren, indem Sie beispielsweise schreiben: »Klicken Sie hier, um Ihren Urlaub im Hotel Toskana zu buchen.« Eine andere Möglichkeit: »Klicken Sie hier, für mehr Informationen zum Hotel Toskana«.

Verwenden Sie die erste Möglichkeit häufiger, da diese weniger aufdringlich wirkt und vom Besucher sehr offen angenommen wird. Sie müssen sich vorstellen:

Ein Besucher interessiert sich für die Toskana und findet Ihre Website mit sehr guten Erlebnis-Berichten. Er ist stolz auf sich, dass er so eine gute Website gefunden hat. Nun werden auf dieser Website auch noch gute Hotels empfohlen. Der Besucher sieht, dass die Namen der Hotels als Links anklickbar sind. Niemand hat ihm befohlen, diese Links anzuklicken. Er hat sich selbst dazu entschieden. Nun ist Ihr Besucher richtig stolz auf sich. Er hat innerhalb kürzester Zeit »ganz alleine« ein tolles Hotel für einen Toskana-Urlaub gefunden! Die Wahrscheinlichkeit, dass der Besucher nun bucht, ist viel höher, da er das Gefühl hat, diese Wahl ganz frei treffen zu können. Die Buchung ist quasi der krönende Abschluss seiner genialen, weil in kurzer Zeit so erfolgreichen, Suche im Internet.

Ich habe hier das Beispiel eines Affiliate-Links für ein Hotel gegeben. Tatsächlich treffen obige Punkte jedoch genauso auf Links zu, die zu Ihren eigenen Produkten oder Dienstleistungen führen. Wenn Sie es schaffen, in Ihren Besuchern das Gefühl zu erwecken, dass sie ganz aus eigener Entscheidung heraus auf einen AoP-Link geklickt haben, ist die Wahrscheinlichkeit viel höher, dass sie ein Produkt kaufen (egal ob in Ihrem eigenen Online-Shop oder im Shop eines Partners) oder Ihre Dienstleistung in Anspruch nehmen.

Nehmen wir an, als Inhaber eines Reisebüros wollen Sie neben den vielen Partnerschaften, die Sie mit Hotels, Autovermietungen etc. eingegangen sind, auch Ihre eigene Dienstleistung, nämlich die Rundum-Organisation von Toskana-Reisen über dieses Info-Portal vermarkten. Also schreiben Sie im Text:

> *»... Das sind nur ein paar Beispiele für die wunderbare Vielfalt der Toskana. Gerne stellen wir für Sie einen erlebnisreichen Toskana-Urlaub (← Link zu Kontaktformular für Buchung Ihrer Dienstleistung – Möglichkeit 1, Link wurde nicht ausformuliert) zusammen, wo Sie von Kultur über Kulinarik bis zu romantischen Spaziergängen am Strand alles dabeihaben. Auf Wunsch sorgen wir für die gesamte Organisation, damit Sie entspannt in Ihren Urlaub starten können. Klicken Sie hier für mehr Informationen zu unserem Angebot. (← Link zu Kontaktformular für Buchung Ihrer Dienstleistung – Möglichkeit 2, Link wurde ausformuliert)«*

Wann kommt die zweite Möglichkeit, einen AoP-Link auszuformulieren, zum Einsatz? Diese Möglichkeit setzen Sie ein, wenn der Besucher nicht von selbst auf einen AoP-Link klickt. Wann ist das der Fall? Wenn der Besucher bereits am Ende des Textes angelangt ist und noch immer nicht auf einen AoP-Link geklickt hat. Die zweite Möglichkeit nutzen Sie also vorwiegend am Ende eines Textes.

Ich persönlich verwende die zweite Möglichkeit manchmal auch schon ein, zwei Mal mitten im Text, zusätzlich zur ersten Möglichkeit. Damit trage ich der Tatsache Rechnung, dass es zwei Arten von Menschen gibt: Die einen wollen keine Befehle, die anderen brauchen Befehle. Die Menschen der ersten Art klicken auf die kurzen AoP-Links, Menschen der zweiten Art klicken auf die ausformulierten AoP-Links, die einen Befehl zur Handlung aufweisen (»Klicken Sie hier ...«).

Gerade am Anfang empfehle ich Ihnen jedoch, mit der zweiten Möglichkeit sparsam umzugehen und diese vorwiegend am Ende eines Textes zu verwenden. Die Gefahr ist groß, dass man seine Besucher ansonten schnell trotzig macht, also genau die gegenteilige Reaktion erhält, die man möchte.

Im Folgenden sehen Sie ein Beispiel, wie ich AoP-Links gemäß den zwei oben beschriebenen Möglichkeiten in einen Text integriert habe.

Nehmen wir beispielsweise den Success-Coach-Newsletter *(← Link zur Verkaufsseite des Success-Coach-Newsletters)* von Helmut Ament ...

Mit dem täglich erscheinenden Success-Coach-Newsletter teilt Helmut Ament sein Wissen, das ihn vom einfachen Arbeitersohn zum Millionär werden ließ, mit seinen Lesern.

In einfach verständlichen, aber sehr tiefgründigen Botschaften führt Sie Helmut Ament behutsam in die Denk- und Schaffens-Muster eines erfolgreichen Menschen ein und zeigt Ihnen, wie Sie sich selber verbessern können, um ebenfalls erfolgreich zu werden.

Das Hauptthema der Success-Coach-Newsletter *(← wieder Link zur Verkaufsseite)* ist sicherlich die finanzielle Freiheit, denn sie ermöglicht uns die Freiheit auf anderen Gebieten. Was mir aber sehr gut gefällt, ist, dass Helmut Ament sich nicht damit zufriedengibt, »irgendwelche Geld-Tipps« zu geben.

Nein! Er vermittelt Ihnen eine umfassende Sichtweise des Lebens, von der ich aus eigener Erfahrung sagen kann, dass sie ganz sicher zum Erfolg führt ...

Zu finanziellem Erfolg, aber auch zu Erfolg in der Beziehung und zu Erfüllung im Inneren. Denn was nützt der größte Reichtum, wenn man nicht glücklich ist?

Herrn Aments Produkte gehen weit über bloßes »Geld verdienen im Internet« oder Finanz-Coaching hinaus. Sie bieten einen umfassenden, ganzheitlichen Ansatz und vielleicht sind sie gerade deshalb so wirkungsvoll.

In meinem Leben hat mir Helmut Aments Ansatz bereits viel Erfolg gebracht und wird mir noch viel mehr Erfolg bringen. Auch Helmut Ament selbst ist das beste Beispiel dafür, dass sein tiefgründiger Ansatz erfolgreich ist, denn ...

Helmut Ament lebt, was er lehrt.

Und das macht ihn mir so sympathisch.

Ich wünsche Ihnen viel Erfolg!

Mit freundlichen Grüßen

David Asen

PS: Im Moment bietet Helmut Ament auf seiner Website die Möglichkeit an, den Success-Coach-Newsletter 14 Tage lang kostenlos und unverbindlich zu testen. Bei Interesse klicken Sie bitte hier *(← wieder Link zur Verkaufsseite)*.

Die ersten beiden AoP-Links habe ich gemäß der ersten Möglichkeit integriert. Den dritten Link am Ende habe ich ausformuliert.

Regel 3: Bauen Sie AoP-Links erst ab der Hälfte des Textes ein

Diese Regel hat einen einfachen Grund: Wenn Ihr Besucher gerade auf Ihre Website gekommen ist, hat er noch kein Bild von Ihnen und zu wenig gelesen, um durch Ihre Qualität Vertrauen zu Ihnen zu fassen. Wenn Sie in diesem Stadium bereits einen AoP-Link anbieten, gelangt der Besucher zum Shop, ohne dass Sie durch Ihren Text die Kaufbereitschaft in ihm entfachen beziehungsweise erhöhen konnten (Preselling). Die Chance, dass er etwas kauft, ist gering.

Geben Sie Ihrem Besucher also Zeit, Sie über den Text kennenzulernen und Vertrauen zu Ihnen zu fassen. Nutzen Sie die erste Hälfte des Textes, um informativ zum Thema zu berichten, und festigen Sie Ihre Stellung als Experte. Wenn Sie dann etwas empfehlen und AoP-Links dazu setzen, werden Ihre Besucher viel mehr bereit sein, auch tatsächlich etwas zu kaufen, die Kaufrate steigt messbar.

Regel 4: Verlinken Sie direkt zum Produkt

Nehmen Sie Ihren Besuchern so viel Arbeit wie möglich ab. Das erhöht die Wahrscheinlichkeit, dass Ihre Besucher kaufen, erheblich. Man kauft leichter, wenn es einfach geht. Das gilt auch für Ihre Besucher.

Nehmen wir an, Sie berichten auf einer eigenen Seite Ihrer Website über die Hochzeitssuite des Hotels Toskana. Verlinken Sie den dazugehörigen Affiliate-Link nicht zur Startseite des Hotels, sondern zur Beschreibung der Hochzeitssuite. Wenn Ihr Kunde auf der Hotel-Toskana-Website erst lange nach der Hochzeitssuite suchen muss, gibt er unter Umständen auf und Ihnen entgeht eine gute Provision für die Buchung.

Das Gleiche gilt, wenn Sie in Ihrem Info-Portal zum Thema Rennfahrräder von einer Detailseite, die sich mit Fahrradbremsen beschäftigt, zu einer spezifischen Shimano-Bremse in Ihrem eigenen Online-Shop verlinken. Verlinken Sie nicht zur Startseite Ihres Shops, auch nicht zur Rubrik »Fahrradbremsen«. Verlinken Sie *direkt* zum Produkt.

Wenn Sie sich dafür entschieden haben, keinen Online-Shop unter einer eigenen Domain zu eröffnen, sondern Ihre Dienstleistungen beispielsweise unter der Rubrik *Angebot* in Ihrem Info-Portal vorstellen, verhält es sich genauso: Verweisen Sie *nicht* auf die Startseite der Rubrik *Angebot*, sondern gleich auf den jeweiligen Verkaufstext der spezifischen Dienstleistung. Nehmen wir an, Sie sind Anwalt und betreiben ein Info-Portal zum Thema Scheidungsrecht. Auf einer Detailseite zum Thema *Sorgerecht für Kinder* verweisen Sie auf Ihren einzigartigen Service, Eltern sowohl rechtliche Beratung als auch Mediation in einer Sitzung kombiniert anzubieten. Hierzu verweisen Sie direkt auf die Verkaufsseite, die genau diese Dienstleistung spezifisch vorstellt, und *nicht* auf eine allgemeine Übersicht Ihrer Dienstleistungen.

Regel 5: Verwenden Sie nur AoP-Links zu Produkten, die Sie voller Überzeugung empfehlen und verkaufen können

Ich weiß, dass dieser Punkt eigentlich klar ist: Sie wissen von mir, dass mir die Zufriedenheit meiner Kunden das Wichtigste ist, und ich weiß von Ihnen, dass Sie dem voll und ganz zustimmen. Trotzdem sei es ein letztes Mal erwähnt:

Empfehlen Sie keinen Schund. Empfehlen Sie nichts, von dem Sie nicht wissen, wie es ist. Wenn Sie etwas Schlechtes empfehlen, wirft das ein schlechtes Licht auf Sie und Ihre Qualität und erschüttert das Vertrauen Ihrer Besucher und Kunden in Sie. Empfehlen und verkaufen Sie Produkte, von denen Sie sich überzeugt haben, dass sie genau das Richtige für Ihre Besucher sind. Empfehlen und verkaufen Sie Produkte, die Sie selbst kaufen würden oder schon gekauft haben.

Wie Sie Videoclips als AoP-Links integrieren

Auch hier gilt: Die Videoclips müssen zum Thema passen. Auf keinen Fall sollten Sie irgendwelche Videoclips auf der Website platzieren, bloß weil sie so schön aussehen. Wenn sie nichts mit dem Website-Thema zu tun haben, nerven sie den Besucher nur und lenken von Ihren zielgerichteten Einkommensquellen ab. Sie würden sich selbst um Ihren Gewinn bringen.

Viele Partnerprogramme beinhalten heutzutage beispielsweise Videoclips, die Sie in Ihre Website einbauen können. Am Ende der Video-Sequenz hat der Besucher dann meist die Möglichkeit, durch Klicken zum Shop des Partners zu gelangen. Bei manchen Videoclips kommt man auch einfach durch Klicken auf die Video-Fläche zum Shop des Partners (die Videoclips enthalten Ihre Affiliate-ID, damit Ihr Partner weiß, dass Sie die Besucher vermittelt haben). Natürlich können Sie auch für Ihr eigenes Produkt oder Ihre Dienstleistung einen Videoclip erstellen.

Grundsätzlich ist gegen Videoclips auch nichts einzuwenden. Im Gegenteil, Videoclips sind eine tolle Möglichkeit, Ihren Kunden auf dynamische Weise etwas mitzuteilen. Gut verwendete Videoclips können hohe Klickraten erzielen.

Wichtig ist, dass Sie Folgendes beachten. Dann werden Sie Videoclips erfolgreich verwenden:

- Bitte verwenden Sie Videoclip-AoP-Links nie als Ersatz für Ihre Text-AoP-Links. Verwenden Sie sie immer nur zusätzlich und sparsam (einen pro Seite).

- Verwenden Sie keine herkömmlichen Werbeclips. Diese werden vom Besucher nicht als objektive Information betrachtet und erwecken nur den Eindruck, Ihre Website wäre ein Werbeplatz.

- Verwenden Sie ungewöhnliche oder witzige Videoclips, die den Besucher neugierig machen und auch Unterhaltungswert bieten.

- Verwenden Sie informative Videoclips, zum Beispiel einen Clip, der die Meinungen von Besuchern des Hotels Toskana zum Inhalt hat, oder einen Videoclip, der das Hotel Toskana vorstellt. Möglich ist auch ein Videoclip, in dem Sie selbst Ihre Dienstleistungen vorstellen. Dadurch, dass der Betrachter Sie sprechen und gestikulieren sieht, werden Sie für ihn greifbarer und er fasst schneller Vertrauen zu Ihnen.

Es liegt in Ihrem eigenen Ermessen, ob Sie ein Video erklären oder nicht. Das hängt auch immer von der jeweiligen Situation und vom jeweiligen Videoclip ab. Manche Videoclips weisen bereits einen erläuternden Text oder ein Standbild auf, bevor man auf Play klickt, andere nicht.

Auf einer Seite über das Hotel Toskana könnten Sie einen Videoclip platzieren, der das Hotel vorstellt. Sie können das Video schön in den Fluss und Inhalt des Textes integrieren, indem Sie schreiben:

»Nachdem ich Ihnen von meinen Erfahrungen über das Hotel Toskana berichtet habe, möchte ich Ihnen zum Abschluss noch ein zweiminütiges Video zeigen, das Ihnen die vielen Möglichkeiten des Hotel Toskana vorstellt. Klicken Sie bitte auf den Play-Button für einen Rundgang durch das luxuriöseste Hotel der Toskana und machen Sie sich Ihr eigenes Bild.«

Kapitel 5

Suchmaschinenoptimierung und Linkbuilding

Suchmaschinenoptimierung (kurz SEO, steht für das englische *Search Engine Optimization*) bedeutet, eine Internetpräsenz für die Suchmaschinen zu optimieren. Das Ziel dieses Vorgangs besteht darin, dass die Suchmaschinen die Website dadurch als möglichst relevant für ein Thema einstufen und sie somit auf besseren Positionen in den Suchergebnissen für gefragte Keywords anführen.

Obiger Absatz beinhaltet schon den Grund, warum reine Suchmaschinenoptimierung überflüssig ist. Damit Sie verstehen können, was ich meine, zitiere ich nochmals den Schlüsselsatz ...

> *»Suchmaschinenoptimierung bedeutet, eine Internetpräsenz für die Suchmaschinen zu optimieren.«*

Genau das ist der Fehler. Wenn wir uns auf reine Suchmaschinenoptimierung einlassen, stellen wir die Suchmaschinen in den Vordergrund. Wir beginnen, die Bedürfnisse der Suchmaschinen erfüllen zu wollen. Meine Marketing-Philosophie besteht jedoch darin, stets die Bedürfnisse des Menschen in den Vordergrund zu stellen.

Kurz ausgedrückt: David Asen optimiert seine Websites nicht für die Suchmaschinen, sondern für die Menschen, die sie besuchen, und er rät allen anderen, das Gleiche zu tun. Interessanterweise ist die Optimierung auf die Bedürfnisse der Besucher die beste Form der Suchmaschinenoptimierung, und zwar aus folgendem Grund ...

5.1 Suchmaschinen vs. Realität

Suchmaschinen haben nur ein Ziel: Sie wollen eine Website genauso betrachten und einschätzen können, wie dies ein Mensch tun kann. Dann nämlich wären Suchmaschinen in der Lage, wirklich unterscheiden zu können, welche Websites hochwertig und welche nutzloser Datenmist sind. Suchmaschinen entwickeln immer komplexere Algorithmen und Parameter, um die Relevanz einer Website bestimmen zu können. Tausende SEO-Profis sind von Google und Co. angestellt, um immer bessere Methoden zu entwickeln, die gewährleisten, dass die Suchmaschinen relevante von irrelevanten Websites unterscheiden lernen. Warum machen sich die Suchmaschinen solche Mühe? Nur wenn die Suchmaschinen relevante Ergebnisse liefern, werden sie auch viel genutzt. Warum möchten Suchmaschinen möglichst viel genutzt werden? Weil sie dann Werbefläche öfter und teurer verkaufen können.

Wenn Sie als Internet-Anwender mit einer Suchmaschine wie Google suchen, besteht nur ein Teil der Ergebnisse aus normalen – sogenannten organischen – Suchergebnissen (siehe Abbildung 5.1, schwarzer Pfeil). Diese organischen Suchergebnisse bestehen aus Websites, deren Relevanz (in diesem Fall) Google mithilfe diverser Algorithmen und Parameter zu beurteilen versucht und dann gemäß der zugewiesenen Relevanz der Wichtigkeit nach ordnet. Der restliche Teil der Ergebnisse besteht aus bezahlten Suchergebnissen (graue Pfeile).

Abb. 5.1: Das Ergebnis einer Websuche

Die wirklichen Kunden von Google und Co. sind also diejenigen, die dafür bezahlen, Anzeigen auf den Suchergebnisseiten schalten zu dürfen. Für jeden Klick auf eine solche Anzeige verrechnet Google dem Werbetreibenden einen Betrag von ein paar Cent bis mehrere Euro. Google machte damit im Jahr 2012 über 43 Mrd. US-Dollar Umsatz. Sie können sich vorstellen, wie wichtig es Suchmaschinen wie Google ist, dass sie viele Besucher haben. Mit jedem Besucher, den Google für sich gewinnen kann, steigt die Chance, dass auf ein bezahltes Suchergebnis geklickt wird und Google seinen Milliarden-Umsatz weiter steigert.

Da kein Mensch Google nutzen würde, wenn es nur die bezahlten Suchergebnisse gäbe (jeder Internet-Anwender sucht vorrangig nach objektiver Information und nicht nach Werbung), macht sich Google unheimlich viel Mühe, hochrelevante organische Suchergebnisse zu liefern. Diese bilden den Lockvogel, um möglichst viele Menschen dazu zu bringen, Google für Suchanfragen zu verwenden. Die Masse an Google-Besuchern wiederum garantiert Google Milliarden-Umsätze beim Verkauf von Werbefläche auf den Suchergebnisseiten.

Warum ich Ihnen das alles erzähle? Damit Sie verstehen, dass es Google und Co. todernst damit ist, wirklich nur die besten Websites zu einem Thema auf den besten Plätzen in den Suchergebnissen zu listen. Hier geht es um Milliardenbeträge. Es wurde schon für weniger gemordet.

Es geht den Suchmaschinen also darum, die Realität zu erkennen. Die Suchmaschinen wollen Websites möglichst so betrachten und einschätzen können, wie dies Menschen tun. An diesem Punkt kommen wir wieder zur Suchmaschinenoptimierung zurück. Wie wir eingangs festgestellt haben, zielt Suchmaschinenoptimierung darauf ab, Websites für die Suchmaschinen anstatt für Menschen attraktiv zu machen.

5.1.1 Warum gibt es Suchmaschinenoptimierung?

In den Anfangszeiten des Internets waren Suchmaschinen sehr primitiv. Man musste nur die Metatags oder den Text einer Seite mit dem gewünschten Keyword vollstopfen (sprich, dieses unzählige Male wiederholen) und schon war man in den Augen der Suchmaschinen für dieses Keyword relevant. Diese Technik wird übrigens Keyword-Stuffing genannt. Doch die Suchmaschinen haben sich weiterentwickelt und durchschauen diesen Trick, denn sie wollen nicht getäuscht werden.

Findige Typen fanden jedoch neue Schwachstellen in den Suchmaschinen und entwickelten viele weitere Tricks und Techniken, um die Suchmaschinen zu täuschen: Das Keyword, auf das man eine Seite optimieren wollte, wurde ganz oft im Text wiederholt, aber nun in der gleichen Farbe wie der Hintergrund dargestellt, sodass die Suchmaschinen es bemerkten, die Seiten-Besucher davon aber nicht gestört wurden. Wieder versuchte man den Suchmaschinen etwas vorzugaukeln, aber die Suchmaschinen setzten sich zur Wehr.

Mit der Zeit wurden die Suchmaschinen immer klüger und man musste sich immer kompliziertere Tricks ausdenken, um die Suchmaschinen täuschen zu können. Es entstanden Techniken wie Cloaking, Doorwaypages etc. Aber was passierte? Richtig, die Suchmaschinen entwickelten sich weiter und durchschauten all diese Tricks, denn sie wollten nicht getäuscht werden. Die bisher angeführten Techniken zur Manipulation der Suchmaschinen werden übrigens alle dem Blackhat-Lager der Suchmaschinenoptimierung zugeordnet.

Es gibt in der Suchmaschinenoptimierung zwei Gruppen:

5.1.2 Die Blackhats und die Whitehats

Die Blackhats sind die schwarzen Magier des SEO, quasi die Bösen, und die Whitehats sind die Guten. Die Blackhats wollen die Suchmaschinen vorsätzlich täuschen und austricksen. Die Whitehats hingegen versuchen herauszufinden, nach welchen Kriterien Suchmaschinen die Relevanz einer Website bewerten, und optimieren die Website dann gemäß diesen Kriterien. Whitehats spielen sozusagen gemäß den Regeln.

Die vorsätzlichen Täuschungsversuche der Blackhats sind natürlich viel verwerflicher als das Vorgehen der Whitehats, doch beide Vorgehensweisen sind zum Scheitern verurteilt. Verstehen Sie mich nicht falsch: Die Whitehat-Techniken für sich genommen sind nichts Schlechtes. Ich zeige Ihnen in Kürze sogar, wie Sie gewisse Whitehat-Techniken verwenden können, um Ihre Website schneller in den Suchergebnissen nach vorne zu bringen. Was zum Scheitern verurteilt ist, ist die Arbeitseinstellung der Whitehats. Sie verwenden unheimlich viel Energie, um Websites gemäß Googles Algorithmen bestmöglich zu optimieren, und vergessen dabei oft die naheliegendste und effektivste Form der Suchmaschinenoptimierung, nämlich die Optimierung und relevante Gestaltung einer Website für den menschlichen Besucher. Würden sie dies tun, müssten sie nicht mehr so viel Energie in Suchmaschinenoptimierung stecken, weil ihre Websites automatisch bereits zu 90 Prozent suchmaschinenoptimiert wären. Die restlichen 10 Prozent könnten sie dann mit ein paar ganz einfachen, aber effektiven Richtlinien ergänzen. Genau diese Richtlinien zeige ich Ihnen in Kürze. Bei den Whitehats sind also nicht so sehr die Techniken an sich als vielmehr die Ausrichtung auf das falsche

Ziel das Problem. Bei den Blackhats sind sowohl die Einstellung als auch die Techniken selber problematisch. Blackhat-Strategien sind offener Betrug an den Suchmaschinen und werden von diesen dementsprechend rigoros abgestraft, sobald sie bemerkt werden.

Im Moment versuchen SEO-Experten noch verzweifelt, mit den ständigen Verbesserungen der Suchmaschinen-Algorithmen und der Einführung unzähliger neuer Parameter zur Bewertung der Website-Relevanz mitzuhalten, doch machen sie nur das, haben sie den Kampf jetzt schon verloren. Google und Co. beschäftigen – wie ich bereits erwähnt habe – Tausende der intelligentesten Experten, um Techniken zu entwickeln, die die wirkliche Relevanz einer Website bewerten können und die Suchmaschinen vor Manipulation schützen. Diesen Kampf kann man nicht gewinnen. Weder als »Guter« noch als »Böser«.

Man kann den Suchmaschinen dagegen einfach eines geben: Nämlich genau das, was sie wollen: Realität.

5.1.3 Das CTPM-Konzept: Die beste Art der Suchmaschinenoptimierung

Wenn Sie bereits gemäß dem Konzept und den Anleitungen arbeiten, die ich in diesem Buch präsentiere, erfüllen Sie alle Voraussetzungen, um den Suchmaschinen die gewünschte Realität zu bieten. In meinen ganzen Ausführungen lege ich immer besonderen Wert darauf, dass Sie Ihre gesamte Internetpräsenz von der Struktur über das Design bis zu den Inhalten auf die Bedürfnisse Ihrer Besucher auslegen. Ich möchte, dass Sie den Besuchern lösungsorientierte Inhalte auf Ihrer Website präsentieren, dass Sie fundiertes Wissen vermitteln, gepaart mit persönlicher Erfahrung.

Kurzum: Ich spreche immer davon, dass Sie eine Website aufbauen, die tatsächlich relevant für Ihre Besucher, das heißt Ihre Zielgruppe ist. Genau das wollen Suchmaschinen. Die Suchmaschinen entwickeln irrsinnig komplexe Algorithmen, um genau solche wirklich relevante Websites erkennen zu können. Warum in aller Welt sollten Sie Ihre Website also suchmaschinenoptimieren?

So wie Gesundbleiben jegliche Medizin überflüssig macht, so macht das CTPM-Konzept (auf dem dieses Buch fußt) jegliche Suchmaschinenoptimierung im Grunde überflüssig. Aber so wie es einfache vorbeugende Mittel gibt, um Ihre Gesundheit zu stärken und aufrechtzuerhalten, so gibt es einfache, aber sehr effektive Richtlinien, wie Sie Ihre Website so aufbereiten, dass die Suchmaschinen deren ohnehin vorhandene Relevanz noch einfacher und schneller erkennen.

5.2 Wie Suchmaschinen funktionieren

Alle Kriterien, die Suchmaschinen verwenden, um die Relevanz einer Website zu bestimmen, lassen sich grundsätzlich in zwei Bereiche einteilen:

- Onpage-Kriterien und

- Offpage-Kriterien

Bitte glauben Sie niemandem, der behauptet, alle diese Kriterien zu kennen. Niemand weiß, wie viele Kriterien Suchmaschinen wie Google tatsächlich nutzen. Die Algorithmen, die Suchmaschinen entwickeln, um die Relevanz von Websites für ein Keyword zu bestimmen, sind so geheim, dass nicht einmal die Mitarbeiter der Suchmaschinen selbst das gesamte Bild kennen. Dieses Gesamtbild des Google-Algorithmus kennen vielleicht zwei, drei Personen und diese hüten es wie ihren Augapfel.

5.2.1 Die Onpage-Kriterien

Die Onpage-Kriterien beziehen sich auf die Bereiche Ihrer Website, die Sie selbst direkt beeinflussen können. Das sind:

- Die inhaltliche Struktur Ihrer Website

- Die Navigation und Link-Struktur

- Fehler im HTML-Code, tote Links etc.

- Die Ordner-Struktur auf Ihrem Server und die Dateinamen der einzelnen Seiten

- Die Metatags einzelner Seiten

- Der Inhalt (Text) auf den einzelnen Seiten

Im Text einer jeden Seite gibt es wiederum viele Unterkriterien:

- Fokussiert sich der Text auf ein Keyword und somit auf ein ganz spezifisches Thema oder kommen unzählige Keywords vor?

- Wie oft kommt das Hauptkeyword (das Keyword, auf das eine Seite beziehungsweise ein Text vorrangig optimiert ist) vor? Hier spricht man von Keyword-Dichte.

- Kommt das Hauptkeyword in Überschriften, Links, Bilderklärungen (Alt-Tags) vor?

Ich habe Ihnen bereits davon erzählt, dass es in den Anfangstagen der Suchmaschinen sehr leicht war, diese zu täuschen. Man musste nur die Onpage-Kriterien manipulieren. Mittlerweile legen die Suchmaschinen aber den Schwerpunkt auf die Offpage-Kriterien.

5.2.2 Die Offpage-Kriterien

Um sich vor Betrug durch die Manipulation der Onpage-Kriterien zu schützen, haben die Suchmaschinen begonnen, vermehrt Augenmerk auf die sogenannten Offpage-Kriterien zu legen. Der Vorteil der Offpage-Kriterien ist, dass diese von den Website-Inhabern viel schwieriger und nur indirekt manipuliert werden können und den Suchmaschinen somit ein objektiveres Bild von der Qualität einer Website vermitteln. Offpage-Kriterien setzen sich aus einer Masse von Parametern zusammen, von denen nur ein Bruchteil bekannt ist. Doch auch das ist schon eine erkleckliche Anzahl.

Mit den Offpage-Kriterien versuchen Suchmaschinen, das Verhalten menschlicher Besucher zu und auf einer Website auszuwerten. Nach dem Motto: »Wenn wir (die Suchmaschinen) schon nicht in der Lage sind, Websites genauso intelligent wie Menschen zu bewerten, versuchen wir eben anhand des Verhaltens von Website-Besuchern herauszufinden, ob diese eine Website als relevant betrachten oder nicht.«

Hier ein Auszug an Offpage-Kriterien:

- **Klickrate:** In den Suchergebnissen werden auf der ersten Seite 10 Resultate (Websites) geliefert. Auf welche dieser Websites wird am häufigsten geklickt? Die Suchmaschinen messen diese Klickrate. Die Website mit der besten Klickrate (unter Berücksichtigung der Positionierung) gewinnt an Relevanz für den Suchbegriff, zu dem sie gelistet wurde.

- **Besuchsdauer:** Wie lange verweilt eine Person auf einer Website, bevor sie wieder zur Suchergebnisseite zurückkehrt? Wenn der Besucher schnell wieder bei den Suchergebnissen ist, hat er auf der Seite nichts Ansprechendes gefunden.

- **Anzahl der besuchten Seiten einer Website**

- **Eingehende Links** (auch unter dem eigentlich irreführenden Begriff »Backlinks« bekannt): Wie viele andere Websites verweisen auf die zu bewertende Website? Wie relevant sind diese verweisenden Websites?

5.2.3 Sind Onpage-Kriterien überhaupt noch von Bedeutung?

In den Augen der Suchmaschinen haben die Offpage-Kriterien mittlerweile viel mehr Gewicht. Manche SEO-Experten gehen sogar so weit zu sagen, dass Onpage-Kriterien (wie die Optimierung von Metatags auf ein bestimmtes Keyword) völlig belanglos geworden sind. Dieser extremen Ansicht stimme ich aus eigener Erfahrung aber nicht zu. Meiner Erfahrung nach sind die Onpage-Kriterien nach wie vor eine wichtige Basis, um den Suchmaschinen einen ersten guten Eindruck zu vermitteln und ihnen zu zeigen, worum es auf einer Seite geht. Die Onpage-Kriterien sind mit wenig Aufwand zu bewältigen, zeigen den Suchmaschinen aber deutlich, dass sich hier jemand bewusst hingesetzt hat und eine gesamte Seite (Metatags, Überschriften, Text) auf ein ganz bestimmtes Thema (Keyword) ausgerichtet hat. Auch wenn die Suchmaschinen den Offpage-Kriterien letztendlich mehr Bedeutung beimessen, bilden die Onpage-Kriterien eine solide Grundlage, und damit einen Pluspunkt für die Suchmaschinen, den ich keinesfalls ignorieren würde. Natürlich, wenn Sie eine Seite mechanisch völlig korrekt auf ein Keyword optimieren, diese Seite aber inhaltlich rundweg belanglos ist, wird dies eine jede Suchmaschine anhand der Offpage-Kriterien früher oder später erkennen und Ihre Seite ins Nirwana der hintersten Positionen in den Suchergebnissen schicken. Da hilft dann die beste Onpage-Optimierung nichts.

Wenn die Suchmaschinen aber sehen, dass Sie die Onpage-Kriterien ausgezeichnet erfüllen und dieser positive Eindruck durch die Auswertung der Offpage-Kriterien gestützt wird, sind die Onpage-Kriterien ein zusätzlicher Pluspunkt. Das ist nur logisch. Wenn Sie eine Seite über Siamkatzen schreiben, ist es ja natürlich, dass der Begriff »Siamkatze« in den Metatags, in den Überschriften und verhältnismäßig oft im Text vorkommt. Wenn man also spezifischen, themenrelevanten Inhalt schreibt, wird man die Onpage-Kriterien ohnedies zu 90 Prozent richtig hinbekommen. Die Anleitung zur Optimierung der Onpage-Kriterien, die ich in diesem Buch gebe, dient einfach dazu, dass Sie das Optimum aus den Onpage-Kriterien herausholen können und eine Richtlinie haben, anhand derer Sie beurteilen können, ob Sie einen groben Fehler gemacht haben.

Fazit

Kreieren Sie hochwertigen Inhalt. Das ist mit Abstand das Wichtigste. Dann sehen Sie zu, dass Sie die Richtlinien zur Optimierung der Onpage-Kriterien bestmöglich einhalten.

Sollten Sie eine Richtlinie nicht umsetzen können, ohne den Inhalt einer Seite sehr unnatürlich umgestalten zu müssen, lassen Sie es bleiben. Die Qualität Ihrer Inhalte wird diesen kleinen Makel völlig überstrahlen. Versuchen Sie *nicht*, die Onpage-Kriterien immer noch besser zu optimieren. Schreiben Sie stattdessen lieber weitere inhaltlich hochwertige und Keyword-fokussierte Seiten für Ihre Website.

5.2.4 Richtlinien zur Optimierung der Onpage-Kriterien für die Suchmaschinen

Gute Onpage-Optimierung beginnt schon bei der Wahl der richtigen Themennische für Ihre Website, setzt sich bei der Keyword-Liste und Site-Struktur fort, betrifft die Navigation und speziell natürlich den Inhalt der einzelnen Seiten einer Website, sprich Metatags und Text. An dieser Stelle gebe ich nur die Richtlinien für die Optimierung der Metatags und der einzelnen Seitentexte auf ein bestimmtes Keyword wieder. Wie Sie eine optimale Site-Struktur, Navigation etc. erstellen, erfahren Sie bereits ausführlich in Kapitel 4. Wenn Sie die Richtlinien gewissenhaft umgesetzt haben, können Sie davon ausgehen, dass Sie diese Bereiche schon perfekt für die Suchmaschinen optimiert haben.

Hinweis

80 Prozent der Suchmaschinenoptimierung erledigen Sie, indem Sie Ihre Website-Texte für den menschlichen Betrachter hochwertig gestalten.

Da aber auch die restlichen 20 Prozent sehr wichtig sind beziehungsweise sehr viel zur Entfaltung der anderen 80 Prozent beitragen, gebe ich Ihnen im Folgenden anhand eines Beispiels einige ganz praktisch umsetzbare Richtlinien, wie Sie Ihre Website-Texte und die dazugehörenden Metatags bestmöglich suchmaschinenoptimieren.

Suchmaschinenoptimierung der Metatags

Ein Hinweis vorweg: Es ist sehr wichtig, die Metatags für die Menschen ansprechend zu gestalten, denn die Metatags werden von den Suchmaschinen als Beschreibung Ihrer Website in den Suchergebnissen verwendet. Wenn die Metatags den Suchmaschinen-Nutzer zum Klick auf Ihre Website anregen, schaffen Sie sich natürlich viel mehr Besucher.

Nehmen wir an, Sie wollen die Metatags auf das Keyword »bonsaibaum pflege« optimieren. Dann würde der Quellcode für richtig optimierte Metatags folgendermaßen aussehen (das Keyword wird immer *kursiv* hervorgehoben):

<title>*Bonsaibaum Pflege* – 11 Tipps für Ihren grünen Zwerg</title>

<meta name="description" content="*Bonsaibaum Pflege* ist eine Herausforderung. Erfahren Sie hier alles zu Bewässerung, Zuschneiden, Düngen und Raumklima.">

<meta name="keywords" content="*bonsaibaum pflege*, bonsaibaum raumklima">

Aus diesem Beispiel lassen sich folgende Regeln ableiten, die Sie anwenden sollten, um Ihre Metatags bestmöglich zu optimieren:

- **Title:** Das Keyword muss im <title> vorkommen, am besten so weit am Anfang wie möglich. Nach Möglichkeit sollte der Title nicht mehr als 68 Zeichen haben, da er in den Suchergebnissen von Google ansonsten abgeschnitten wird.

- **Description:** Das Keyword muss in der Description vorkommen und sollte auch eher am Anfang stehen. Es sollte mindestens einmal vorkommen, nicht öfters als zweimal. Die Description sollte – wenn möglich – nicht länger als 154 Zeichen beziehungsweise 25 Wörter sein, da Sie sonst in den Suchergebnissen von Google abgeschnitten wird.

- **Keywords:** Das Keyword, auf das Sie eine Seite optimieren, muss ganz am Anfang stehen. Im Beispiel oben lautet das Keyword »*bonsaibaum pflege*«. Danach können Sie noch ein bis vier weitere Keywords hinzufügen, die ebenfalls den Inhalt der Seite wiedergeben. Verwenden Sie jedoch nicht mehr als insgesamt fünf Keywords. Ein jedes Keyword beziehungsweise jede Keyword-Phrase (wie zum Beispiel *bonsaibaum pflege*) wird durch einen Beistrich vom vorhergehenden Keyword getrennt.

  Manche Website-Betreiber schreiben Keyword-Phrasen nicht als Ganzes in das *keyword tag*, sondern brechen diese in einzelne Wörter auf. Statt

  <meta name="keywords" content="bonsaibaum pflege, bonsaibaum raumklima">

  würden sie schreiben:

  <meta name="keywords" content="bonsaibaum, pflege, raumklima">

  Ich persönlich bevorzuge es, Keyword-Phrasen als Ganzes in das *keyword tag* einzugeben. Das schafft für die Suchmaschinen maximale Klarheit, auf welche Keyword-Phrase exakt man einen Website-Text optimiert hat.

- **Dateiname:** Ganz wichtig: Nennen Sie die Datei immer so, wie das Keyword lautet. Eine Seite, die Sie beispielsweise auf die Keyword-Phrase »*bonsaibaum pflege*« optimieren möchten, nennen Sie »bonsaibaum-pflege.html«.

Suchmaschinenoptimierung des Textes

Achten Sie darauf, das Hauptkeyword eines jeweiligen Textes regelmäßig in den Zwischenüberschriften zu verwenden. Sie können auch andere passende Keywords in die Zwischenüberschriften einbauen. Achten Sie aber darauf, dass diese weniger oft vorkommen als das Hauptkeyword. So setzen Sie ein klares Signal für die Suchmaschinen, dass das Hauptkeyword das Hauptthema des Textes ist. So können Sie beispielsweise das Hauptkeyword in alle Zwischenüberschriften der betreffenden Seite einbauen, weitere Keywords aber nur einmal in eine der Überschriften.

Ein weiterer Faktor zur Suchmaschinenoptimierung von Website-Texten ist die Keyword-Dichte. Diese zeigt, wie oft das Keyword, auf das Ihr jeweiliger Website-Text optimiert ist, prozentuell gesehen im Text vorkommt. Experten sagen, dass die Keyword-Dichte zwischen ein und drei Prozent liegen soll. Gemäß meinen Erkenntnissen ist es gut, wenn Sie bei ca. 6,5 bis 7 Prozent liegt. Die Keyword-Dichte eines Textes können Sie hier prüfen lassen (für Keyword-Phrasen mit bis zu drei Wörtern):

```
http://rapid.searchmetrics.com/seo-tools/keyword-tools/keyword-
dichte,18.html
```

Gute Metatags und informative Texte ergeben eine Mischung, die sowohl Ihre Besucher als auch die Suchmaschinen lieben. Sie werden viel leichter gute Positionen in den Suchergebnissen und viele Besucher erhalten.

5.2.5 Richtlinien zur Optimierung der Offpage-Kriterien

Offpage-Kriterien kann man nicht direkt beeinflussen und somit auch nicht direkt optimieren. Sie lassen sich aber indirekt beeinflussen, indem man eine qualitativ wirklich hochwertige Website aufbaut. Wenn Sie die einzelnen Schritte aus den bisherigen Teilen dieses Buches umgesetzt haben, können Sie sicher sein, dass Ihre Website die Offpage-Kriterien der Suchmaschinen perfekt erfüllt.

Die Offpage-Kriterien sind dann erfüllt, wenn Sie auf Ihrer Website relevanten Inhalt zur Verfügung stellen, der das Interesse der Website-Besucher weckt. Erfreut über den wirklich hochwertigen Inhalt Ihrer Website legen diese ein Verhalten an den Tag, aus dem die Suchmaschinen schließen können, dass Ihre Website von hoher Relevanz für Ihre Besucher ist. Hier ein kleines Beispiel, um dies zu veranschaulichen.

Eine Katzenliebhaberin gibt »siamkatzen pflege« in eine Suchmaschine ein, um eine Suche zu starten. Sie möchte sich eine Siamkatze zulegen und sich noch darüber informieren, wie pflegeintensiv diese Tiere sind.

Auf der Suchergebnisseite sieht sie 10 Websites aufgelistet. Ihr sticht die Website auf Position 9 ins Auge, da diese – im Gegensatz zu den anderen Einträgen – eine sehr ansprechende Beschreibung aufweist.

Die Beschreibung lautet:

Siamkatzen Pflege – Die 10 wichtigsten Tipps

Siamkatzen sind aufgrund ihres kurzen Fells sehr pflegeleicht. Diese einfachen Tipps helfen Ihnen, Ihre Siamkatze gesund und schön zu halten.

Obige Beschreibung bezieht die Suchmaschine übrigens aus den Metatags der Seite. Es ist daher wichtig, Ihre Metatags so zu gestalten, dass Sie den Suchenden dazu animieren, darauf zu klicken, wenn er sie in den Suchergebnissen liest.

Kehren wir wieder zum Beispiel zurück: Die Katzenliebhaberin klickt also auf Eintrag Nr. 9, da dessen Beschreibung sie am meisten anspricht. Die Suchmaschinen erkennen: Obwohl diese Website nur auf Position 9 gelistet ist, zieht der Besucher sie doch der topgelisteten Website vor.

Einmal auf der Seite zum Thema Siamkatzen-Pflege angelangt, ist die Frau sofort vom relevanten Inhalt begeistert und liest sich die ganze Seite aufmerksam durch. Dabei stößt sie auf einen Link zu einer anderen Seite derselben Website, wo es darum geht, welche Erkrankungen man bedenkenlos selbst versorgen kann und wann ein Besuch beim Tierarzt geboten ist. Die Dame freut sich mittlerweile schon richtig, eine so informative Seite gefunden zu haben. Abschließend liest sie sich auch noch einen Bericht über die besten Siamkatzenzüchter in Deutschland durch und speichert die Website in ihren Lesezeichen ab. Dann kehrt sie wieder zur Suchmaschine zurück.

Die Suchmaschinen haben das Verhalten der Katzenliebhaberin die ganze Zeit über sehr genau beobachtet. Sie haben festgestellt, dass die Dame eine erstaunlich lange Zeit auf der Website verbracht und noch dazu gleich mehrere Seiten der Website gelesen hat.

Begeistert von ihrer Entdeckung postet die Frau auf ihrem Facebook- und GooglePlus-Profil einen Link zur Siamkatzen-Website. Ihre Freunde besuchen die Website ebenfalls. In ihrem persönlichen Blog berichtet sie ebenfalls stolz von ihrer Entdeckung und verlinkt zu besagter Website. Eine Woche später stößt sie in einem Online-Katzenforum auf eine Frage zur Pflege von Siamkatzen. Da lässt sie sich natürlich nicht zweimal bitten und antwortet: »Da habe ich genau die richtige Website.« Sie setzt im Forum einen Link zur mittlerweile allseits bekannten Siamkatzen-Website.

Die Suchmaschinen waren die ganze Zeit über wachsam. Sie haben beobachtet, auf welche Website in den Suchergebnissen geklickt wurde, wie lange die Besucherin auf der Website war und wie viele Seiten sie dort besucht hat. Die Suchmaschinen bemerken natürlich auch die Links zur Siamkatzen-Website, die die Dame in ihrem Blog, auf ihrem Facebook- und GooglePlus-Profil und im Forum gesetzt hat.

Die Suchmaschinen analysieren dieses Verhalten und kommen zu dem logischen Schluss, dass besagte Website von großer Relevanz für unsere Katzenliebhaberin gewesen sein muss. Legen nun auch andere Besucher besagter Website ein solches Verhalten an den Tag, summiert sich dieser positive Eindruck und die Suchmaschinen erkennen: Diese Website ist für Menschen, die mit dem Begriff »siamkatzen pflege« nach Informationen suchen, wirklich hilfreich. Die Suchmaschinen listen die Website an immer besseren Positionen, bis sie eines Tages an erster Stelle in den Suchergebnissen steht.

In der Praxis ist das Ganze natürlich etwas komplexer, aber das Prinzip ist so einfach wie hier geschildert. Gerne möchte ich an dieser Stelle noch Folgendes erwähnen: Obiges Prinzip, dass sich eine Website in den Suchergebnissen durch ein positives Besucherverhalten verbessert, trifft auch dann zu, wenn die Website nicht an Position 9, sondern beispielsweise nur an Position 29, also auf Seite 3 der Suchergebnisse, gelistet ist. (In der Regel werden pro Suchergebnisseite 10 Websites gelistet.)

Bei einer Website, die nicht unter den Top-10-Suchergebnissen aufscheint, dauert es natürlich länger, bis den Suchmaschinen genug Besucherverhalten zur Auswertung zur Verfügung steht. Dies rührt daher, dass sich fast niemand die Websites ansieht, die erst auf der zweiten und den folgenden Seiten der Suchergebnisse gelistet sind. »Fast niemand« bedeutet aber, dass ein paar Menschen diese Websites eben doch auch finden und anklicken. Somit sammelt auch eine solche Website – vorausgesetzt, sie ist hochwertig – in absehbarer Zeit genug positives Besucherverhalten, dass sie unter die Top 10 der Suchergebnisse wandert.

Hauptsächlich wird Ihre Website jedoch durch Besucher, die mit extrem spezifischen und somit weniger umkämpften Keywords suchen, positives Besucherverhalten sammeln. Nehmen wir wieder die Siamkatzen-Website aus unserem Beispiel und gehen wir davon aus, dass Sie der Betreiber dieser Website sind.

Die Startseite der Website optimieren Sie auf das Keyword »siamkatzen«. Eine Rubrikseite wird auf das Keyword »siamkatzen pflege« optimiert und eine Detailseite dieser Rubrikseite auf das Keyword »siamkatzen pflege bürsten«.

Bis Sie mit der Startseite der Website für den Suchbegriff (Keyword) »siamkatzen« in die Top 30, geschweige denn Top 10 der Suchergebnisse gelangen, braucht es am längsten. Sie werden nicht auf Anhieb mit einer Topplatzierung zu diesem Suchbegriff einsteigen können. Die Konkurrenz ist zu groß.

Etwas besser sieht es mit dem Suchbegriff »siamkatzen pflege« aus. Da dieser spezifischer ist, haben Sie mehr Chancen, dafür von Anfang an eine halbwegs gute Position in den Suchergebnissen zu ergattern.

Die besten Chancen auf eine Top-30-, ja vielleicht sogar Top-10-Platzierung haben Sie für die auf den Suchbegriff »siamkatzen pflege bürsten« optimierten Seite. Für dieses Keyword gibt es wenig Konkurrenz. Wenn Sie die Onpage-Kriterien dieser spezifischen Seite richtig hinbekommen, haben Sie gute Chancen, auf einer Top-Platzierung einzusteigen.

Es sind genau diese Seiten, die auf extrem spezifische Keywords optimiert sind, die am Anfang das Rennen machen und den Besucherstrom Ihrer Website ins Fließen bringen. Für diese spezifischen Keywords gibt es natürlich auch viel weniger Suchanfragen als für allgemeinere Keywords, dafür werden Sie aber aufgrund mangelnder Konkurrenz von Ihren Besuchern schnell gefunden. Über diese Suchanfragen erhalten Sie nun genügend Besucher, um ausreichend positives Besucherverhalten sammeln zu können, das den Suchmaschinen signalisiert: »Diese Website scheint für diese extrem spezifischen Keywords sehr relevant zu sein. Mal sehen, ob sie nicht auch für den einen oder anderen etwas allgemeineren Suchbegriff relevant ist.«

Aufgrund dieser Überlegung positionieren die Suchmaschinen nun auch die Seite, die auf den etwas allgemeineren Suchbegriff »siamkatzen pflege« optimiert ist, unter den Top 20 der Suchergebnisse, anstatt wie bislang nur unter den Top 60. Nun sammelt Ihre Website über diese Seite und zu diesem Suchbegriff auch positives Besucherverhalten und gewinnt weiter an Ansehen. Wie bereits beschrieben, schafft es diese Seite irgendwann sogar in die Top 10.

Nach einigen Monaten, wenn Sie auf diese Weise einige Rubrikseiten für Keywords wie »siamkatzen pflege«, »siamkatzen rasse«, »siamkatzen kaufen« in die Top 10 der Suchergebnisse gebracht haben, geschieht etwas Wunderbares: Ihre Startseite, optimiert auf den sehr umkämpften, weil allgemeinen Suchbegriff »siamkatzen«, die anfangs nicht einmal in den Top 100 der Suchergebnisse für diesen Suchbegriff zu finden war, ist nun unter den Top 10 der Suchergebnisse gelistet!

5.3 · Der PageRank

Ein sehr bekannter Aspekt der Offpage-Kriterien ist der sogenannte PageRank. Viele SEO-»Experten« tun so, als ob dies der Heilige Gral der Suchmaschinenoptimierung wäre, was nicht stimmt. Die Suchmaschinen ziehen wahrscheinlich Hunderte Offpage-Kriterien zur Auswertung heran. Der PageRank ist nur einer davon. Der PageRank ist ein Algorithmus, der die Linkstruktur zwischen den Websites des Internets analysiert, um Websites in ihrer Relevanz bewerten zu können. Hierbei sind zwei Faktoren entscheidend:

- Wie viele eingehende Links hat eine Website, sprich, wie viele andere Websites verweisen auf eine Website ...

- und wie angesehen sind diese Websites, die auf eine Website verweisen?

Hier ein paar sehr vereinfachte Beispiele, um den PageRank zu erklären:

- 10 relativ unbedeutende Websites (Websites, die selbst einen sehr geringen PageRank aufweisen) verweisen auf Website A. Diese erhält einen leicht unterdurchschnittlichen PageRank von 3 Punkten (von maximal 10).

- Eine extrem wichtige Website (weist einen PageRank von 9 auf) verweist auf Website B. Ansonsten hat Website B keine eingehenden Links. Website B erhält einen überdurchschnittlichen PageRank von 6.

- Eine extrem wichtige Website und 10 relativ unbedeutende Websites verweisen auf Website C. Diese erhält einen bereits sehr guten PageRank von 7.

Sie sehen: Die Anzahl der eingehenden Links sind ein wichtiger Faktor für einen hohen PageRank. Noch wichtiger ist aber, wie hoch der PageRank der Website ist, von der man den Link erhält. Wie obiges Beispiel zeigt, kann ein eingehender Link von einer extrem wichtigen Website weit mehr Gewicht, sprich Auswirkung, auf den PageRank der eigenen Website haben als viele eingehende Links von unterdurchschnittlichen Websites.

Aufgrund seiner Eigenschaften wurde der PageRank von gewissen Experten so weit hochstilisiert, dass man SEO heutzutage oft mit PageRank-Optimierung gleichsetzt. Es ist ja auch zu verlockend: Einen hohen PageRank erhält man, wenn man möglichst viele eingehende Links von möglichst wichtigen Websites bekommt. Das ist gefundenes Fressen für Suchmaschinenoptimierer, die lieber irgendwelche Anforderungen von Suchmaschinen-Algorithmen erfüllen wollen, anstatt hochwertigen Inhalt zu liefern. Blackhats hatten nun wieder etwas gefunden, auf das sie sich stürzen konnten, und begannen damit, wie die Verrückten eingehende Links für ihre Websites zu beschaffen, indem sie Website-Gästebücher, Blogs und Internetforen mit Links zu ihren Websites zuspammten (also mit Spam geflutet haben).

Machen Sie nicht den gleichen Fehler, den ich schon eingangs erwähnt habe: Sie wollen den Suchmaschinen Realität vorgaukeln. In diesem Fall tun sie das, indem sie sich auf künstliche Weise viele eingehende Links beschaffen. Die Suchmaschinen aber wollen die wahren Gegebenheiten erkennen. Darum gilt auch hier als Grundsatz wieder ...

Einen guten Page-Rank werden Sie automatisch erhalten, wenn Sie auf Ihrer Website hochwertigen relevanten Inhalt zu einem Thema bereitstellen.

- Ihre Besucher und Interessenten, ja Ihre gesamte Internet-Nachbarschaft wird Ihre Qualität zu schätzen wissen und themenverwandte Websites werden **von selbst** auf Ihre Website verlinken.

- Besucher Ihrer Website werden **von selbst** in Foren auf Ihre Website verweisen.

- Besucher werden Ihre Website **von selbst** Freunden auf Facebook und Co. empfehlen.

- Und und und ...

Lassen Sie sich von Suchmaschinenoptimierungsrichtlinien (was für ein Wort!), der Anzahl eingehender Links zu Ihrer Website, hohem PageRank und ähnlichen Dingen nicht verrückt machen! Letztendlich kann es Ihnen ja völlig egal sein, ob Ihre Website perfekt für die Suchmaschine optimiert ist und ob Sie viele eingehende Links zu Ihrer Website haben, solange Sie viele Besucher haben, die die Qualität Ihrer Website zu schätzen wissen. Wenn SEO und eingehende Links dazu beitragen, viele Besucher zu erhalten, nutzen wir beides natürlich gerne, aber wir sollten diese Dinge nie zu einem Selbstzweck hochstilisieren!

Im Rennen um Besucher mögen Suchmaschinenoptimierer mit ihren massiven Kampagnen zur Generierung eingehender Links und anderen Realitäts-Simulierungs-Techniken beim Start in Führung gehen, aber schon im ersten Drittel haben Sie diese »Experten« dank der echten Qualität Ihrer Website wieder eingeholt und letztendlich werden Sie das Rennen mit riesigem Abstand gewinnen.

In diesem Sinne hoffe ich, dass Sie die einfache, aber alles entscheidende Botschaft verstanden haben:

Wichtig

Hochwertige und relevante Inhalte auf Ihrer Website sind die beste Suchmaschinenoptimierung.

Sie erreichen damit viel nachhaltiger bessere Platzierungen in den Suchergebnissen als mit herkömmlicher Suchmaschinenoptimierung, aber *ohne* die ganze mühselige Arbeit, die mit herkömmlicher Suchmaschinenoptimierung einhergeht. Natürlich ist es auch Arbeit, hochwertige Inhalte für Ihre Website zu erstellen, aber es ist keine **zusätzliche** Arbeit, denn ich gehe fest davon aus, dass Sie ohnedies hochwertigen Inhalt für Ihre Besucher und zukünftigen Kunden erstellen wollen, denn andernfalls bräuchten Sie ja keine Website ins Leben zu rufen. Inhaltlichen Müll gibt es bereits genug in den Weiten des Internets.

Hinweis

Mit dem nachhaltigen und ehrlichen Ansatz der CTPM-Strategie ersparen Sie sich Stunden und Tage nutzloser Arbeit, die Sie dafür umso effektiver und sinnvoller in die Qualitätssteigerung und Erweiterung Ihrer Website investieren können.

5.4 Linkbuilding

Falls Sie sich jetzt fragen, warum ich plötzlich von der Beschaffung eingehender Links zu sprechen beginne, obwohl ich doch gerade erst großspurig verkündet habe, dass diese von selbst kommen werden, wenn man nur ausreichend hochwertigen Inhalt auf der eigenen Website bereitstellt, lassen Sie mich bitte erklären: Qualität gewinnt das Rennen. Das ist unbestritten, aber eine effektive Starthilfe kann Wunder wirken.

Der Stein muss ins Rollen kommen. Wenn erst einmal ein paar Menschen von Ihrer neuen Website wissen, wird die Qualität Ihrer Website ein unglaubliches Momentum erzeugen. Die Menschen werden über Ihre Website sprechen und diese mit Freude weiterempfehlen. Wenn aber niemand von Ihrer Website weiß, wird nie etwas passieren. Um mit Ihrer Website dieses notwendige Momentum, diese Eigendynamik zu erhalten, können Sie Starthilfe leisten, indem Sie sich eingehende Links von hochwertigen Websites beschaffen. Wie das in der Praxis funktioniert, erkläre ich im Folgenden dieses Buches.

5.4.1 Anmeldung Ihrer Website in den Suchmaschinen

Eingehende Links hin oder her, Sie wollen, dass die Suchmaschinen wissen, dass es Ihre Website gibt. Alle großen Suchmaschinen stellen zu diesem Zweck die Möglichkeit bereit, Ihre Website anzumelden. Mit einer solchen Anmeldung wird

Ihre Website nicht automatisch von den Suchmaschinen aufgenommen. Sie teilen den Suchmaschinen damit nur mit, dass Sie gerne aufgenommen werden möchten. Dementsprechend kann es Wochen, manchmal sogar Monate dauern, bis die angemeldete Website dann auch tatsächlich in die Datenbank einer Suchmaschine eingetragen wird.

Um diese langen Wartezeiten zu vermeiden, gibt es eine einfache Lösung. Sehen Sie zu, dass mindestens eine bereits von den Suchmaschinen erfasste Website auf Ihre Website verlinkt. Suchmaschinen durchforsten ständig das Internet mit sogenannten Crawlern. Diese Crawler folgen jedem Link, den sie auf einer Website finden und stoßen so auf neue Websites. Zudem besuchen diese Crawler regelmäßig die bereits in die Suchmaschinen aufgenommenen Websites, um deren Aktualisierungen zu erfassen. Je mehr Websites auf Ihre Website verlinken, desto größer ist die Chance, dass ein Crawler auf Ihre Website stößt und diese in die Datenbank der Suchmaschine aufnimmt. Sich ein paar eingehende Links zu beschaffen, ist daher auf jeden Fall eine gute Idee. Sie sollten Ihre Website aber ruhig auch bei den wichtigsten Suchmaschinen anmelden.

Wenn Sie Ihre Website in den Suchmaschinen anmelden, beachten Sie bitte, dass nur die Hauptseite Ihrer Website eingetragen werden soll. Die Suchmaschine findet alle weiteren Unterseiten automatisch. Würden Sie jede Seite Ihrer Website einzeln eintragen, könnte die Suchmaschine dies leicht als Spam deuten und Ihre Website sperren. Melden Sie Ihre Website also nicht mehrmals hintereinander in den Suchmaschinen an. Dies hat keine positive Auswirkung auf ihre Aufnahme beziehungsweise Position in den Suchergebnissen. Im Gegenteil, es kann negative Folgen haben (wobei Sie aber von keiner Suchmaschine gesperrt werden, nur weil Sie Ihre Website versehentlich zweimal angemeldet haben).

Im Online-Lesebereich finden Sie eine Auflistung der Links zu den Anmeldeformularen der wichtigsten Suchmaschinen: `http://insider.david-asen.de`.

5.4.2 Ein Wort zur Qualität eingehender Links

Bitte schnappen Sie sich nicht blind jeden eingehenden Link, den Sie für Ihre Website bekommen können, sondern selektieren Sie weise. Natürlich können Sie nicht immer bestimmen, wer auf Ihre Website verlinkt, aber zumindest sollten Sie keine Anstrengungen unternehmen, um von dubiosen, minderwertigen Websites Links auf Ihre Website zu erhalten.

Ich möchte Ihnen gar nicht zu viele Kriterien auflisten, wann eine Website als dubios und wann als seriös einzustufen ist. Ich bin mir sicher, Sie können das selbst richtig einschätzen.

Ganz sicher ist eine Website aber dann minderwertig,

- wenn ihr Inhalt schlichtweg unsinnig ist, sprich Sätze und Wörter wahllos aneinandergereiht sind (dies zeigt, dass man den Inhalt von Computerprogrammen zusammenwürfeln lässt, bloß um Futter für die Suchmaschinen-Datenbanken zu generieren, ohne irgendeinen Nutzen für den Leser).

- wenn sie vollgestopft ist mit Werbung (Banner, Textanzeigen etc.), aber fast keinen Inhalt bietet.

- wenn sie vollgestopft ist mit Links (sogenannte Link-Farmen haben einen sehr schlechten Ruf und werden von den Suchmaschinen überaus negativ betrachtet).

- wenn sie ein dubioses Thema behandelt (bspw. Strategien, wie man ganz sicher immer im Casino gewinnt, Schneeball-Systeme, zweifelhafte Schnellreich-werden-Systeme und alles andere, was nach schnellem Geld ohne sinnvolle Arbeit riecht).

Wenn Sie sich eingehende Links von dubiosen Websites beschaffen, begeben Sie sich in eine schlechte Nachbarschaft. Der Ruf dieser Nachbarschaft färbt auf Ihre Website ab. Dies kann zu ernsthaften negativen Konsequenzen der Suchmaschinen führen, ja so weit gehen, dass Ihre Website von den Suchergebnissen ausgeschlossen wird, zumindest aber viele Positionen verliert. Sehen Sie also zu, dass Sie mit Ihrer Website in einer freundlichen und sicheren Nachbarschaft bleiben, indem Sie sich die Websites, von denen Sie eingehende Links haben wollen, genau ansehen und selbst bewerten, ob sie ihren Besuchern einen echten Nutzen bieten.

Eingehende Links sollten von themenverwandten Websites kommen

Grundsätzlich sollten Sie immer darauf achten, dass Sie sich Ihre eingehenden Links von Websites beschaffen, die das gleiche Thema wie Ihre eigene Website zum Inhalt haben.

Suchmaschinen wie Google und Co. erkennen mittlerweile sehr genau, welches Thema eine Website abdeckt. Wenn nun eine Website, die private Krankenversicherungen vergleicht, auf Ihre Website verlinkt, die sich mit vegetarischen Kochrezepten befasst, erscheint dies den Suchmaschinen verdächtig. Was aber, wenn die Website über private Krankenversicherungen eine eigene Rubrik hat, wie man sich vorbeugend gesund halten kann, um sich so für möglichst niedrige Prämien zu qualifizieren und deshalb einen Link zu Ihrer Website mit vegetarischen Rezepten setzt? Dann wäre diese Verlinkung ja sinnvoll und im Sinne der Besucher der Websites und es wäre von den Suchmaschinen falsch, einen solchen eingehenden Link negativ zu bewerten.

Gott sei Dank sind sich die Suchmaschinen darüber bewusst, dass sie nicht allwissend sind, und ziehen daher solche Möglichkeiten in Betracht. Deshalb wird Ihnen ein eingehender Link wie im obigen Beispiel sicher nicht schaden, sondern im Gegenteil sogar nützen. Im schlimmsten Fall wird er einfach keine Auswirkung haben.

Wirklich problematisch wird es, wenn die Suchmaschinen sehen, das *alle* Ihre eingehenden Links beziehungsweise der überwiegende Teil davon von Websites stammen, die thematisch nichts mit Ihrer Website gemeinsam haben. Darin sehen sie – wahrscheinlich nicht zu Unrecht – den Versuch Ihrerseits, sich (für den Leser wertlose) eingehende Links zu beschaffen, nur um bessere Positionen zu erhalten. Wie Sie wissen, wollen sich die Suchmaschinen vor solchen Manipulationen unbedingt schützen.

Ein paar Links von themenfremden Websites sind also harmlos, ja können, wenn tatsächlich sinnvoll für die Besucher, sogar von Nutzen sein. Der überwiegende Teil der eingehenden Links zu Ihrer Website sollte aber von thematisch verwandten Websites kommen.

Eine Ausnahme von dieser Regel bilden Webkataloge, Presseportale und Artikelportale. Diese Websites sind weder themenfremd noch themenverwandt. Sie decken normalerweise eine Vielzahl von Themen ab und es macht durchaus Sinn, Ihrer Website den einen oder anderen eingehenden Link von einer solchen Website zu beschaffen. Dazu in Kürze mehr.

5.4.3 Eingehende Links von themenverwandten Websites

Gute Möglichkeiten, um eingehende Links von themenverwandten Websites zu erhalten, sind Blogs, Gästebücher und Online-Foren.

So, wie man beispielsweise nach Bildern suchen kann, kann man in Google auch nach Blogs suchen. Gehen Sie hierzu auf `http://www.google.de/` in der Menüleiste oben einfach auf *Mehr* und wählen Sie *Und noch mehr* aus. Unter den vielen Möglichkeiten, die nun erscheinen, suchen Sie nach *Blogsuche* und klicken Sie darauf. Über die URL `http://www.google.de/blogsearch?hl=de` kommen Sie direkt zur Blogsuche. Nun geben Sie beispielsweise das Keyword ein, auf das Sie die Startseite Ihrer Website optimiert haben. In dem Beispiel, das wir im Abschnitt 5.2.5 verwendet haben, wäre dies der Suchbegriff »siamkatzen«. Übrigens: Eine normale Google-Suche mit der Suchphrase »siamkatzen blog« bringt wieder andere Ergebnisse.

Nutzen Sie diese verschiedenen Suchmöglichkeiten, um verschiedenste Blogs zum Thema Ihrer Website ausfindig zu machen. Sehen Sie sich diese Blogs an.

Welchen qualitativen Eindruck machen sie? Über wie viele Kommentare verfügen die einzelnen Artikel eines Blogs? (Eine hohe Anzahl an Kommentaren lässt darauf schließen, dass dieser Blog viele Besucher und somit eine gewisse Relevanz hat.)

Suchen Sie sich in den hochwertigsten Blogs gute Artikel heraus (am besten welche mit einer interessanten Diskussion in den Kommentaren) und leisten Sie einen relevanten Diskussionsbeitrag. Alternativ können Sie zu einem Artikel auch einfach eine ehrlich gemeinte Rückmeldung abgeben, Ihre Dankbarkeit oder Zustimmung für den Artikel zum Ausdruck bringen oder auch konstruktive Kritik üben. Leisten Sie auf jeden Fall einen sinnvollen Beitrag.

In praktisch jedem Blog haben Sie nun die Möglichkeit, den Namen, den Sie beim Kommentieren eines Artikels verwenden, zu einem Link zu machen. Verlinken Sie auf diese Weise zu der Website, für die Sie einen eingehenden Link haben wollen. Von zusätzlichem Vorteil ist es, wenn der Linktext das Keyword beinhaltet, für das Sie eine gute Position in den Suchergebnissen erzielen wollen. Wären Sie also der Betreiber der Siamkatzen-Website, würden Sie Kommentare in Blogs beispielsweise unter dem Namen »Siamkatzen Fan« veröffentlichen. Der Name würde dann auf die (hypothetische) Website *siamkatzen-online.com* verlinken.

Den Namen als Link zur eigenen Website zu gestalten, ist der einfachste und dezenteste Weg, um sich einen eingehenden Link zu beschaffen. Sollte dies aus gewissen Gründen nicht möglich sein, ist es aber durchaus auch legitim, dass Sie Ihre eigene Website als Link im Kommentar erwähnen. Dies kann von einem (womöglich zu) direkten »seht euch mal meine Website unter beispiel.com an« bis hin zu einem dezenten Link am Ende des Kommentars unter Ihrem Namen reichen:

Hier der Kommentar

Mit freundlichen Grüßen

Herbert G.

`www.siamkatzen-online.com`

Kommentare in Blogs sind mein Favorit, um eingehende Links von themenverwandten Websites zu erhalten. Man kann sehr dezent vorgehen, indem man einen relevanten Beitrag zum jeweiligen Blog leistet, und dafür wird man mit einem eingehenden Link belohnt.

Neben Blogs können Sie auch Gästebücher und Foren nutzen, um eingehende Links zu erhalten.

Da Link-Spamming schon längst ein ernsthaftes Problem ist, missfällt es vielen Website-Betreibern sehr, wenn Sie auf deren Website aufkreuzen und einen plumpen Kommentar, Gästebucheintrag oder Forumsbeitrag mit einem Link zu Ihrer

Website hinterlassen. Hier ist also dezentes Auftreten und Fingerspitzengefühl notwendig.

So wie in Blogs sollten Sie auch in Foren und Gästebüchern nur wirklich relevante Kommentare hinterlassen. Bei Online-Gästebüchern macht es beispielsweise Sinn, den Link zur eigenen Website einfach am Ende des Beitrags unter den eigenen Namen zu setzen, wie ich es Ihnen zuvor beim Blog-Kommentar gezeigt habe.

In Online-Foren gilt: Einige Online-Foren erlauben es gar nicht mehr, in einem Beitrag auf eine Website zu verlinken, insbesondere nicht auf kommerzielle Websites. Da dies von Forum zu Forum verschieden ist, sollten Sie sich einfach die Forumsregeln durchlesen oder – noch einfacher – sich ein paar Forumsdiskussionen (Threads genannt) ansehen. Dann werden Sie schnell erkennen, ob es erlaubt, verpönt oder gar verboten ist, im eigenen Beitrag auf die eigene Website zu verlinken. In einigen Foren kann man seine Beiträge auch mit einer standardisierten Fußzeile ausstatten, die dann bei allen eigenen Beiträgen aufscheint. Wenn möglich, können Sie beispielsweise in diese einen Link zu Ihrer Website setzen.

Je nach Thema und Umfeld wird es Ihnen leichter oder schwerer fallen, Websites, Blogs, Foren etc. zu finden, in denen Sie auf einfache Weise einen Link zu Ihrer eigenen Website setzen können. Letztendlich müssen Sie sich mit Ihrer thematischen Nachbarschaft im Internet selbst vertraut machen und feststellen, welche Websites gar nichts dagegen haben, wenn Sie dort einen sinnvollen Beitrag zusammen mit einem Link zu Ihrer Website veröffentlichen, und welche das nicht gerne sehen. Ich hoffe, Ihnen hierfür einige Anregungen vermittelt zu haben.

Das NoFollow-Attribut

An dieser Stelle möchte ich Sie mit dem NoFollow-Attribut vertraut machen. Ob eine Website beziehungsweise Blog das NoFollow-Attribut verwendet, können Sie im Quellcode einer Seite beziehungsweise eines Links sehen. Im Folgenden sehen Sie, wie ein Link im Quellcode aussieht. Das NoFollow-Attribut ist **fett** gekennzeichnet:

<a href="http://www.beispiel.com/" **rel="nofollow** *">Linktext</a>*

Den Quellcode einer Seite können Sie einsehen, indem Sie diese in Ihrem Browser aufrufen und dann mit der rechten Maustaste auf eine freie Stelle auf der Seite klicken (Sie dürfen auf kein Objekt der Seite klicken). Nun erscheint ein Menü, in dem Sie »Seitenquelltext anzeigen« (Firefox) bzw. »Quellcode anzeigen« (Internet Explorer) wählen.

Abb. 5.2: Seitenquelltext anzeigen lassen

Nach dem Klick erhalten Sie den Quellcode der Seite. Dies sollte in etwa so wie in Abbildung 5.3 aussehen.

Drücken Sie nun die Tasten ⌈Strg⌋ und ⌈F⌋ gleichzeitig, um die Suchfunktion zu aktivieren und suchen Sie nach »nofollow«. Auf diese Weise können Sie feststellen, ob die jeweilige Website das NoFollow-Attribut verwendet.

Der Betreiber einer Website, eines Blogs, Forums etc. kann Links, die von seiner Internetpräsenz zu anderen Websites führen, mit diesem Attribut ausstatten. Dieses Attribut hat die Auswirkung, dass Suchmaschinen diesen Link ignorieren. Sie erkennen einen solchen Link nicht als eingehenden Link zu Ihrer Website an, ignorieren den Linktext (es ist also egal, ob das Hauptkeyword Ihrer Website im Linktext vorkommt), und Ihre Website erhält durch einen solchen Link keinen besseren PageRank.

Abb. 5.3: Quellcode einer Website

> **Tipp**
>
> Mehr Information zum NoFollow-Attribut finden Sie unter:
> `http://de.wikipedia.org/wiki/Nofollow`.

In einigen Blogs und Websites werden Links in Kommentaren automatisch mit dem NoFollow-Attribut ausgestattet. Wenn Sie das erkennen, sparen Sie sich Ihren Kommentar lieber auf, denn ein Link von diesem Blog zu Ihrer Website hätte eben keinen Wert hinsichtlich Suchmaschinenoptimierung. Sehen Sie sich stattdessen nach einem Blog beziehungsweise einer Website um, die Links nicht automatisch mit NoFollow kennzeichnet, und schreiben Sie dort einen Kommentar mit Link zu Ihrer Website.

Interessanterweise ist jedoch nicht ganz klar, ob und in welchem Ausmaß sich die Suchmaschinen an das NoFollow-Attribut halten. Man weiß nicht genau, ob (zumindest manche) Suchmaschinen das NoFollow-Attribut ignorieren beziehungsweise nur als Empfehlung betrachten. In diesem Lichte mag also ein eingehender Link zu Ihrer Website, selbst wenn er mit dem NoFollow-Attribut ausgestattet ist, durchaus wertvoll sein. Die logische Schlussfolgerung: Bevorzugen Sie Blogs, die das NoFollow-Attribut *nicht* verwenden, um sich durch Kommentare eingehende Links für Ihre Website zu beschaffen.

Wenn Sie auf einen Blog stoßen, der das NoFollow-Attribut zwar verwendet, Ihnen aber hochwertig erscheint und es Ihnen leicht fällt, dort einen Kommentar zu verfassen, ist es auch kein Fehler, einen Beitrag mit Link zu Ihrer Website zu hinterlassen. Es schadet ja nichts und nützt unter Umständen doch.

5.4.4 Webkataloge

Im Folgenden werden Sie Ihre Website in den wichtigsten Webkatalogen wie beispielsweise dem Open Directory Project anmelden. Im Fall einer Aufnahme hilft das Ihrer Website ungemein, schnell bekannt zu werden, und es verbessert die Position in den Suchergebnissen. Diese wichtigen Webkataloge haben nämlich sehr viel Reputation. Wenn Ihre Website erfolgreich aufgenommen wird, bedeutet das, dass Sie einen Link von diesen Webkatalogen zu Ihrer Website erhalten. Das wiederum hilft Ihrer Website enorm, in die Suchmaschinen aufgenommen zu werden. Wenn Sie Ihre Website bloß direkt bei Google anmelden, kann es Monate dauern, bis Sie aufgenommen werden. Findet Google Ihre Website jedoch über eine andere Website, werden Sie sofort aufgenommen.

Als weiterer Vorteil kommt hinzu: Google weiß, dass diese wichtigen Webkataloge nicht jede Website aufnehmen, sondern nur diejenigen, die den hohen Qualitätsstandards der Webkatalog-Editoren genügen. Werden Sie also aufgenommen, bewertet Google dies sehr positiv, was sich in einer besseren Platzierung Ihrer Website in den Suchergebnissen niederschlägt.

Um bessere Chancen auf eine erfolgreiche Aufnahme zu haben, sollte Ihre Website vom Zeitpunkt der Anmeldung bis vier Wochen danach (so lange brauchen die Webkatalog-Editoren aufgrund der vielen Anmeldungen in etwa, um Ihre Website zu bewerten) rein informationsorientiert sein. Sprich: Sie sollten nur hochqualitative Information zu Ihrem Thema bieten und nichts, was nach Verkauf- oder Profit-Absichten aussieht.

Wenn Sie nach den Anweisungen in diesem Buch vorgehen, sollte das auch überhaupt kein Problem sein. Wie Sie in Kapitel 1 gelernt haben, sollte Ihre Website ohnedies nicht produkt-, sondern informationsorientiert sein. Sie bieten auf Ihrer Website hochwertigen Inhalt (Content) an, der die Anliegen der Besucher ernsthaft behandelt. Auf diese Weise fassen die Besucher Vertrauen zu Ihnen und sind von Ihrer Expertise überzeugt (PREselling). Wenn Sie solche Besucher später über dezente Hinweise und Links im Text auf eigene Produkte/Dienstleistungen oder das Angebot von Partnern aufmerksam machen, sind diese überdurchschnittlich motiviert zu kaufen. Alles, was die Webkataloge verlangen, nämlich hochwertige Informationen auf Ihrer Website, brauchen Sie also sowieso, wenn Sie Ihren Gewinn maximieren wollen.

Wenn Sie diesen einen Punkt beachten, entsprechen Sie schon einmal zu 90 Prozent den hohen Qualitätsrichtlinien der Webkatalog-Editoren. Weitere Qualitätsanforderungen können Sie im Zuge des Anmeldungsprozesses beim jeweiligen Webkatalog nachlesen. Bitte nehmen Sie sich bei der Eintragung in Webkataloge genügend Zeit, die Aufnahmerichtlinien durchzulesen und eine wirklich passende, spezifische Kategorie für Ihre Website zu finden. Dies steigert die Aufnahmechancen extrem und verkürzt auch die Bearbeitungszeit. Achten Sie bei der Beschreibung Ihrer Website für Webkataloge darauf, einen sachlichen und informativen Ton zu wählen. Reißerisches Gerede oder Werbefloskeln sind in diesem Zusammenhang fehl am Platz.

Im Online-Lesebereich unter `http://insider.david-asen.de` erhalten Sie Zugang zu einer Liste ausgewählter Webkataloge.

> **Hinweis**
>
> Nach erfolgter Aufnahme in die Webkataloge Ihrer Wahl wird es Zeit, dass Sie nun gemäß der Anleitung aus Abschnitt 4.3.7 die Einkommensquellen in Ihre Website einbinden.

Ein Wort zur Backlinkpflicht

Einige Webkataloge sind backlinkpflichtig. Das bedeutet, dass der Webkatalog Ihre Website nur aufnimmt, wenn Sie von Ihrer Website auf den Webkatalog zurückverlinken. Da eingehende Links zu Ihrer Website in den Augen der Suchmaschinen aber mehr Gewicht haben, wenn Sie zur jeweiligen Website nicht zurücklinken, rate ich Ihnen, Ihre Zeit lieber in Webkataloge zu investieren, die keine Backlinkpflicht haben.

Nimmt ein Webkatalog Ihre Website nur auf, wenn Sie von der Startseite Ihrer Website auf den Webkatalog zurückverlinken, rate ich dezidiert von diesem Webkatalog ab. Dies gilt übrigens auch für Artikelverzeichnisse, Presseportale etc. Auf der Startseite Ihrer Websites haben Links zu anderen Websites nichts verloren. Solche Links sind erst etwas für Rubrik- und Detailseiten.

5.4.5 Artikelverzeichnisse

Eine weitere Möglichkeit, eingehende Links zu generieren, sind Artikelverzeichnisse. Es gibt themenspezifische und allgemein gehaltene Artikelverzeichnisse.

Das Prinzip: Sie verfassen einen informativen Artikel und reichen diesen in einem Artikelverzeichnis zur Veröffentlichung ein. Dafür, dass Sie dem Artikelverzeichnis

Ihren Artikel zur Verfügung stellen, dürfen Sie im Artikel einen Link zu einer Website Ihrer Wahl setzen. Wie viele Links Sie in den Artikel integrieren dürfen und an welcher Stelle, erfahren Sie in den Richtlinien des jeweiligen Artikelverzeichnisses.

Da die meisten Artikelverzeichnisse nur Beiträge akzeptieren, die exklusiv für dieses Artikelverzeichnis geschrieben wurden, ist die Generierung von eingehenden Links über Artikelverzeichnisse arbeitsintensiver als die Varianten mit Blog-Kommentaren und Webkatalogen. Schließlich müssen Sie für jeden eingehenden Link einen eigenen Artikel verfassen. Dennoch: Der eine oder andere eingehende Link zu Ihrer Website durch ein hochwertiges Artikelverzeichnis macht durchaus Sinn.

Im Online-Lesebereich unter `http://insider.david-asen.de` erhalten Sie Zugang zu einer Liste ausgewählter Artikelverzeichnisse.

5.4.6 Pressemitteilungen

Pressemitteilungen, die Sie auf Online-Presseportalen veröffentlichen, sind eine weitere Möglichkeit, eingehende Links für Ihre Website zu generieren.

Natürlich bringt die Veröffentlichung von Pressemitteilungen mehr Vorteile als bloß eingehende Links. Ihre Pressemitteilung kann von Journalisten aufgegriffen werden und Ihnen Präsenz in Printmedien ermöglichen. Mir geht es hier aber hauptsächlich um die Möglichkeit, eingehende Links von Online-Presseportalen mit hohem PageRank für die eigene Website zu generieren.

10 einfache Tipps zum richtigen Schreiben einer Pressemitteilung

Damit Ihre Pressemitteilung von einem Presseportal überhaupt veröffentlicht wird, muss sie gewissen Richtlinien und Standards entsprechen.

1. Schreiben Sie in einem objektiven Stil. Sie schreiben zwar über Ihr eigenes Angebot, versetzen Sie sich jedoch in die Rolle des Journalisten, der Ihre Pressemitteilung übernehmen soll. Wie würde er als Außenstehender über Ihr Angebot, Ihre Firma, Ihre Website berichten?

2. Schreiben Sie interessant, aber nicht reißerisch. Pressemitteilungen sind keine Werbetexte.

3. Aktualität: Journalisten lieben Neuigkeiten. Berichten Sie daher möglichst über aktuell stattfindende Ereignisse. Wenn Ihr neues Informations-Portal gerade online gegangen ist, wäre dies beispielsweise ein aktuelles Ereignis. Ein neues Produkt, eine Winteraktion oder Ähnliches sind weitere Beispiele für aktuelle Ereignisse. Auch neue Enthüllungen zu einem Thema, Konferenzen, Seminare etc. gehören in diese Kategorie.

4. Weitere Kriterien für den Nachrichtenwert:

   - Wie unmittelbar betrifft das Ereignis die Leser?

   - Wo passiert es und welche Gruppe von Menschen betrifft es (Familien, Selbstständige, Arbeiter, Hundebesitzer, Pensionisten etc.)?

   - Bietet der Inhalt eine Lösung für ein Problem des Lesers oder eine Erhöhung seines Lebensstandards?

5. Glaubwürdigkeit der Information: Ein sachlicher Ton, beweisbare Fakten und nachvollziehbare Darstellungen schaffen Vertrauen.

6. Aussagekräftiger Titel: Verzichten Sie auf leere Phrasen. Zeigen Sie gleich durch einen informativen Titel, dass Sie gehaltvolle Informationen liefern.

7. Der Hauptteil: Beginnen Sie mit »Ort, Datum«. Sprechen Sie nicht von »wir«, sondern von der »Firma Soundso«. Beispiel:

   Wien, 29.11.2011: Das Unternehmen OnMedia, Betreiber mehrerer Online-Informations-Portale mit Sitz in Wien, hat nach dreimonatiger Aufbauarbeit ein neues Informations-Portal zum Thema Gesundheit und Wohlbefinden gestartet. Das Informations-Portal richtet sich besonders an ältere Menschen und informiert über neueste Behandlungsmethoden der alternativen Medizin …

8. Führen Sie einen Ansprechpartner für die Presse mit ausführlichen Kontaktmöglichkeiten an (Name, Adresse, Telefon, Fax, E-Mail etc.)

9. Kompakte Vorstellung der beteiligten Personen oder Unternehmen (Wann wurde die Person geboren beziehungsweise das Unternehmen gegründet? Welches Tätigkeitsfeld, wo aktiv, wo liegt der Hauptsitz etc.)

10. Halten Sie sich an Joseph Pulitzer, einen amerikanischen Journalisten und Verleger:

    »Was immer du schreibst – schreibe kurz und sie werden es lesen; schreibe klar und sie werden es verstehen; schreibe bildhaft und sie werden es im Gedächtnis behalten.«

Im Online-Lesebereich unter `http://insider.david-asen.de` erhalten Sie Zugang zu einer Liste ausgewählter Online-Presseportale.

Kapitel 6

Social Media und Kundenbindung

Sie kennen das: Sie spazieren in ein Modegeschäft, stöbern in den T-Shirts, bewundern die neueste Sommerkollektion, lassen sich inspirieren und setzen das eine oder andere Kleidungsstück schon auf Ihren geistigen Merkzettel. Dann verlassen Sie das Geschäft, ohne auch nur ein einziges Kleidungsstück gekauft zu haben. Genauso ist es im Internet. Viele Menschen, die Ihre Website besuchen, wollen sich einfach mal generell über das Thema informieren oder aber herausfinden, ob *Sie* und Ihr Angebot vertrauenswürdig sind. Diese Menschen werden beim ersten Besuch Ihrer Website mit großer Wahrscheinlichkeit nicht von Ihrem kostenpflichtigen Angebot Gebrauch machen. Genau diese Menschen machen den überwiegenden Teil Ihrer Besucher aus. Wenn Sie nun zulassen, dass Besucher Ihre Website einfach so verlassen, haben Sie sie womöglich für immer verloren. Es sollte Ihnen also ein Anliegen sein, dass Sie eine Möglichkeit finden, wie Sie mit Ihren Besuchern in Kontakt bleiben können. Hierbei gibt es passive und aktive Möglichkeiten, in Kontakt zu bleiben:

Passive Möglichkeiten:

- Der Besucher speichert Ihre Website in seinen Lesezeichen ab
- abonniert Ihren RSS-Feed

Aktive Möglichkeiten:

- Der Besucher folgt Ihnen auf Twitter
- trägt sich in Ihren E-Mail-Verteiler ein
- liked Ihre Facebook-Seite

Während alle Möglichkeiten der Kundenbindung willkommen sind, sind die aktiven klar zu bevorzugen. Warum? Weil nur diese Ihnen die Möglichkeit bieten, aktiv auf den Besucher, sprich den potenziellen Kunden zuzugehen. Natürlich ist es wünschenswert, dass ein Besucher Ihre Website in seinen Lesezeichen abspeichert. Dies zeigt, dass er Ihre Website relevant findet und sie wieder besuchen möchte. Ein Zeichen dafür, dass Sie wirklich guten Inhalt anbieten. Allerdings liegt es völlig in der Hand des Kunden, ob er Ihre Website wieder besucht. Sie können dies überhaupt nicht beeinflussen und wir alle wissen: Wie oft haben wir uns schon eine interessante Website in den Lesezeichen abgespeichert und dann doch nie wieder besucht, weil sie in den unendlichen Weiten unserer zum Bersten vollen Lesezeichenleiste verloren gegangen ist?

Da ist es schon besser, Ihr Besucher abonniert den RSS-Feed Ihrer Website. Wenn Sie Ihre Website beispielsweise mit WordPress erstellen, erstellt das WordPress-System automatisch einen RSS-Feed für Ihre Website. RSS steht für *Really Simple Syndication*, zu Deutsch *Wirklich einfache Verbreitung*, und ist ein Format zur Veröffentlichung von Änderungen, sprich Aktualisierungen von Websites. RSS-Feeds kann man in sogenannte RSS-Reader abspeichern. Was bringt das Ganze? Anstatt jeden Tag mehrere Websites besuchen zu müssen, um nachzusehen, ob sie neue Inhalte haben, kann man einfach die RSS-Feeds dieser ganzen Websites in seinen RSS-Reader speichern. Dann brauchen Sie nur noch den RSS-Reader zu öffnen und dieser zeigt Ihnen auf einen Blick an, welche Websites aktualisiert wurden und welche nicht. Kurzum, eine wunderbare Möglichkeit, um mit einem Blick auf dem aktuellsten Stand zu bleiben, ohne zig Websites einzeln besuchen zu müssen.

Wenn Ihr Besucher seinen RSS-Reader regelmäßig nutzt, können Sie im Vergleich zum Lesezeichen nun schon etwas aktiver beeinflussen, ob er Ihre Website wieder einmal besucht. Wenn Sie Ihre Website regelmäßig aktualisieren oder um neue Informationen erweitern, scheinen Sie im RSS-Reader Ihres Besuchers auf und rufen ihm so Ihre Website wieder in Erinnerung. Ihre Möglichkeiten halten sich noch in Grenzen, aber es ist durchaus eine beachtliche Steigerung gegenüber dem bloßen Abspeichern Ihrer Website in den Lesezeichen.

Noch besser ist es, wenn Ihr Besucher Ihnen auf Twitter folgt. Twitter ist ein mittlerweile sehr weit verbreiteter Kurznachrichtendienst und bietet bereits einige aktive Möglichkeiten zur Kommunikation mit Ihren Besuchern. Neben der Tatsache, dass die Abonnenten, sogenannte Follower, Ihres Twitter-Kanals Ihre aktuellsten Twitter-Nachrichten auf ihrer News-Wand sehen, können Sie Ihre Follower auch direkt anschreiben und erwähnen.

Mein absoluter Favorit, um eine Beziehung zum Kunden aufzubauen, ist E-Mail-Marketing. Es bietet Ihnen schier unendliche Möglichkeiten bei geringstem Aufwand. Sie können Ihre Besucher und Kunden anschreiben, wann Sie wollen, Sie können sie persönlich anreden, Sie können ganz kurze oder auch ausführliche E-Mails schreiben. Sie können durchgeplante E-Mail-Sequenzen aussenden oder nur ein kurzes monatliches Update über die Aktualisierungen auf Ihrer Website. Es ist genial.

Eine weitere tolle Möglichkeit zur Bindung und Betreuung Ihrer Besucher ist Facebook. Fast jeder ist mittlerweile auf Facebook vertreten und die Möglichkeiten sind grenzenlos. Da Menschen Facebook sehr persönlich nutzen, ist es hier von Vorteil, wenn Sie nicht einseitig als Experte *zu* Ihren Besuchern/Kunden sprechen, sondern *mit* ihnen sprechen, und zwar als Kumpel und Freund. Auf Facebook muss es nicht immer nur um das Thema Ihres jeweiligen Angebots gehen. Hier können Sie durchaus auch mal ein witziges Bild posten, ein interessantes Buch für den Strand empfehlen oder Fotos von Ihrer letzten Reise veröffentlichen. Doch hierzu später noch mehr. Sehen Sie sich im Folgenden die einzelnen Möglichkeiten zur Kundenpflege näher an.

6.1 E-Mail-Marketing

E-Mail-Marketing ist der Klassiker der Kundenbindung. Die Vorteile liegen auf der Hand: Praktisch jeder Internet-Anwender hat eine E-Mail-Adresse. Manche mögen Twitter nutzen, manche Facebook, manche beides, E-Mails nutzt jeder. Es ist die mit Abstand einfachste Möglichkeit, um mit Ihren Besuchern in Kontakt zu bleiben und eine Beziehung zu ihnen aufzubauen.

6.1.1 E-Mail-Marketing ist die beste Möglichkeit, Ihre Besucher in Kunden zu konvertieren

Wenn Sie Ihren Besucher einmal dazu motiviert haben (wie, erfahren Sie noch), sich in Ihren E-Mail-Verteiler einzutragen, haben Sie die Chance, ihn zu einem Kunden zu machen, signifikant erhöht. Studien belegen, dass 70 Prozent aller Internet-User erst zwischen dem 7. bis 12. Kontakt kaufen. Internet-User müssen Ihre Website also 7 bis 12 Mal besuchen, um bereit zu sein, Ihr kommerzielles Angebot in Anspruch zu nehmen. Durch relevanten und Vertrauen schaffenden Inhalt können wir diese Zahlen natürlich senken, aber rein psychologisch betrachtet, bleibt es eine logische Tatsache, dass Ihre potenziellen Kunden mit zunehmender Anzahl von Kontakten auch zunehmende Kaufbereitschaft entwickeln.

6.1.2 Motivieren Sie Ihre Besucher, sich in Ihren E-Mail-Verteiler einzutragen

Wie motivieren Sie einen Website-Besucher nun dazu, dass er sich in Ihren E-Mail-Verteiler einträgt? Die schlichteste Möglichkeit: Sagen Sie Ihrem Besucher, er soll sich eintragen, um Ihren monatlich erscheinenden E-Mail-Newsletter zu erhalten.

Durch diesen erhält er jeden Monat frei Haus die beste Information zum Thema Ihrer Website. Wenn Ihr Besucher vom Inhalt Ihrer Website angetan ist, mag ihm das als Anreiz bereits genügen. Meist genügt dies jedoch nicht. Der Besucher erwartet als Gegenleistung für seine E-Mail-Adresse ein Geschenk. Bieten Sie also einen Anreiz, der es dem Besucher wirklich schmackhaft macht, sich in Ihren E-Mail-Verteiler einzutragen. Hier ein paar Beispiele:

- Wenn Sie Immobilien-Makler sind, bieten Sie ein E-Book mit dem Titel »Die 10 größten Fallen beim Kauf eines Eigenheims und wie Sie diese vermeiden« an, das der Besucher nach Eintragung in Ihren E-Mail-Verteiler kostenlos erhält.

- Als Yoga-Lehrer bieten Sie ein zehnminütiges Video an, in dem Sie als virtueller Trainer mit Ihrem Zuseher den Sonnengruß ausführen.

- Als Zahnarzt bieten Sie einen Ratgeber mit dem Titel »10 einfache Tipps für nachhaltig weiße Zähne« an.

- Als Betreiber eines Online-Shops für Tenniszubehör schenken Sie Ihren Besuchern einen 15-Prozent-Gutschein auf ihren ersten Einkauf in Ihrem Online-Shop, wenn sie sich in Ihren E-Mail-Verteiler eintragen.

Wie Sie sehen, eignen sich als Anreiz zur Eintragung besonders praktische Anleitungen, von denen der Leser *sofort* profitiert. Weniger ist hier oft mehr! Bieten Sie als Zahnarzt nicht Ihre 400 Seiten starke Studie zum Thema Zahnfleischschwund an, sondern stattdessen einen knackigen 20-seitigen Report, der dem Leser 15 sofort umsetzbare Tipps gegen Zahnfleischschwund gibt. Je weniger Zeit der Leser mit dem Geschenk aufwenden muss und je unmittelbareren Nutzen er dadurch hat, desto gewillter ist er, seine E-Mail-Adresse dafür herzugeben.

Sie haben nun einen Anreiz geschaffen. Wie präsentieren Sie das Ganze aber praktisch, damit der Besucher auch auf Ihr kostenloses Angebot aufmerksam wird und sich tatsächlich in Ihren E-Mail-Verteiler einträgt?

Nutzen Sie die rechte Spalte Ihrer Website: Wie ich Ihnen in diesem Buch bereits gezeigt habe, sollten Sie ein dreispaltiges Design für Ihre Website verwenden. Links die Navigation, in der Mitte der Haupttext und in der rechten Spalte Werbung oder eben die Präsentation Ihres kostenlosen Angebots inkl. Aufforderung zum Eintrag in Ihren E-Mail-Newsletter (siehe Abbildung 6.1, schwarzer Pfeil).

Im Kopf der Seite: Dies ist eine Möglichkeit, Ihren E-Mail-Newsletter sehr präsent zu positionieren (siehe Abbildung 6.2). Ich erziele mit dieser Positionierung gute Eintragungsraten, allerdings nimmt diese Platzierung auch Fokus vom Inhalt. Am besten testen Sie verschiedene Varianten der Platzierung und schauen, welche Ihnen die meisten Einträge in Ihren E-Mail-Verteiler verschafft. Achtung: Hierbei natürlich immer auf den Prozentsatz schauen und nicht auf die absoluten Zahlen, sprich bei welcher Platzierung tragen sich von wie vielen Besuchern wie viel Prozent in den E-Mail-Verteiler ein?

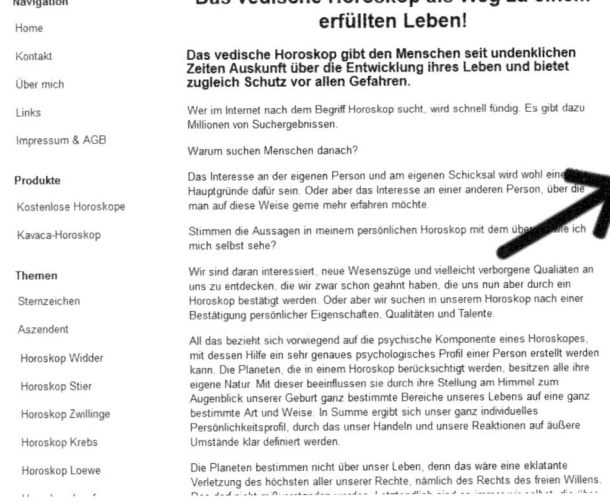

Abb. 6.1: Aufforderung zum Eintrag in den Newsletter

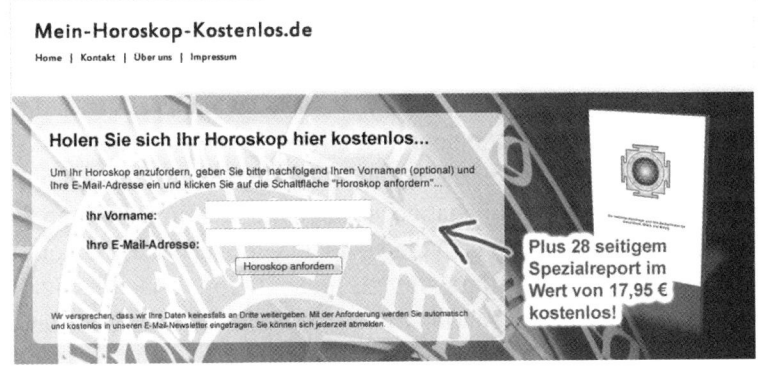

Abb. 6.2: Auffällige Positionierung

Meine bevorzugte Variante (die die anderen jedoch überhaupt nicht ausschließt, sondern im Gegenteil ergänzt) besteht darin, im Haupttext auf das kostenlose Angebot, das gegen Eintragung in den E-Mail-Verteiler angefordert werden kann, hinzuweisen. In Abschnitt 4.3.7 habe ich Ihnen bereits gezeigt, wie Sie in den Texten Ihrer Website dezent, aber effektiv auf Ihre eigenen Produkte, Dienstleistungen oder auch Affiliate-Produkte verweisen. In gleicher Weise können Sie auch auf Ihr kostenloses Angebot verweisen, ruhig mit dem Vermerk, dass es eben sogar kostenlos ist, und dann einen Link setzen, der zur sogenannten Squeezepage führt.

6.1.3 Die Squeezepage

Eine Squeezepage ist wie eine Verkaufsseite, aber für Ihr kostenloses Angebot. Statt den Kunden zum Kauf zu bewegen, hat sie zum Ziel, ihn zum Eintrag in Ihren E-Mail-Verteiler zu motivieren. Folgende Punkte machen eine erfolgreiche Squeezepage aus:

Kurz und übersichtlich: Eine Squeezepage ist keine klassische Verkaufsseite. Hier geht es nicht darum, dass Sie möglichst viele Informationen zum Produkt bereitstellen und den Leser von den Vorzügen Ihres Produkts überzeugen, um ihn zum Kauf zu animieren. Sie bieten hier schließlich ein kostenloses Angebot. Auf einer Squeezepage geht es also nur darum, dass Sie dem Besucher zeigen, *was* er bekommt und *wie* er es bekommt. Für das *Was* genügt bereits eine einfache, aber aussagekräftige Überschrift, für das *Wie* erstellen Sie einen kurzen erklärenden Absatz gefolgt vom Formular, in das der Leser seinen Namen und seine E-Mail-Adresse eintragen kann.

Ein kurzes Video wirkt Wunder: Wenn Sie auf Ihrer Squeezepage unter der Überschrift ein kurzes Video platzieren, in dem Sie Ihr kostenloses Angebot kurz persönlich vorstellen, hat dies einen positiven Effekt auf die Eintragungsraten. Menschen bauen mehr Vertrauen zu einem Angebot auf, wenn sie es einem Gesicht zuordnen können und das Gefühl haben, es mit einer realen, greifbaren Person zu tun zu haben. Auch bietet solch ein Video eine tolle Möglichkeit, die Vorteile Ihres kostenlosen Angebots so richtig schön zu präsentieren, ohne viel Text auf die Squeezepage packen zu müssen. Das wollen wir nämlich vermeiden, weil wir den Fokus bestmöglich auf das Eintragungsformular richten wollen.

Kein Scrollen: Eine Squeezepage soll so aufgebaut sein, dass auf den ersten Blick alle wesentlichen Teile der Page zu sehen sind. Der Besucher soll beispielsweise nicht runterscrollen müssen, bis er zum Eintragungsformular kommt. Sobald die Squeezepage aufgerufen wird, sollen sofort alle relevanten Komponenten im sichtbaren Bereich des Bildschirms zu sehen sein.

Kostenlos für Sie: Band 1 der Bestseller-Buchreihe *Erfolg im Internet* statt (27,95 EUR) jetzt für kurze Zeit kostenlos...

In 10 Schritten zur eigenen gewinnbringenden Website

Trage hier deinen Vornamen ein...

und hier deine E-Mail-Adresse...

Klicke hier, um sofort Zugang zu erhalten

Ich verspreche, dass ich deine Daten keinesfalls an Dritte weitergeben werde. Mit der Anforderung trage ich dich automatisch und kostenlos in meinen E-Mail-Newsletter ein. Du kannst dich jederzeit abmelden.

Abb. 6.3: Eine typische Squeezepage

Einfaches Eintragungsformular: Je weniger Daten Sie von Ihrem Leser zur Eintragung verlangen, desto mehr ist er gewillt, sich einzutragen. Natürlich müssen Sie nach der E-Mail-Adresse fragen, klar, aber alles andere ist nicht mehr zwingend notwendig. Trotzdem empfehle ich auch, nach dem Vornamen zu fragen, da Sie Ihre Leser in Ihren E-Mails dann beim Namen ansprechen können, was zu höheren Öffnungsraten der E-Mails und zu höheren Verkaufsraten durch Ihre E-Mails führt.

Eine gute Squeezepage besteht also aus folgenden Komponenten:

- Überschrift
- Abbildung oder erklärendes Video des kostenlosen Angebots
- Sofort erkennbares Eintragungsformular
- Rechtlicher Hinweis

Weisen Sie in der Überschrift darauf hin, dass Ihr Angebot kostenlos ist. Das ist ganz wichtig. Machen Sie das daher ganz offensichtlich. Wenn Sie den Wert Ihres Angebots erhöhen wollen, können Sie einen Hinweis verfassen, dass Ihr Angebot normalerweise nicht kostenlos ist, und den Preis angeben, den es eigentlich wert ist oder für den Sie das Produkt früher tatsächlich verkauft haben. Einen zusätzlichen Anreiz, sich einzutragen, können Sie schaffen, indem Sie eine künstliche Zeitverknappung erzeugen: »Nur für kurze Zeit kostenlos.« Oder wenn möglich natürlich noch effektiver: »Dieses kostenlose Angebot gilt nur noch die nächsten drei Tage!« Entscheidend ist aber natürlich auch, dass Sie in der Überschrift deutlich machen, *was* der Leser bekommt: »20-seitiger Gratis-Report: Die 10 größten Fallen beim Kauf eines Eigenheims und wie Sie diese vermeiden«.

Eine Abbildung des Produkts macht dieses greifbarer und für den Betrachter somit begehrenswerter. Egal, ob Sie also einen Gutschein, ein Video, ein E-Book oder Ähnliches als kostenloses Angebot bereitstellen: Erstellen Sie dazu eine schöne Grafik. Wenn Sie statt der Abbildung ein erklärendes Video platzieren, zeigen Sie dem Leser in Ihrem Video ein Bild Ihres kostenlosen Angebots. Am besten aber, Sie positionieren sowohl Abbildung und Video.

Das Eintragungsformular sollte sofort als solches erkennbar sein und der Betrachter sollte sofort verstehen, wie er es nutzen soll. Positionieren Sie also einen kurzen einleitenden Absatz vor dem Eintragungsformular, beispielsweise: »Tragen Sie in die folgenden Felder Ihren Namen (optional) und Ihre E-Mail-Adresse ein und klicken Sie anschließend auf die Schaltfläche *Jetzt Gratis-Report anfordern*.« Sie können auch wie in Abbildung 6.3 vor jedes Feld die jeweilige Aufforderung setzen: »Trage hier deinen Vornamen ein ...« »und hier deine E-Mail-Adresse ...« Achten Sie auch darauf, die Schaltfläche des Formulars selbsterklärend zu beschriften: »Klicke hier, um deinen Gutschein anzufordern« oder »Jetzt Gratis-Report anfordern (hier klicken)«. Wie Sie in Abbildung 6.3 sehen, weise ich mit einem dicken roten Pfeil nochmals extra auf das Eintragungsformular hin, um den Fokus darauf zu erhöhen.

Wichtig ist auch ein rechtlicher Hinweis zur Verwendung der Daten, die der Leser eingibt. Teilen Sie ihm mit, wozu Sie seine E-Mail-Adresse verwenden. Da Sie beabsichtigen, Ihm nicht nur das kostenlose Angebot zukommen zu lassen, sondern ihn auch in Ihren E-Mail-Verteiler einzufügen, weisen Sie darauf hin. Ein rechtlicher Hinweis könnte so aussehen (ich erhebe hier keinerlei Anspruch auf eine rechtlich einwandfreie Formulierung, konsultieren Sie hierzu bitte einen geeigneten Anwalt):

Ich verspreche, dass ich deine Daten keinesfalls an Dritte weitergeben werde. Mit der Anforderung trage ich dich automatisch und kostenlos in meinen E-Mail-Newsletter ein. Du kannst dich jederzeit abmelden.

6.1.4 Rechtliche Aspekte

Gehen wir nun davon aus, dass Ihr Leser Ihr Eintragungsformular genutzt und auf die Anforderungsschaltfläche geklickt hat. Ist er nun bereits in Ihrem Verteiler? Hoffentlich nicht! Warum nicht? Weil Sie unbedingt das Double-Opt-in-Verfahren nutzen sollten.

Double-Opt-in bedeutet, dass der Leser seine Eintragung in Ihren E-Mail-Verteiler bestätigen muss. Dies ist für Sie sehr wichtig, um sich rechtlich gegen den Vorwurf von Spam zu schützen. Rechtlich betrachtet ist es nämlich Ihre Pflicht, sicherzustellen, dass der Empfänger Ihrer E-Mail-Nachrichten diesen auch ausdrücklich zugestimmt hat.

Double-Opt-in funktioniert praktisch so, dass Ihr Leser das Eintragungsformular ausfüllt und absendet. Danach erhält er eine E-Mail, in der er gebeten wird, seine Eintragung zu bestätigen, indem er in der E-Mail auf einen Bestätigungslink klickt. Erst danach ist er tatsächlich in Ihrem E-Mail-Verteiler eingetragen und hat Zugriff auf das Geschenk, das Sie ihm zuvor für die Eintragung versprochen haben.

Hier ein Standard-Text, den Sie für eine solche E-Mail nutzen können:

> *E-Mail-Betreff: [vorname], bestätigen Sie Ihre E-Mail-Adresse*
>
> *Hallo [vorname],*
>
> *Sie haben vor wenigen Minuten meinen kostenlosen Report »In 10 min. zur Traumfigur« angefordert. Bitte bestätigen Sie noch Ihre E-Mail-Adresse, indem Sie auf folgenden Link klicken ...*
>
> *BESTÄTIGUNGSLINK*
>
> *Nachdem Sie auf obigen Link geklickt haben, erhalten Sie den Download-Link sofort kostenlos in einer separaten E-Mail zugeschickt.*
>
> *Bitte stellen Sie Ihr E-Mail-Programm so ein, dass alle E-Mails von "@meine-domain.de" zu Ihnen durchgelassen werden. Nur so ist sichergestellt, dass Sie die nächste E-Mail mit dem Download-Link erhalten und diese nicht versehentlich in Ihrem Spam-Ordner landet.*
>
> *Mit freundlichen Grüßen,*
> *Ihr Hans Müller*

Ohne Double-Opt-in wäre Ihr Leser sofort nach Absenden des Eintragungsformulars in Ihren E-Mail-Verteiler aufgenommen und würde Ihre E-Mails erhalten. Das Problem hierbei? Was, wenn jemand in das Formular die E-Mail-Adresse von irgendjemand anders einträgt und nicht von sich selbst? Würden Sie kein Double-Opt-in nutzen, würde der andere dann ständig ungewollt Ihre E-Mails erhalten.

Dies könnte dazu führen, dass er Sie im schlimmsten Fall wegen Spam verklagt, was für Sie teuer werden kann. Da nützt es dann auch nicht viel, wenn Sie beweisen können, dass diese E-Mail-Adresse in Ihr Eintragungsformular eingetragen wurde. Vielmehr müssten Sie nämlich beweisen, dass es der Besitzer war, der sich damit eingetragen hat. Genau in diesem Punkt schafft das Double-Opt-in-Verfahren Abhilfe, da Sie damit sicherstellen, dass es tatsächlich der Besitzer der jeweiligen E-Mail-Adresse ist, der sich in Ihren E-Mail-Verteiler einträgt. Nur er hat Zugriff auf sein Postfach und erhält die E-Mail mit der Bestätigungs-Aufforderung. Wenn nun die Eintragung in Ihren E-Mail-Verteiler bestätigt wird, ist klar, dass es der tatsächliche Besitzer der E-Mail-Adresse war.

Achten Sie also bei der Wahl Ihres E-Mail-Newsletter/Autoresponder-Systems darauf, dass es das Double-Opt-in-Verfahren unterstützt. In einem solchen System können Sie dann einstellen, dass eine Bestätigungs-E-Mail versendet werden muss, bevor der Leser tatsächlich in den Verteiler aufgenommen wird. Das System erstellt den Bestätigungs-Link für eine solche E-Mail dann automatisch. Technisch ist das Ganze mit dem passenden System also einfach umzusetzen.

Der zweite rechtlich relevante Punkt ist, dass Sie dem Leser glasklar sagen müssen, welchen Bedingungen er mit der Eintragung in Ihren Verteiler zustimmt. Lassen Sie ihm nur das kostenlose Produkt zukommen? Nein, Sie wollen ihn in Ihren E-Mail-Verteiler aufnehmen, ihm eine Autoresponder-Sequenz zukommen lassen und ihm regelmäßig Ihren E-Mail-Newsletter senden. Darauf müssen Sie hinweisen. Zudem ist es eine gute Idee, dem Leser zu versichern, dass Sie seine Daten nicht weitergeben. Das beruhigt und erhöht die Eintragungsrate. Ein hierzu passender Text könnte folgendermaßen lauten:

Ich verspreche, dass ich Ihre Daten keinesfalls an Dritte weitergebe. Mit der Anforderung werden Sie automatisch und kostenlos in unseren E-Mail-Newsletter eingetragen. Sie können sich jederzeit abmelden.

Damit obige Aussage »Sie können sich jederzeit abmelden« auch wirklich stimmt, sollten Sie jeder E-Mail, die Sie an die Adressen in Ihrem Verteiler aussenden, zum Schluss einen Austragungslink anfügen: »Wenn Sie keine E-Mails von mir mehr erhalten wollen, können Sie sich über folgenden Link austragen: AUSTRAGUNGS-LINK«. In einem professionellen E-Mail-Newsletter/Autoresponder-System können Sie einen solchen Austragungslink per Platzhalter in jede E-Mail einfügen und das System generiert diesen dann automatisch.

E-Mail-Adressen kaufen?

Grundsätzlich ist es kein Problem, E-Mail-Adressen zu kaufen, allerdings müssen Sie unbedingt sicher sein, dass der Verkäufer der E-Mail-Adressen seriös ist. Der

Verkäufer muss Ihnen bestätigen können, dass alle Besitzer der E-Mail-Adressen, die er verkauft, wissen, dass ihre E-Mail-Adressen verkauft werden und sie damit einverstanden sind. Kann Ihnen der Verkäufer das nicht bestätigen, laufen Sie wieder real Gefahr, wegen Spam belangt zu werden, wenn Sie an solche E-Mail-Adressen dann Aussendungen durchführen.

Wenn Sie ganz sichergehen wollen, sollten Sie generell gekaufte E-Mail-Adressen nicht direkt in Ihren Verteiler aufnehmen, sondern zuvor per Double-Opt-in bestätigen lassen. Angenommen, Sie haben eine Liste von 10.000 E-Mail-Adressen gekauft (ich setze voraus, dass die Quelle wie oben beschrieben seriös ist). Sie importieren diese Liste in Ihr EA-System und weisen das System nun an, jeder dieser E-Mail-Adressen eine E-Mail mit Aufforderung zur Bestätigung zukommen zu lassen. Da sich die Besitzer dieser E-Mail-Adressen ja nicht in Ihr Eintragungsformular eingetragen haben (schließlich haben Sie die E-Mail-Adressen gekauft), können Sie hier *nicht* die Standard-Bestätigungs-E-Mail nutzen. Keiner würde bestätigen. Stattdessen müssen Sie Ihr kostenloses Angebot schmackhaft vorstellen und den Besitzern der E-Mails mitteilen, dass sie dieses Geschenk sofort haben können, sie müssen nur noch auf den folgenden Bestätigungslink klicken. Natürlich müssen Sie auch hier wieder darauf hinweisen, dass der Leser mit der Bestätigung nicht nur das kostenlose Geschenk zum Download erhält, sondern auch in Ihren E-Mail-Verteiler aufgenommen wird. Alle, die bestätigen, sind dann tatsächlich in Ihrem Verteiler, erhalten das Geschenk und Sie können nun sicher sein, dass die jeweiligen Besitzer der E-Mail-Adressen ausdrücklich zugestimmt haben, E-Mails von Ihnen zu erhalten.

6.1.5 Eine profitable E-Mail-Kampagne erstellen

So weit, so gut. Sie haben einen tollen Anreiz für Ihre Website-Besucher, sich in Ihren E-Mail-Verteiler einzutragen. Sie haben ein Eintragungsformular auf Ihrer Website platziert und nutzen eine Squeezepage, um höchstmögliche Eintragungsraten zu erzielen. Sie haben sich mit dem Double-Opt-in-Verfahren zudem rechtlich gut abgesichert. Nun müssen Sie nur noch die E-Mails aussenden, mit denen Sie die Beziehung zu Ihrem Leser stärken, sein Vertrauen gewinnen und ihn schließlich in einen Kunden konvertieren. Der grobe Vorgang hierfür sieht folgendermaßen aus:

Zuerst erstellen Sie eine 7- bis 12-teilige Autoresponder-Kampagne, die der Leser über einen Zeitraum von zwei bis vier Wochen zugeschickt bekommt. Während dieser Zeit erhält Ihr Abonnent keine E-Mail-Newsletter von Ihnen! Erst nach Ablauf der Kampagne senden Sie ihm Ihren regelmäßig erscheinenden E-Mail-

Newsletter. Ich kann mir vorstellen, dass Sie mittlerweile eine brennende Frage haben ...

Der Unterschied zwischen Autoresponder und E-Mail-Newsletter

Ein Besucher meiner Website trägt sich über ein Formular in meinen E-Mail-Verteiler ein. Nach erfolgreicher Double-Opt-in-Anmeldung lasse ich dem Leser zuerst automatisch eine Reihe von vorgefertigten E-Mails zukommen (Autoresponder), mit denen ich den Leser systematisch zu einer bestimmten Handlung motivieren möchte (Most Wanted Response), beispielsweise dem Kauf meines Produkts oder der Nutzung meiner kostenpflichtigen Dienstleistungen. Nach Ablauf dieser Autoresponder-Sequenz erhält er meinen monatlich erscheinenden E-Mail-Newsletter und bleibt somit weiter mit mir in Verbindung.

Der große Unterschied zwischen Autoresponder und E-Mail-Newsletter: Mit dem Autoresponder haben Sie die Möglichkeit, eine gut durchdachte, systematische Kampagne zu erstellen, die Ihre Kunden beispielsweise sukzessive für Ihre Produkte begeistert. Sie können genau bestimmen, in welcher Reihenfolge und mit welchen Zeitabständen der Leser die E-Mails erhält, und Sie gehen sicher, dass er von der ersten bis zur letzten alle E-Mails der Autoresponder-Sequenz erhält. Bei Ihrem E-Mail-Newsletter ist dies nicht der Fall, denn wenn Sie beispielsweise einen wöchentlichen E-Mail-Newsletter publizieren und in diesem eine fünfteilige Serie über Google AdWords starten, kann es leicht passieren, dass sich ein Leser erst kurz vor Aussendung des dritten Teils anmeldet und somit die ersten beiden Teile versäumt. E-Mail-Newsletter werden mit einem fixen Datum ausgesendet. Autoresponder-Sequenzen hingegen starten mit dem Zeitpunkt der Eintragung in Ihren E-Mail-Verteiler. Sie legen fest, in welchen Zeitabständen ab der Eintragung Ihr Abonnent die einzelnen E-Mails der Autoresponder-Sequenz erhält, und wenn er sich nicht vorher abmeldet, erhält der Abonnent auf diese Weise über einen vorgefertigten Zeitraum Ihre gesamte Sequenz.

> **Fazit**
>
> Der E-Mail-Newsletter ist perfekt, um mit Kunden über einen langen Zeitraum den Kontakt zu pflegen und sie über verschiedenste Themen zu informieren, Aktualisierungen der Website bekannt zu geben oder neue Produkte vorzustellen. Der Autoresponder ist perfekt, um von Anfang bis Ende durchstrukturierte E-Mail-Kampagnen zu führen, die den Leser zu einer von Ihnen festgelegten Handlung (MWR) bewegen.

Die Autoresponder-Sequenz

Mit E-Mail-Marketing haben Sie eine unmittelbare Möglichkeit, aktiv Kontakt mit Ihrem Besucher herzustellen und dieses Vertrauen über mehrere Kontaktaufnahmen hindurch aufzubauen und zu pflegen. Im Gegensatz dazu haben Sie auf Ihrer Website nur eine Chance, das Vertrauen Ihres Besuchers zu gewinnen. Wenn Sie diese nicht nutzen, klickt er auf den Zurück-Button und ist auch schon wieder weg. Sie müssen den schmalen Grat wahren, nicht zu großspurig aufzutreten, denn das kauft Ihnen der neue Besucher nicht ab, gleichzeitig tun Sie sich auch keinen Gefallen, wenn Sie zu dezent auftreten und sich unter Wert präsentieren. Auf der Website ist es also wichtig, ein persönliches und warmes, aber dezentes und informatives Bild zu vermitteln. Sie stellen den Inhalt in den Vordergrund, weniger Ihr Angebot.

Im Gegensatz zur Website haben Sie im E-Mail-Marketing viel mehr Freiheiten, wie Sie Ihren Besucher ansprechen können, einfach dadurch, weil Sie ihn öfter kontaktieren können. Sie müssen nicht aus einer Begegnung das Maximum herausholen, Sie können die Beziehung entwickeln.

> **Hinweis**
>
> E-Mail-Marketing ist ein langfristiger Prozess. Er läuft darauf hinaus, das Vertrauen Ihres Besuchers zu gewinnen, zu festigen und auszubauen. Erst wenn dies geschehen ist, ist Ihr Besucher bereit, Ihr kommerzielles Angebot zu nutzen, und erst dann fordern Sie ihn zum Kauf auf.

Praktisch bedeutet das, dass Sie auf keinen Fall Werbemails an einen Besucher versenden sollten, der sich gerade neu in Ihren E-Mail-Verteiler eingetragen hat. Verfolgen Sie in Ihren E-Mail-Kampagnen das gleiche Prinzip, wie Sie es auch für Ihre Website gelernt haben: Verdienen Sie sich zuerst durch hochwertige Informationen das Vertrauen Ihres Besuchers und empfehlen Sie ihm Ihr Angebot erst danach als Lösung.

Ich nehme hier nochmals den Zahnarzt als Beispiel. Nachdem sein Leser seinen kostenlosen E-Report »10 einfache Tipps für nachhaltig weiße Zähne« angefordert hat, lässt er ihm eine Autoresponder-Sequenz zukommen, die folgende Struktur hat:

Tag 1 nach Eintragung (E-Mail 1): Danke für die Anforderung des Reports am Vortag / Haben Sie schon in den Report reingelesen? / Kurz darüber schreiben, wie effektiv die darin vorgestellten Tipps sind und wie einfach man sie umsetzen kann / Diese E-Mail soll einfach nochmals zum Lesen des kostenlosen Reports animieren und dessen Inhalt positiv stärken.

Tag 3 nach Eintragung (E-Mail 2): Hat Ihnen der Report gefallen? Setzen Sie die Tipps schon um? / Zusätzliche Infos zu Tipp 2 aus dem E-Report »Elektrische statt herkömmliche Zahnbürste«, nämlich Antworten auf häufig gestellte Fragen in diesem Zusammenhang.

Tag 5 nach Eintragung (E-Mail 3): Aufbauend auf Tipp 3 aus dem E-Report »Die drei besten Nahrungsmittel für weiße Zähne«, weitere Tipps zur richtigen Ernährung.

Tag 7 nach Eintragung (E-Mail 4): Aufbauend auf Tipp 4 aus dem E-Report »Schluss mit Rauchen und Alkohol« geben Sie in dieser E-Mail 10 Tipps, wie man sich das Rauchen abgewöhnen kann. Eventuell hier schon mal eine dezente Buchempfehlung für weiterführende Infos (Affiliate-Link, damit Sie damit auch Geld verdienen).

Tag 9 nach Eintragung (E-Mail 5): Aufbauend auf Tipp 5 aus dem E-Report »Zähneputzen ist nicht genug!« stellen Sie die besten Möglichkeiten vor, um die Zähne wirklich gründlich zu reinigen, beziehungsweise vertiefen die Infos aus Ihrem Report. Zu diesem Zweck erklären Sie, worauf man bei der Wahl der richtigen Zahnseide und Interdentalbürsten achten muss, und stellen Produkte vor, mit denen Sie gute Erfahrung haben. Hier setzen Sie einen Link zu Ihrem eigenen Webshop, in dem Sie diese Produkte führen!

Tag 11 nach Eintragung (E-Mail 6): Aufbauend auf Tipp 6 »Zähne bleichen: Ist das gesund?« gehen Sie weiter darauf ein, welche Bleichmittel schädlich sind und welche gesund, wie man diese richtig anwendet, und verweisen dann wieder auf Ihren Online-Shop, in dem Sie die Bleichmittel, Weißmacher-Cremes und Gels vorstellen, die Sie auch erfolgreich bei Ihren Patienten anwenden.

Tag 13 nach Eintragung (E-Mail 7): Aufbauend auf Tipp 10 stellen Sie die Mundhygiene vor, die man bei Ihnen buchen kann. Sie erklären dem Patienten genau, was Sie tun (wenn möglich positive Besonderheiten, die Sie von der Konkurrenz unterscheiden), welchen Nutzen der Patient davon hat (Vorteile für ihn herausstreichen), und setzen dann einen Link zu einem Kontaktformular auf Ihrer Website, worüber der Leser einen Termin in Ihrer Praxis vereinbaren kann.

Erst nach Ablauf dieser sieben- bis zwölfteiligen Autoresponder-Sequenz lassen Sie Ihrem Leser, oder mittlerweile hoffentlich bereits Kunden, Ihren regelmäßig erscheinenden E-Mail-Newsletter zukommen. Darin stellen Sie Neuigkeiten zum Thema Ihrer Website vor, weiterführende Infos, Neuigkeiten zu Ihren Produkten oder Dienstleistungen, Gutscheinaktionen etc.

6.1.6 Der E-Mail-Newsletter

Manche Menschen haben viel Spaß am Schreiben von E-Mail-Newslettern und informieren ihre Leser von Herzen gerne mehrmals die Woche über Neuigkeiten zum Thema ihres jeweiligen Angebotes. Als leidenschaftlicher Jurist beispielsweise, spezialisiert auf Miet- und Wohnrecht, ist es für Sie selbstverständlich, dass Sie sich bezüglich aktueller Gesetzesänderungen, Diskussionen und Fachmeinungen auf dem aktuellen Stand halten. Zu diesem Zweck recherchieren Sie wöchentlich. Ihre neuesten Erkenntnisse veröffentlichen Sie auf Ihrer Website oder auf Ihrem Blog. Zusätzlich informieren Sie all Ihre Abonnenten per E-Mail darüber. Hierbei können Sie entweder in einer kurzen E-Mail auf Ihre Website oder Ihren Blog verweisen, wo der gesamte Beitrag zu lesen ist, oder Ihren Lesern den gesamten Beitrag gleich in der E-Mail zukommen lassen. Auch hier rate ich Ihnen, selbst auszutesten, auf was Ihre Zielgruppe besser reagiert. Es gibt zwei Möglichkeiten:

1. Ihre Zielgruppe kann gut mit langen Texten. Dann ist es für Ihre Leser natürlich angenehmer, Sie packen gleich die gesamte Info in die E-Mail.

2. Ihre Zielgruppe fühlt sich von langen Texten leicht überfordert und liest Ihre E-Mail erst gar nicht, wenn diese so lang sind. In diesem Fall ist es besser, Sie schüren in Ihren Lesern mit kleinen Häppchen das Interesse und verweisen dann auf die vollständigen Beiträge auf Ihrer Website.

Der Jurist aus Leidenschaft betreibt also einen wöchentlich erscheinenden E-Mail-Newsletter. Sein Freund, der Weinkenner, möchte seinen Lesern am liebsten gleich jeden Tag einen neuen Wein vorstellen, beschränkt sich aber schweren Herzens auf einen zwei- oder dreimal die Woche erscheinenden E-Mail-Newsletter. Man möchte es ja auch nicht übertreiben. Womit wir bei einem weiteren wichtigen Punkt wären.

In welchem Zeitraum sollten Sie wie viele E-Mails versenden?

Versenden Sie auf keinen Fall zu viele E-Mails. Schneller als Sie glauben, nerven Sie damit Ihre Leser, selbst wenn Ihr Inhalt hochwertig bleibt. Meist aber können Sie die Qualität Ihres Inhalts nicht so hoch halten, wenn Sie so viele E-Mails aussenden, was Ihre Leser zusätzlich verdrießt. Dies führt dazu, dass sich viele Leser letztendlich wieder aus Ihrem E-Mail-Verteiler austragen. Wieso sollten Sie sich also mehr Arbeit machen, nur um sich damit zu schaden?

Praktisch bedeutet das: Maximal eine E-Mail pro Tag. Ich persönlich versende höchstens zwei bis drei E-Mails pro Woche. Wobei es nach unten hin keine Grenzen gibt. Wenn Sie Ihren E-Mail-Newsletter nur einmal pro Monat aussenden, ist das auch überhaupt kein Problem. Ihre Leser werden Ihnen nicht böse sein, im Gegenteil, Ihr E-Mail-Newsletter wird an Exklusivität gewinnen.

Gleichzeitig gilt aber natürlich: Mit jeder E-Mail-Aussendung treten Sie in das Blickfeld Ihres potenziellen oder bereits bestehenden Kunden und rufen ihm Ihr

Angebot wieder ins Gedächtnis. Was ich damit meine: Wenn Sie durch die Aussendung von vier E-Mail-Newslettern pro Monat doppelt oder gar viermal so viel Umsatz generieren wie mit einer Aussendung, tun Sie natürlich gut daran, vier Newsletter pro Monat auszusenden. Wenn Sie diese Rechnung aber zu extrem weiterdenken und nun zwei E-Mail-Aussendungen pro Tag machen, werden sich wohl die meisten Ihrer Leser aus Ihrem Verteiler austragen, und statt dass Sie sechzigmal so viel Umsatz machen wie bei einer monatlichen Aussendung, wird Ihr Umsatz wahrscheinlich schmerzlich einbrechen. Auch das sind aber nur wieder gut erprobte Richtwerte. Testen Sie Ihre Leserschaft selbst aus. Wenn Sie viele E-Mail-Aussendungen machen können und diese auch zur Nutzung Ihres Angebots führen (Verkäufe, Inanspruchnahme Ihrer Dienstleistungen, Kontaktaufnahmen), ohne dass sich zu viele Leser austragen, ist es selbstverständlich, dass Sie so weitermachen sollten. Ein wichtiger Punkt ist aber noch offen ...

Das Verhältnis von Information zu Werbung

So wie auf Ihrer Website gilt auch für Ihren E-Mail-Newsletter: Stellen Sie immer die Bedürfnisse Ihrer Kunden beziehungsweise Leser in den Vordergrund. Schicken Sie nicht einfach die ganze Zeit Werbemails aus. Davon fühlt sich der Leser nicht angesprochen. Stellen Sie auch bei Ihrem E-Mail-Newsletter sicher: Das Verhältnis von Information zu Werbung sollte mindestens 3:1 betragen. Auf drei informative E-Mails können Sie eine Werbemail aussenden.

Mit informativen E-Mails meine ich solche, die dem Leser einen tatsächlichen Nutzen bringen, auch wenn er Ihr Angebot nicht in Anspruch nehmen will. Sind Sie beispielsweise Ernährungsberater, senden Sie als informative E-Mail einen Newsletter mit Tipps aus, welche natürlichen und gesunden Snack-Alternativen es im Sommer zu Kalorienbomben wie Eis, Cola und Frozen Yoghurt gibt. Ich bin zwar kein Ernährungsberater, aber für alle, die sich jetzt fragen, welche Alternativen es denn tatsächlich gibt: Ich esse im Sommer unheimlich gerne gekühlte Melonen und trinke Smoothies aus hundert Prozent Früchten ohne jegliche Zusätze. Das Interessante an informativen E-Mails ist nun: Sie können durchaus auf Ihr Angebot hinweisen! Das ist ganz wichtig zu wissen. Ja, das dürfen Sie! Aber die Information soll ganz klar im Vordergrund stehen. Der Leser soll das Gefühl haben, dass Sie ihm hier wirklich einfach einen hilfreichen Tipp geben wollen und an ihn denken, nicht an Ihr eigenes Portemonnaie. Wenn Sie das sicherstellen, macht es überhaupt nichts, wenn Sie dezent darauf hinweisen, dass der Leser in Ihrem Ernährungsratgeber weitere tolle Tipps findet oder Sie gerne zwecks einer persönlichen Beratung kontaktieren kann. Wichtig ist hier: Sie machen keine große Werbung dafür. Sie erwähnen es einfach dezent. So mancher Leser wird durch Ihre informative E-Mail auf den Geschmack gekommen sein und sich sogar darüber freuen, dass Sie ihn darauf hinweisen, dass es noch mehr Infos oder sogar die Möglichkeit einer persönlichen Beratung gibt, und gleich einen Link zum Kontaktformular bereitstellen. Es soll ein Hinweis sein, keine Werbung.

Werbemails meine ich, wenn diese wirklich Ihr Angebot in den Vordergrund stellen und dessen Vorzüge herausstreichen mit der Absicht, den Leser ganz klar zum Kauf zu motivieren. Werbemails sind quasi wie Verkaufsseiten, während informative E-Mails wie die Seiten Ihres Informations-Portals sind. Da Werbemails von Natur aus aggressiver sind, sollten Sie sie sehr dezent und zurückhaltend einsetzen. Auf drei informative Mails eine Werbemail. Ich würde sogar vorschlagen: Auf fünf Infomails eine Werbemail. Wenn man sie dezent einsetzt, haben Werbemails aber durchaus einen Nutzen. Viele Ihrer Leser, die Ihnen bereits sehr positiv gegenüberstehen und eigentlich kaufbereit sind, brauchen diesen letzten Schubs, diese letzte Aufforderung, die eine Werbemail gibt, um Ihr Produkt zu kaufen. Beschreiben Sie in der Werbemail, welche wunderbaren Möglichkeiten sich dem Leser eröffnen, wenn er Ihr Angebot in Anspruch nimmt. Was auch sehr gut ankommt: positive Kundenrezensionen. Lassen Sie Ihre Kunden erzählen, wie toll Ihr Angebot ist. Nichts verschafft Ihrem Angebot mehr Glaubwürdigkeit!

6.1.7 Wann ist der beste Zeitpunkt zum Versand von E-Mails?

Zu diesem Thema gibt es unterschiedlichste Studien, die häufig zu unterschiedlichen Ergebnissen kommen. Meinungen gibt es zu diesem Thema sowieso wie Sand am Meer. Manche meinen, man soll die E-Mails gleich in der Früh verschicken, damit der Empfänger diese beim Abrufen seiner E-Mail am Arbeitsplatz sofort vorfindet. Andere sind strikt gegen diese Idee mit dem Argument, dass Ihre E-Mail auf diese Weise bloß in der Masse an anderen E-Mails untergeht. Besser wäre die Mittagszeit oder überhaupt das Wochenende, um der Konkurrenz aus dem Weg zu gehen und sich Aufmerksamkeit des Lesers zu sichern. Ich habe viele Studien gelesen, die Dienstag- und Donnerstagnachmittag empfohlen haben, nur um kürzlich zu lesen, dass dies schon wieder nicht mehr gilt, weil das jetzt jeder macht. Nun solle man wieder auf andere Tage ausweichen, um die Konkurrenz zu meiden. Kurzum: Wie man es auch macht, es gibt immer einen, der Ihnen garantiert, dass Sie es falsch machen. Was ist die Lösung?

Testen Sie selbst. All diese Meinungen und Studien sind sowieso mit Vorsicht zu genießen, weil es sich nur um allgemeine Statistiken handelt, die nicht die individuelle Zielgruppe berücksichtigen. Daher sollten Sie sowieso anhand Ihrer eigenen E-Mail-Aussendungen analysieren, wann Ihre E-Mails die höchsten Öffnungsraten und Verkäufe beziehungsweise Kontaktaufnahmen (je nachdem, was Ihr Most Wanted Response ist) erzielen. Mit einem guten EA-System können Sie sogenannte Split-Tests durchführen. Das bedeutet, Sie können Ihre Abonnenten in mehrere Gruppen aufteilen und diesen die gleiche E-Mail zu unterschiedlichen Zeiten schicken oder jeweils verschiedene E-Mails zur gleichen Zeit. Auf diese Weise können Sie den besten Zeitpunkt selbst austesten oder auch, welcher Betreff oder welche Textvarianten zu höheren Öffnungsraten führen.

Um den besten Versandzeitpunkt herauszufinden, schicken Sie Gruppe A eine bestimmte E-Mail beispielsweise am Montag zwischen 8 und 10 Uhr, Gruppe B die gleiche E-Mail zwischen 10 und 12 Uhr, Gruppe C die gleiche E-Mail zwischen 12 und 14 Uhr. Bei Ihrer nächsten E-Mail-Aussendung testen Sie wieder mit drei Gruppen, diesmal den Zeitraum von 14 bis 20 Uhr. Bei der nächsten E-Mail-Aussendung erstellen Sie zwei Gruppen und vergleichen den Zeitraum, der am Montagvormittag am besten abgeschnitten hat, mit dem Zeitraum, der am Montagnachmittag am besten abgeschnitten hat. Das nächste Mal testen Sie nach obigem Schema den besten Zeitpunkt für Dienstag aus. Dann vergleichen Sie den besten Zeitpunkt vom Montag mit dem besten Zeitpunkt vom Dienstag. Dann testen Sie den besten Zeitpunkt am Mittwoch aus und vergleichen diesen mit dem besten Zeitpunkt im Zeitraum von Montag 8 Uhr Vormittag bis Dienstag 20 Uhr. Verfahren Sie auf diese Weise, bis Sie den tatsächlich besten Zeitpunkt herausgefunden haben.

Falls Sie sich jetzt fragen, wieso man nicht einfach einen Split-Test am Montag, einen am Dienstag, einen am Mittwoch und so weiter durchführt und dann einfach den Zeitraum wählt, der die höchsten Öffnungsraten oder höchsten Verkäufe (je nachdem, was Ihnen wichtig ist, es liegt an Ihnen, welche Performance-Kriterien Sie auswählen) aufweist:

Nun, Sie können ja schlecht zig Mal hintereinander die gleiche E-Mail aussenden. Sie müssen Ihre Split-Tests also notgedrungen mit unterschiedlichen E-Mails durchführen. Unterschiedliche E-Mail-Betreffs und Texte beeinflussen aber Öffnungsrate und Kaufverhalten der Besucher. Wenn Sie also E-Mail A am Montag und E-Mail B am Dienstag aussenden, können Sie die Effektivität der Versandzeitpunkte nicht miteinander vergleichen, da die Unterschiedlichkeit der E-Mails die Effektivität des Versandzeitpunktes verzerrt. Um Versandzeitpunkte korrekt zu vergleichen, müssen Sie also immer die gleiche E-Mail benutzen. Dies bedeutet aber nicht, dass Sie am Dienstag die gleiche E-Mail wie am Montag benutzen müssen. Da Sie am Dienstag ja nur neue Versandzeitpunkte untereinander vergleichen, können Sie eine neue E-Mail nutzen, die für alle neuen Versandzeitpunkte die gleiche ist. Den besten Versandzeitpunkt von Montag können Sie aber auf diese Art und Weise eben nicht mit dem von Dienstag vergleichen, da Sie ja unterschiedliche E-Mails verwendet haben. Also brauchen Sie wieder eine neue E-Mail, mit der Sie diesmal den besten Montags-Zeitpunkt mit dem besten Dienstagszeitpunkt vergleichen.

6.1.8 Analysieren Sie Ihre E-Mail-Kampagnen

Ich habe Ihnen mit den Split-Tests bereits aufgezeigt, welch enormes Analyse-Potenzial im E-Mail-Marketing liegt. Dieses Potenzial ist bares Geld wert. Henry Ford sagte bereits: »Fünfzig Prozent bei der Werbung sind immer rausgeworfen. Man weiß aber nicht, welche Hälfte das ist.« Durch die enormen Möglichkeiten zur Analyse können Sie Ihr E-Mail-Marketing aber so gestalten, dass Sie eine nahezu 100-prozentig effektive Kampagne entwickeln. Testen Sie also neben dem richtigen Versandzeitpunkt mit Hilfe von Split-Tests auch verschiedene E-Mail-Betreffs und Textvarianten. Probieren Sie es einmal mit einem seriösen Ton, dann mal etwas draufgängerischer, vielleicht mal humorvoll oder auch mal kurios und testen Sie, welche Varianten die beste Performance erzielen.

Wie Sie Split-Tests technisch umsetzen, entnehmen Sie dann bitte dem jeweiligen Handbuch des E-Mail-Newsletter/Autoresponder-Systems Ihrer Wahl.

6.1.9 Praktische Tipps

Design

Viele E-Mail-Marketer schicken ihre E-Mail-Newsletter nach wie vor ganz puritanisch nur als Textversion aus. Es gibt keine Hervorhebungen, kein Kursiv, gar nichts. Große Firmen wiederum schicken oft E-Mail aus, die ein komplexes Design wie eine Website aufweisen. Dies führt jedoch bei unterschiedlichen E-Mail-Programmen zu unterschiedlichen und eventuell auch fehlerhaften Darstellungen und erhöht aufgrund des komplexen HTML-Codes auch die Wahrscheinlichkeit, dass die E-Mail im Spam-Filter landet. Ich empfehle die Verwendung von HTML-Code zur Formatierung von E-Mail-Newslettern. Eine dezente Formatierung macht E-Mails übersichtlicher, als sie es im Nur-Text-Format sind. Es ist beispielsweise nichts gegen Überschriften einzuwenden. Auch ein schlichtes, beispielsweise zweispaltiges Design kann sehr passend sein. Dieses sollten Sie mit HTML-Tabellen verwirklichen. Wenn Sie also bereits mit HTML vertraut sind und wissen, wie man mit einem HTML-Editor umgeht, beziehungsweise ein Programm haben, mit dem Sie HTML-Seiten erstellen können (mit dem Sie wissen, wie es geht), können Sie auf diese Weise jede Ausgabe Ihres E-Mail-Newsletters wie eine HTML-Seite ganz normal erstellen. Nur halt eben mit dem bereits angesprochenen schlichten

Design. Den HTML-Code kopieren Sie dann in Ihr E-Mail-Newsletter/Autoresponder-System und verschicken so Ihre per HTML formatierte E-Mail. Falls Sie mit HTML noch nicht vertraut sind, zerbrechen Sie sich über das Ganze nicht weiter den Kopf und versenden Sie Ihre E-Mail-Newsletter vorerst einfach mal im Nur-Text-Format.

Sparsamkeit

Verwenden Sie wenn überhaupt nur wenige und kleine Bilder. Betten Sie am besten keine Videos direkt in Ihre E-Mail-Newsletter ein. Verwenden Sie generell auch keine Anhänge. Verlinken Sie stattdessen lieber zu einer Website, die das Video beinhaltet, oder stellen Sie in der E-Mail einen Downloadlink bereit, statt der E-Mail eine Datei anzuhängen. Diese Sparsamkeit erhöht die Chancen Ihrer E-Mail, nicht im Spamfilter hängen zu bleiben, und die Geschwindigkeit, mit der die E-Mail heruntergeladen werden kann. Würden Sie einer E-Mail beispielsweise einen Anhang über 2 Megabyte anhängen, könnte es je nach Einstellungen des jeweiligen E-Mail-Dienstes, den Ihr Leser verwendet, passieren, dass diese gar nicht zugestellt wird.

Seriöse Sprache

Vermeiden Sie die zu häufige Verwendung von Begriffen und Phrasen wie »kostenlos«, »gratis«, »nur noch heute«. Dies erhöht die Chance, dass Ihre E-Mail im Spam-Filter hängen bleibt, etwas, das Sie gar nicht wollen.

6.2 Facebook

Haben Sie bereits einen Facebook-Account? Wenn nicht, melden Sie sich schnell bei Facebook an. Es ist eine tolle Möglichkeit, mit Freunden, Bekannten, Arbeitskollegen etc. in Verbindung zu bleiben. Nicht nur das, über Facebook habe ich sogar viele »verlorene Gesichter« wiedergefunden und alte Freundschaften wieder aufleben lassen.

Die zwei größten Kritikpunkte, die an Facebook im Allgemeinen angebracht werden, handeln davon, dass meine Daten, die ich über mich auf Facebook preisgebe, nicht ausreichend vor Menschen geschützt werden, von denen ich nicht will, dass sie diese Informationen zu Gesicht bekommen (also alle, die nicht meine Facebook-Freunde sind). In diesem Zusammenhang wird auch oft Kritik laut, dass Facebook selbst die Daten seiner Anwender missbräuchlich verwendet und beispielsweise nicht löscht, selbst wenn man sein Facebook-Profil löschen lässt, sich also abmeldet. Der zweite Kritikpunkt handelt davon, dass Facebook in Wahrheit ziemlich langweilig ist, weil jeder nur Blödsinn postet, beispielsweise Bilder von seinem Mittagessen oder seine Facebook-Freunde per Status-Updates detailliert über einen völlig ereignislosen Tag auf dem Laufenden hält.

Meine persönliche Meinung dazu: Datenschutz ist auf Facebook ein Problem beziehungsweise Risiko. Dieses Problems bin ich mir bewusst und daher veröffentliche ich auf Facebook auch nicht alles über mich. Ich persönlich veröffentliche Reisefotos, schreib schon mal, wo ich mich gerade aufhalte und wo ich zur Schule gegangen bin. Ich gebe auf Facebook einiges aus meinem Leben preis. Aber ich habe sehr wohl eine Grenze, was mir zu privat ist. Letztendlich sollte man sich im Internet immer der Tatsache bewusst sein: Alles, was man einmal ins Internet gestellt hat (egal ob Facebook, Twitter, Website oder Foren), bleibt eventuell für immer dort. Das Internet ist dezentral. Es gibt nicht *eine* Stelle, wo Sie alles über sich löschen lassen können. Die gute Nachricht: Niemand zwingt Sie, auf Facebook persönliche Details zu veröffentlichen. Sie können sich auch ein ganz karges Facebook-Profil zulegen, Sie müssen nicht mal ein Profil-Bild verwenden! Auf den zweiten Kritikpunkt, dass Facebook irrsinnig langweilig ist, antworte ich immer: Es zwingt einen ja niemand, sich die vielen langweiligen Einträge der anderen durchzulesen.

Obige zwei Kritikpunkte ändern aber nichts an der Tatsache, dass Facebook eine Reihe von Tools zur Verfügung stellt, mit denen Sie mit Ihren Freunden effektiv in Verbindung bleiben können und Ihre Kommunikation mit ihnen sehr übersichtlich, intuitiv und organisiert verwalten können. Mit meinen guten Freunden bin ich persönlich und per Telefon in Kontakt (natürlich zusätzlich auch per Facebook), mit meiner Vielzahl an Bekannten bin ich per Facebook in Kontakt. Ich habe noch keine bessere Plattform als Facebook kennengelernt, um mit meinen vielen Kontakten so einfach in Verbindung zu bleiben. Alle Möglichkeiten, die mir Facebook bietet, um mit meinen Bekannten in Verbindung zu bleiben, bietet es mir 1:1 auch, um geschäftlich mit meinen Interessenten und Kunden in Verbindung zu bleiben. Womit wir auch schon beim Thema sind.

6.2.1 Welche Möglichkeiten Ihnen Facebook zur Kundenpflege bietet

Beleuchten wir zum besseren Verständnis ganz kurz, wie Facebook grundlegend funktioniert: Jeder Facebook-Anwender kann mit anderen Facebook-Anwendern Freundschaft schließen und hat ein eigenes Profil. Auf diesem Profil kann er verschiedenste Aktivitäten vornehmen. Er kann Bilder hochladen oder ganze Fotoalben erstellen. Er kann Orte markieren, die er schon besucht hat, und er kann Statusmeldungen veröffentlichen. Er kann auch interessante Websites, Videos, Dokumente, die er im Internet gefunden hat, auf seinem Profil veröffentlichen. Das sind aber bei Weitem noch nicht alle Möglichkeiten.

Neben dem Profil ist der Newsfeed das zweite Hauptfeature von Facebook. Den Newsfeed sehen Sie, wenn Sie sich in Facebook einloggen. Darin werden Ihnen alle Aktivitäten von Ihren Freunden angezeigt. Wenn einer Ihrer Freunde beispielsweise seinen Status aktualisiert »Gerade gelandet. Kroatien war toll!«, sehen Sie das im Newsfeed. Auf diese Weise bleiben Sie übersichtlich darüber auf dem Laufenden, was all Ihre Freunde gerade tun. Umgekehrt sehen Freunde in ihrem Newsfeed natürlich auch, wenn Sie eine Aktivität durchführen. Wollen Sie beispielsweise Ihre Freunde wissen lassen, dass Ihre Indien-Reise gerade richtig Spaß macht, veröffentlichen Sie ein Foto von sich, wie Sie gerade einen zahmen bengalischen Tiger streicheln, und schreiben dazu: »Wow, Indien ist fantastisch. Jeden Tag neue Abenteuer und das Essen ist sowieso unglaublich!« Sie könnten mit diesem Satz auch einfach nur Ihren Status aktualisieren und das Foto weglassen. Es gibt hier viele Möglichkeiten. Ihre Freunde wiederum haben nun die Möglichkeit, Ihre Aktivitäten zu kommentieren und zu liken, sprich mit »Gefällt mir« zu markieren. Ich finde diese Möglichkeiten genial, denn ich muss nicht mehr alle meine Freunde einzeln kontaktieren, sondern kann alle mit einem Schlag über mein Treiben auf dem Laufenden halten. Was ich auch angenehm finde, ist, dass sich auf diese Weise niemand gemüßigt fühlt, meine Aktivitäten kommentieren zu *müssen*, wie dies der Fall wäre, wenn ich jeden meiner Freunde direkt kontaktiert hätte. Niemand muss, aber jeder kann. Dies ist ein sehr wichtiger Punkt, wenn Sie Facebook geschäftlich nutzen wollen. Durch diese Funktionsweise von Facebook haben Sie die Möglichkeit, über den Newsfeed die ganze Zeit in der Wahrnehmung Ihrer Kunden zu bleiben, ohne aber aufdringlich zu wirken, denn Sie kontaktieren ja niemanden persönlich. Sie sind nur auf Facebook aktiv. Ihre Kunden haben somit viel mehr das Gefühl, Sie und Ihre Aktivitäten zu beobachten, als von Ihnen angesprochen zu werden. Dies ist Marketing-psychologisch interessant.

Haben Sie es schon mal erlebt, dass Sie jemanden sehr interessiert beobachten und wenn diese Person dann plötzlich aktiv auf Sie zukommt, Sie sich schnell abwenden? Wir Menschen werden dazu erzogen, misstrauisch zu sein, beziehungsweise lernen mit der Zeit, misstrauisch zu sein, um uns zu schützen. Dieses Misstrauen ist oft größer als unsere Neugier und unser Interesse an Dingen. Fühlen wir uns aber nun in einer sicheren Position, aus der heraus wir beobachten können, verflüchtigt sich unser Misstrauen und wir beobachten das Geschehen mit regem Interesse. Kaum merken wir aber, dass wir zum Teil des Geschehens zu werden drohen (beispielsweise eben, wenn uns jemand, den wir beobachten, plötzlich anspricht), suchen wir sofort wieder hinter unserem Misstrauen Schutz.

Wenn Sie diesen Faktor im Kopf behalten, können Sie Social-Media-Plattformen wie Facebook massiv zu Ihrem Vorteil nutzen. Stellen Sie sich vor, welche Möglichkeiten Ihnen Facebook bietet, sich über Monate hinweg ganz gezielt ein spezifisches Image im Kopf des Kunden aufzubauen! Sie sind ständig in seiner Wahrnehmung (Newsfeed) präsent und können sich auf diese Weise genauso (smart, lustig, nüchtern, ausgeflippt) präsentieren, wie Sie es wollen und erwecken dabei keinerlei negative Emotionen oder Misstrauen, weil sich Ihr Kunde stets in sicherem Abstand wähnt. Für Ihre Marketing-Tätigkeiten auf Facebook sind folgende Funktionen wichtig:

- Facebook-Seite
- Newsfeed
- Veranstaltungen
- Wettbewerbe

6.2.2 Profil versus Seite

Ein grundlegender Punkt vorweg: Verwenden Sie zur Repräsentation Ihres Unternehmens, Ihrer Dienstleistungen oder Produkte kein Profil, sondern eine Facebook-Seite. Profile sind auf die private Nutzung ausgerichtet. Wenn Sie eine Freundschaftsanfrage erhalten, müssen Sie diese auch manuell beantworten. Die maximale Anzahl an Freunden hat Facebook zudem mit 5.000 limitiert. Eine Facebook-Seite hingegen ist auf eine kommerzielle Nutzung ausgerichtet und verfügt diesbezüglich über einige Vorteile. Statt Freunde können Ihre Interessenten Fans Ihrer Seite werden. Solche Fan-Anfragen werden automatisch beantwortet. Zudem ist die Zahl an Fans, die Sie haben können, unlimitiert.

Eine Seite können Sie erstellen, wenn Sie entweder bereits ein privates Konto oder ein Unternehmenskonto auf Facebook haben. Wenn nicht, müssen Sie sich zuerst für ein Konto auf Facebook registrieren und können dann über »Seite erstellen« eine Seite für Ihre kommerzielle Präsenz auf Facebook erstellen.

Ein weiterer wichtiger Unterschied zwischen Profil und Seite ist, dass Seiten von Suchmaschinen indiziert werden können, da sie im Gegensatz zu einem Profil öffentlich sind. Das verschafft Ihnen zusätzliche Präsenz in den Suchmaschinen. Zudem kann Ihre Seite jeder vollständig einsehen, egal ob er gerade bei Facebook angemeldet ist oder nicht. Jedem, den diese Argumente noch nicht überzeugen, sei gesagt, dass Facebook die kommerzielle Nutzung von Profilen in seinen Nutzungsbedingungen untersagt und dafür die Einrichtung von Seiten als Alternative zur Verfügung stellt.

Am Rande sei hier erwähnt, dass Sie ab 25 Fans eine schicke und einprägsame URL für Ihre Facebook-Seite beantragen können und sollten, die dann beispielsweise so aussieht: `https://www.facebook.com/david.asen.marketing`

Abgesehen von den grundlegenden oben angesprochenen Unterschieden, bieten Profil und Seite viele gemeinsame Möglichkeiten. Auf beiden können Sie Statusmeldungen veröffentlichen, Fotos hochladen, Links teilen und vieles mehr. Allerdings gibt es einige spezifische Aspekte Ihrer Facebook-Seite, die Sie kennen und nutzen sollten, um den größtmöglichen Nutzen daraus zu ziehen.

6.2.3 Das beinhaltet eine professionelle Facebook-Seite

Eine Facebook-Seite verfügt über einen ausführlichen Info-Bereich, der extra darauf optimiert wurde, dass Unternehmen sich möglichst gut präsentieren können. Diesen Bereich sollten Sie nutzen, um sich selbst, Ihr Unternehmen und Ihr Angebot ansprechend zu beschreiben. Halten Sie hier fest, wer Sie sind, wie lange es Sie gibt, welche Qualifikationen Sie oder Ihr Unternehmen haben. Hier können Sie auch Öffnungszeiten angeben und Sie sollten unbedingt möglichst viele Kontaktinformationen bereitstellen (Telefon, Website-Kontaktformular, Skype, E-Mail, was Ihnen behagt, zu veröffentlichen). Hier ist auch der richtige Ort, Ihre Website anzuführen.

Landing-Tabs

Eine weitere spezifische Funktion von Seiten sind Landing-Tabs. Es gibt Apps, die es Ihnen ermöglichen, Ihre Facebook-Seite um Tabs zu erweitern. In diese Tabs können Sie dann alle möglichen Infos einbinden. Auf meiner Facebook-Seite habe ich beispielsweise einen Starte-Hier-Tab, auf dessen Funktion ich in Kürze noch näher eingehe. Dieser Tab ist über die Navigation meiner Facebook-Seite aufrufbar (siehe Abbildung 6.4).

Wie Sie in Abbildung 6.4 sehen, weise ich in der Banner-Grafik meiner Facebook-Seite darauf hin, dass Band 1 meiner E-Book-Reihe »Erfolg im Internet« für kurze Zeit kostenlos verfügbar ist. Der Leser muss bloß auf »Starte hier« klicken. Nun gelangt er auf meinen Landing-Tab. Wie dieser aussieht, sehen Sie in Abbildung 6.5. Mein Landing-Tab erfüllt nun einen sehr interessanten Zweck: Er motiviert Besucher meiner Facebook-Seite, die noch keine Fans sind, Fans zu werden, denn jeder, der die Seite mit »Gefällt mir« markiert (also Fan wird), erhält Zugang zum kostenlosen Download von Band 1.

Abb. 6.4: Der Starte-Hier-Landing-Tab

Abb. 6.5: Nach dem Klick

Sie können Ihre Besucher statt zu Ihrer normalen Facebook-Seite auch gleich direkt zum Landing-Tab schicken. Dazu rufen Sie einfach selbst Ihren Landing-Tab im Browser auf und kopieren die URL aus der Adresszeile. Wenn Sie diese URL nun in Ihren Website-Texten, Broschüren etc. angeben, gelangen Ihre Interessenten gleich direkt zum Tab und werden aufgefordert, Ihre Facebook-Seite zu liken, um Zugang zu einem Geschenk zu erhalten.

Wie man das Ganze technisch umsetzt, fragen Sie? Eine sehr berechtigte Frage, deren detaillierte Beantwortung den Rahmen dieses Buches sprengen würde und auch nicht Sinn macht, da Sie hierzu die aktuellste Information immer im Internet finden. Eine Suche mit der Phrase »facebook landing page erstellen« bringt schon aufschlussreiche Ergebnisse. Im Online-Lesebereich unter `http://insider.david-asen.de` habe ich zusätzlich ausführliche Hilfestellungen bereitgestellt, wie Sie selbst einen Landing-Tab technisch realisieren.

6.2.4 Beispiel: Wie Klara die Features von Facebook effektiv für die Vermarktung ihres Geschäfts nutzt

Nehmen wir Klara als Beispiel. Sie betreibt eine Modeboutique in der Kölner Innenstadt. Sie hat sich voll und ganz auf den Stil der 50er Jahre spezialisiert und bietet von Kleidung im Original-Design der damaligen Zeit bis zu moderner Kleidung im Retro-Look eine gute, aber eben sehr spezialisierte Auswahl. Klara bemerkt, dass sie viel mehr Umsatz machen könnte, wenn sie sich nicht nur auf ihre Kölner Kundschaft beschränkt, sondern einen Online-Shop eröffnet, mit dem sie ganz Deutschland bedienen kann. Sie erstellt also gemäß den Richtlinien aus diesem Buch ein tolles Informations-Portal zum Thema ihres Angebots, um Besucher anzuziehen. Sie richtet einen Online-Shop ein, auf den sie die Besucher des Informations-Portals weiterführt. Tatsächlich läuft das alles auch sehr zufriedenstellend, aber sie weiß: Da geht noch mehr. Klara weiß, dass die meisten neuen Kunden in ihrer Boutique auf Empfehlung kommen. Mundpropaganda ist also ein wesentlicher Aspekt ihres Marketings. »Was bedeutet das umgemünzt auf das Internet?«, fragt sie sich. Natürlich, ihre Interessenten und Online-Kunden können ihre Website an Bekannte weiterempfehlen und das tun sie auch, aber wo geht das besser als auf Facebook? Klara weiß sofort: Es wird Zeit für ihre Facebook-Seite. Gesagt, getan.

Klara hat bereits ein Facebook-Konto, über das sie eine Seite für ihre Mode-Boutique erstellt. Diese Seite nennt sie nach ihrer Modeboutique »Mary Jones«. Im Info-Bereich stellt sie ausführliche Informationen über sich bereit, erzählt, dass sie eine Modeschule besucht hat. Sie stellt sowohl ihre Boutique in Köln vor (inklusive Öffnungszeiten!) als auch ihren Online-Shop und ihr Info-Portal. Danach richtet sie gleich mal einen Landing-Tab ein. Über diesen können sich ihre Facebook-Interessenten völlig kostenlos den Stil-Ratgeber »10 Tipps, wie Sie mit Ihrem Outfit garantiert jede Fifties-Party rocken« herunterladen, wenn sie Fans der Seite werden. Von David Asen hat sie sich abgeschaut, in der Bannergrafik ihrer Facebook-Seite auf dieses kostenlose Angebot hinzuweisen. ☺

Nun geht Klara daran, ihre Facebook-Seite auch wirklich zum Leben zu erwecken, indem sie darauf regelmäßig aktiv ist. Das bedeutet, sie veröffentlicht Statusmeldungen, Bilder, Links, Videos etc. All diese Aktivitäten von Klara erscheinen ja im Newsfeed ihrer Fans, womit diese immer wieder an ihr Angebot erinnert werden. Klara macht sich jetzt Gedanken darüber, welche Inhalte sie denn auf ihrer Seite veröffentlichen sollte, um auch wirklich die Interessen ihrer Fans zu treffen. Sie denkt an die Kundschaft ihrer Boutique und plötzlich fallen ihr so viele Möglichkeiten ein.

Ihre Kunden sind sehr modeaffin. Neuigkeiten über aktuelle Trends, Tipps, wie man Retro-Look und modernen Stil zu genialen Outfits kombiniert, kultige Accessoires und Berichte zu Modeschauen, all das lieben ihre Interessenten. Zu diesem unheimlich vielfältigen Thema kann Klara Bilder, Videos und Links zu Stil-Ratgebern, Modejournalen, Modeschauen (egal ob auf ihrer Website oder anderen Websites) veröffentlichen. Doch es gibt noch mehr. Klara weiß, dass viele ihrer Kunden leidenschaftlich gerne tanzen. Boogie, Lindy Hop und Swing, um nur ein paar Tänze zu nennen. Also postet sie auf ihrer Facebook-Seite immer wieder mal ein Video von einem tollen Lindy Hop oder Boogie-Showtanz. Das Pärchen im Video beeindruckt mit höchster Tanzkunst, aber Klara stellt das Video folgendermaßen vor: »Was mich wirklich beeindruckt, sind seine Hosen ;) Was meint ihr?« Humor und direkte Fragen sind einige der besten Möglichkeiten, um Interessenten zur Interaktion auf einer Facebook-Seite zu bewegen.

Klara ist in der Kölner Szene und darüber hinaus sehr gut vernetzt. Wenn es wo eine kultige Fifties-Party gibt, ist Klara die Erste, die davon weiß. Klar, dass sie ihren Fans auf ihrer Seite natürlich davon erzählt! Die meisten Partys, von denen Klara weiß, werden von den Veranstaltern auf Facebook mithilfe von Facebook-Veranstaltungen beworben. So kann Klara diese Veranstaltungen auf ihrer Seite vorstellen und ihre Fans dazu animieren, an diesen Veranstaltungen teilzunehmen. Klara hat aber auch eigene Veranstaltungen, zu deren Bekanntmachung sie Facebook-Veranstaltungen nutzt. Sie ist immer wieder auf Messen zu finden, lädt zum gesellschaftlichen Abend in ihre Boutique und veranstaltet einmal im Jahr den Mary-Jones-Ball, wo es richtig abgeht. Zu diesen Veranstaltungen lädt sie alle ihre Freunde und Fans ein.

Neben all diesen vielfältigen, abwechslungsreichen Informationen, die genau die Interessen ihrer Fans treffen, legt Klara aber auch sehr viel Wert auf persönliche

Interaktion. So veröffentlicht sie beispielsweise ein Bild von einem Outfit, das ihr gefällt, und fragt dazu: »Genial, nur bei den Schuhen würde ich schwarze Stiefletten passender finden. Was würdet ihr ändern?« Sie eröffnet einen Status mit dem Titel: »Nicht sicher, was du heute anziehen sollst? Ich helfe dir.« Hier können ihre Fans per Kommentar ihre Anliegen vorbringen und Klara hilft ihnen weiter. Ein anderes Mal veröffentlicht Klara ein Foto von zwei verschiedenen Outfits und fragt: »Welches gefällt euch besser?« Nicht jedem Typ Mann passt die gleiche Krawatte. Schlanke Männer brauchen andere als beleibte. Auch auf solche Fragen geht Klara ein. Die Möglichkeiten sind schier unendlich.

Klaras Internet-Geschäft blüht, ihre Facebook-Seite summt wie ein Bienenstock vor so viel Geschäftigkeit. Ihre Fans sind begeistert von ihren vielfältigen und doch treffenden Inhalten. Ab und an informiert Klara ihre Kunden auch über eine neu eingetroffene Kollektion, ab jetzt erhältlich im Online-Shop und ihrer Boutique. Seit neuestem spielt Klara mit dem Gedanken, eine Typen- und Stil-Ratgeber-Agentur zu eröffnen. Doch dafür erstellt sie wohl eine neue Seite.

Veranstaltungen

Wie Klara können Sie Veranstaltungen dazu nutzen, Messen, Bälle, Seminare, Promo-Events etc. zu bewerben. Aber, und das ist ganz wichtig: Veranstaltungen müssen nicht immer tatsächlich in irgendeinem Raum oder realen Platz stattfinden. Sie können auch zu einer Veranstaltung einladen, die beispielsweise auf Ihrer Facebook-Seite stattfindet! In Klaras Fall wäre dies eine Fragen-und-Antworten-Sitzung, die sie am Montag in zwei Wochen anbietet. Da können ihre Fans auf ihrer Seite dann Fragen stellen und Klara beantwortet diese in Echtzeit.

Wenn Sie Autor sind, können Sie eine Veranstaltung für den Erscheinungstermin Ihres Buches erstellen. Natürlich können Sie zur Release-Party oder zur Autogrammstunde einladen, aber Sie können genauso gut eine Veranstaltung erstellen, die dazu einlädt, dass Ihr neues Buch an diesem Tag das erste Mal über Ihren Online-Shop zu kaufen ist. In der Veranstaltung bieten Sie einen speziellen Link zum Buch an und die ersten zehn Menschen, die über diesen Link kaufen, erhalten das Buch kostenlos zugeschickt! Wie Sie sehen, gibt es viele Möglichkeiten, Veranstaltungen zu nutzen. Mehr Informationen, wie Sie eine Facebook-Veranstaltung erstellen, finden Sie im Online-Leserbereich unter `http://insider.david-asen.de`.

Leider bietet Facebook nicht die Möglichkeit, Fans direkt zu einer Veranstaltung einzuladen, wie dies mit Freunden möglich ist. Sie müssen Ihre Veranstaltung daher unter Ihren Fans bekannt machen, indem Sie regelmäßig auf Ihrer Facebook-Seite über Ihre kommende Veranstaltung posten. Vergessen Sie hierbei nicht, direkt zu Ihrer Facebook-Veranstaltung zu verlinken. Wenn Sie eine Facebook-Veranstaltung erstellen, erhält diese Veranstaltung auf Facebook quasi eine eigene Seite, auf der alle relevanten Infos zur Veranstaltung angeführt sind. Diese Veranstaltungs-Seite ist über einen eigenen Link aufrufbar und verfügt auch über eine eigene Pinnwand. Auf dieser Seite gibt es Schaltflächen, über die der Besucher der Seite angeben kann, ob er teilnimmt oder nicht. Zudem kann ein Teilnehmer über diese Veranstaltungs-Seite seine Freunde zur Veranstaltung einladen, sprich: Ihre Fans können ihre Freunde zu Ihrer Veranstaltung einladen! Das ist eine tolle Möglichkeit für Sie, die Anzahl Ihrer Fans für Ihre Seite zu vergrößern. Verlinken Sie also immer direkt zur Veranstaltungs-Seite, damit Ihre Fans ganz leicht angeben können, ob sie teilnehmen, und per Knopfdruck Freunde einladen können.

Klaras Wettbewerb

Weil Klara so genial in ihrem Facebook-Marketing ist, möchte ich Ihnen noch erzählen, wie sie ihre Fan-Anzahl mit einem einzigen Wettbewerb von 700 auf 2.100 verdreifacht hat.

Eines Tages hat Klara die geniale Idee, einen Wettbewerb auf Ihrer Facebook-Seite auszuschreiben. Jeder Fan soll sein bestes Fifties-Outfit auf Ihrer Seite veröffentlichen, als Foto, versteht sich. Per »Gefällt mir« kann dann jeder für ein Foto, sprich Outfit stimmen. Der Inhaber des Outfits, das nach einer Woche am meisten Gefällt mir-Angaben hat, erhält 500 EUR Preisgeld. Klara will mit dieser Aktion aber nicht nur die Kommunikation und Interaktion auf Ihrer Seite anregen, sondern vor allem auch viele NEUE Fans gewinnen. Deshalb entscheidet Sie, dass jeder Fan, der ein Foto einreicht, sich auf diesem Foto selbst markieren muss. Nur dann wird er zum Wettbewerb zugelassen.

Was bedeutet »markieren«? Facebook erkennt Gesichter auf Fotos und bietet die Möglichkeit anzugeben, zu wem das jeweilige Gesicht gehört. Entweder, indem Sie einfach den Namen angeben oder das Gesicht gleich mit dem Facebook-Profil der jeweiligen Person verlinken. Das alles geht ganz einfach und zeigt auf, um was es bei Facebook geht: Vernetzung! Gesichter auf Fotos sind mit den jeweiligen Facebook-Profilen vernetzt, Menschen sind untereinander vernetzt, mit Orten, mit Seiten, gemeinsame Freunde werden angezeigt.

Klara möchte nun, dass sich Ihre Fans selbst auf den eingereichten Fotos markieren, da diese Aktion im Newsfeeds der Freunde Ihres jeweiligen Fans erscheint. Da das Foto auf Ihrer Seite veröffentlicht wurde, werden so auch die vielen Freunde Ihrer Fans auf Ihre Seite aufmerksam. Zusätzlich motiviert Klara jeden Fan nochmals ausdrücklich, seine ganzen Freunde aufzurufen, das Foto mit »Gefällt mir« zu markieren. Jeder Fan möchte den Bewerb gewinnen, um die 500 EUR zu ergattern

– und dafür braucht es möglichst viele Gefällt mir-Angaben. Was bringt das Klara? Eine Menge neuer Besucher für Ihre Facebook-Seite, von denen einige neue Fans werden!

6.2.5 Wie Sie Ihr Facebook-Marketing grundsätzlich anlegen sollten

Promoten Sie nicht plump Ihre Produkte oder Dienstleistungen, sondern gehen Sie auf die Interessen und Bedürfnisse Ihrer Interessenten und Kunden ein. Sehen Sie sich ihre Profile an, finden Sie ihre Interessen, ermuntern Sie sie, Fragen zu stellen, beantworten Sie diese und legen Sie Ihr Facebook-Marketing generell darauf aus, Ihren Kunden zu helfen. Alle erfolgreichen Facebook-Marketer betonen diesen wichtigen Punkt immer wieder. Es ist interessanterweise exakt der gleiche Punkt, dem auch ich in diesem Buch so viel Bedeutung beimesse:

> **Wichtig**
>
> Helfen Sie dem Kunden, sein Bedürfnis zufriedenzustellen, und Ihr Bedürfnis, Geld zu verdienen, erfüllt sich von selbst.

Ich stimme jedoch nicht mit dem manchmal vorgebrachten Standpunkt überein, dass man auf Facebook seine Produkte oder Dienstleistungen gar nicht direkt vermarkten sollte. Meine Erfahrung zeigt mir, dass ich meine Fans auf Facebook durchaus auf eine Neuauflage meiner E-Books hinweisen oder ab und an einen Gutscheincode auf meiner Seite veröffentlichen kann mit dem Vermerk, dass dieser nur die nächsten drei Tage gültig ist und sie daher schnell bestellen sollen. Für mich liegt das Geheimnis im Verhältnis von Hilfestellung und Werbung, ähnlich wie ich es beim E-Mail-Marketing schon beschrieben habe.

6.3 Twitter und weitere Social-Media-Dienste

Twitter gehört mit Facebook zu den bekanntesten Social-Media-Diensten der Welt. Twitter ist eine Mikroblogging-Plattform, auf der Anwender Kurznachrichten, die eine Länge von 140 Zeichen nicht überschreiten dürfen, veröffentlichen können. Das Schreiben und Veröffentlichen solcher Kurznachrichten ähnelt den Status-Updates bei Facebook. Twitter hat mit Stand Juli 2013 1,6 Milliarden Nutzer, was ein immenses Potenzial für Ihr Online-Marketing bedeutet.

Um Twitter für Marketing-Zwecke richtig zu nutzen, ist es wichtig, zu verstehen, warum und wie Menschen Twitter nutzen. Ich führte einmal eine hitzige Diskussion mit einem Freund, warum man Twitter überhaupt braucht. Alles, was Twitter kann, beinhaltet Facebook und bietet gleichzeitig viel mehr, um mich mit meinen Freunden wirklich bis ins kleinste Detail zu vernetzen und auszutauschen. Warum also Twitter? Da machte er einen guten Punkt, indem er feststellte: »Weißt du, David, Facebook nutze ich, um mit meinen Freunden zu chatten, Bilder zu veröffentlichen, die Aktivitäten von anderen zu kommentieren, und das ist alles sehr cool, aber auf Twitter kann ich einfach und übersichtlich im Auge behalten, was Neues geschieht bei den Leuten, von denen ich es wissen will.« Damit traf mein Freund genau den Punkt. Twitter ist einfach, supereinfach. Mein Freund ist beispielsweise ein ausgesprochener Musik-Liebhaber und hat auf Twitter all seine Lieblingsbands abonniert. Erscheint nun ein neues Album oder gibt eine Band ihre neuesten Tour-Daten bekannt, sieht er das sofort in seinem Twitter-Newsfeed. Ein anderer meiner Freunde ist Journalist und nutzt Twitter, nicht um etwa all den News-Websites zu folgen, sondern um den Chef-Redakteuren des Spiegels, der Frankfurter Allgemeinen, der New York Times und anderen interessanten Persönlichkeiten zu folgen. Auf diese Weise muss er sich nicht selbst die interessantesten Beiträge aus der Flut an Neuigkeiten heraussuchen, sondern bekommt diese quasi hochklassig von Experten gefiltert. Sie sehen: Twitter bietet mit seinen effektiven, aber sehr minimalistisch gehaltenen Funktionen einige kraftvolle Anwendungsmöglichkeiten.

Wie können Sie sich diese Eigenschaften von Twitter für Ihr Unternehmen zunutze machen? Erstellen Sie sich auf Twitter ein geschäftliches Profil und veröffentlichen Sie ähnlich wie auf Facebook relevante Inhalte zu Ihrem Angebot. Alle Ihre Kurznachrichten, die sogenannten Tweets, werden in chronologischer Reihenfolge auf Ihrem Twitter-Profil angezeigt. Sie haben die Möglichkeit, in Ihren Tweets Links zu Websites, Fotos, Videos etc. einzubauen. Das erlaubt es Ihnen, ähnlich wie auf Facebook Inhalte für Ihre Fans bereitzustellen, von denen Sie glauben, dass sie die Interessen Ihrer Fans treffen. Auf Twitter werden Ihre Fans allerdings Follower genannt. Das sind Menschen, die Ihren Twitter-Kanal abonniert haben.

Viele Unternehmen nutzen Twitter, um möglichst viele ihrer Interessenten und Kunden mit möglichst wenig Aufwand zu erreichen. Stellen Sie beispielsweise ein neues Produkt vor, werden Sie dazu eine eigene Website eingerichtet haben oder in Ihrem Webshop eine eigene Seite dafür erstellt haben. Damit nun jemand bemerkt, dass Sie ein neues Produkt anbieten, muss er zuerst Ihre Website besuchen. Wieso aber warten? Posten Sie auf Twitter über Ihr neues Produkt und verlinken Sie in Ihrem Tweet auf Ihre neue Produktseite. So sehen alle Ihre Follower, dass es bei Ihnen ein neues Produkt gibt, und Sie müssen nicht erst warten, bis sie Ihre Website von selbst wieder einmal besuchen! Auch häufig gestellte Fragen können Sie auf Twitter beantworten und so effektiv eine Vielzahl Ihrer Kunden erreichen, ohne jedes Anliegen einzeln bearbeiten zu müssen.

> **Fazit**
>
> Ich sehe das größte Potenzial von Twitter darin, mit geringstem Aufwand eine Vielzahl von Menschen zu erreichen. Es ist somit ein idealer PR-Kanal, um Anliegen, die all Ihre Interessenten und Kunden betreffen, effektiv zu verbreiten.
>
> Das heißt nicht, dass man auf Twitter keine interessanten, lustigen Inhalte veröffentlichen darf, sondern total produktbezogen bleiben soll, nein. Tun Sie ruhig alles, um Ihre Follower bei Laune zu halten. Ich will damit nur sagen, dass Twitter die ideale Plattform ist, um Neuigkeiten zu Ihrem Angebot schnell an den Mann zu bringen.

Neben Twitter und Facebook gibt es eine Vielzahl weiterer mehr oder weniger bekannter Social-Media-Plattformen. Zu erwähnen sind natürlich YouTube oder im Business-to-Business-Bereich ganz besonders auch Xing. Es gibt aber auch Social-Media-Plattformen spezialisiert auf Fotos wie Flickr oder Picasa. Es gibt Social-Bookmarkingdienste wie StumbleUpon oder Pinterest. Je nachdem, in welchem Geschäftsfeld Sie aktiv sind, sollten Sie sich mit der einen oder anderen Plattform durchaus genauer beschäftigen.

6.4 Nutzen Sie die Kraft von Social Media auf Ihrer Website

Haben Sie schon mal eine Website besucht und bemerkt, dass diese so einen schönen »Gefällt mir«-Button von Facebook und einen Twitter-Button oberhalb oder unterhalb des Textes anzeigte? Sie brauchen nur auf diese Buttons zu klicken und schon haben Sie den Twitter-Kanal des Website-Betreibers abonniert oder sind Fan seiner Facebook-Seite geworden. Vielleicht war auf der Website auch so ein Teilen-Button, auf den Sie nur zu klicken brauchten, und schon konnten Sie den Artikel, den Sie da gerade lasen, auf Facebook mit Ihren Freunden teilen? Ganz einfach so per Knopfdruck?

Der Betreiber dieser Website ist intelligent. Er verbindet seine Website mit den kraftvollen Möglichkeiten von Facebook und Co, indem er es seinen Lesern ganz einfach macht, sein Angebot auf diesen Plattformen zu liken beziehungsweise zu abonnieren und zu teilen. Mit einem einfachen Knopfdruck kann der Leser dieser

Website jeden Artikel von dieser Website mit seinen Freunden auf Facebook teilen!

Der Verweis von Ihrer Website auf Ihre Social-Media-Präsenzen ist wichtig. So wie Sie auf Ihrer Website auf das Eintragungsformular für Ihren E-Mail-Verteiler aufmerksam machen, sollten Sie auch auf Ihre Social-Media-Präsenzen hinweisen. Sie sollten natürlich klare Prioritäten setzen. Es nützt nichts, wenn Sie Ihrem Website-Besucher mithilfe eines Geschenks den Eintrag in Ihren E-Mail-Verteiler schmackhaft machen, aber dann im letzten Augenblick sagen: Ach, schau dir lieber mal meine Facebook-Seite an. Legen Sie fest, was die bevorzugte Aktion sein soll, die Ihr Website-Besucher ausführen soll und bauen Sie Ihre Website so auf, dass er zu dieser Aktion bestmöglich motiviert wird, sich eben beispielsweise in Ihren E-Mail-Verteiler einträgt. Zeigen Sie aber auf Ihrer Website trotzdem, dass Sie auch auf Facebook und Twitter zu finden sind. Ein einfaches »Finden Sie uns auf …« in der rechten Spalte Ihrer Website (siehe Abbildung 6.6) genügt.

Abb. 6.6: Verlinkungen zu Social-Media-Kanälen auf der Website

Eine praktische Anleitung, wie Sie Ihre mit WordPress erstellte Website mithilfe hochwertiger Plug-ins um kraftvolle Social-Media-Elemente erweitern, finden Sie im Online-Leserbereich unter http://insider.david-asen.de

Kapitel 7

Die technische Umsetzung

In diesem Kapitel stelle ich Ihnen noch die notwendigen technischen Hilfsmittel vor, die Sie brauchen, um Ihr Internet-Business professionell zu verwirklichen. Ich spreche hier von Werkzeugen, mit denen Sie Ihre Website erstellen und verwalten und im Internet publizieren können, indem Sie sie auf einen dafür geeigneten Server hochladen (hosten).

In weiterer Folge gehört es zu einem professionellen Internet-Business auch dazu, dass Sie über ein solides E-Mail-Newsletter/Autoresponder-System verfügen, mit dem Sie den Kontakt zu Ihren Lesern und Kunden automatisieren können und auf diese Weise mit wenig Aufwand eine solide Vertrauensbasis schaffen, die sich in enormen Verkaufssteigerungen niederschlagen wird. Des Weiteren stelle ich hier solide Online-Shop-Systeme vor. Angefangen von Systemen für den Verkauf digitaler Produkte bis hin zu komplexen Systemen, die für Shops mit breiter Produktpalette geeignet sind.

Wichtig war mir bei der Auswahl der hier vorgestellten Systeme, dass sie schnell zu erlernen sind und man kein technisches Wissen benötigt, um sie zu bedienen. Schließlich wollen Sie kein Internet-Techniker werden, sondern Internet-Unternehmer. Auch ist es mir wichtig, Ihnen hier Systeme vorzustellen, die so gut wie möglich alle notwendigen Einsatzbereiche abdecken. Nichts ist unangenehmer, als wenn Sie sich das technische System für Ihre Website von allen möglichen Anbietern zusammenstellen müssen. Die einzelnen Komponenten greifen oftmals nicht wie gewünscht ineinander, ganz zu schweigen von den Kosten, die entstehen, wenn Sie alles einzeln kaufen. Ich habe bei der Zusammenstellung der hier dargelegten Hilfsmittel darauf geachtet, dass sie miteinander kompatibel sind und dementsprechend einfach miteinander kombiniert werden können. So können Sie die technische Umsetzung bestmöglich an die Eigenheiten Ihres Internet-Business anpassen.

Ich habe lange überlegt, mich letztendlich aber bewusst dafür entschlossen, in diesem Band keine umfassenden Anleitungen zur Nutzung der einzelnen Systeme zu geben. Ganz einfach, weil dies überflüssig und nutzlos wäre. Alle Systeme, die ich in diesem Band vorstelle, beinhalten bereits leicht verständliche Schritt-für-Schritt-Anleitungen im Text- oder Video-Format. Die hier vorgestellten Systeme entwickeln sich ständig weiter, Verbesserungen werden vorgenommen und neue Werkzeuge kommen hinzu. Die Hersteller achten darauf, dass die Hilfestellungen diesbezüglich immer auf dem neuesten Stand sind. Ich könnte es nicht besser machen. Aus diesem Grund verweise ich auf die verschiedenen Hilfestellungen, anstatt hier selbst eine Anleitung zur Nutzung der Systeme zu geben. So und jetzt rein ins Geschehen!

7.1 Wie viel Technik darf sein?

Es gibt jene Menschen, die technisch versiert sind, HTML-Code sowieso im Schlaf beherrschen und sich komplexe Systeme, wie Shop-Systeme mit Kunden-Konto-Verwaltung oder automatisierte E-Mail-Newsletter-Systeme selbst programmieren. Diese Menschen beherrschen JavaScript, Java, PHP, MySQL, CGI, Perl und viele weitere Programmiersprachen, die Ihnen wahrscheinlich überhaupt nichts sagen. Diese Menschen wollen alles selber machen. Sie sind Technik-Künstler und nichts ist ihnen gut genug. Sie basteln und doktern an der Technik herum, bis sie das gewünschte Ergebnis erhalten. Natürlich schaffen es diese Menschen, mit sehr wenig Geld komplexe Systeme für den professionellen Betrieb einer Website aufzubauen. Trotzdem zahlen sie einen hohen Preis. Sie bezahlen mit ihrer Zeit. Und damit auch mit Unmengen an Gewinn, der ihnen entgeht, weil sie die Zeit nicht ins Marketing, sondern in die Technik investiert haben. Diese Menschen haben durchaus ihren Platz in dieser Welt, wir verdanken ihnen sogar viele technische Errungenschaften, die uns das Leben als Geschäftstreibende im Internet ungemein erleichtern. Doch eines dürfen wir nicht vergessen: Diese Menschen sind alles andere als erfolgreiche Geschäftsleute. Sie sind Technik-Spezialisten.

Erfolgreiche Geschäftsleute achten darauf, dass sie in der kürzestmöglichen Zeit alle technischen Notwendigkeiten abgesetzt haben, um einen reibungslosen Ablauf ihres Internet-Business zu gewährleisten. Alle Hilfsmittel, die dies gewährleisten, sind herzlich willkommen, vorausgesetzt, sie sind so preiswert, dass sich die Anschaffungskosten durch den Einsatz in kürzester Zeit rentieren. Ein erfolgreicher Unternehmer ist verkaufsorientiert, der noch erfolgreichere Unternehmer kundenorientiert. Alles, was den Verkauf fördert, sprich, die Kunden zufriedenstellt, ist wichtig. Alles andere ist egal.

Wenn in seinem Webshop der Bezahlungsprozess unübersichtlich ist, wird der erfolgreiche Internet-Unternehmer sofort reagieren, denn dadurch gehen ihm wertvolle Bestellungen verloren. Wenn jemand zu ihm kommt und damit prahlt, dass die eigene Website viel besser designt ist als die des erfolgreichen Internet-Unternehmers, wird dieser nur lächeln und weiterarbeiten. Schließlich verkauft er

30 Mal mehr als der Angeber. Das Design seiner Website mag nicht das schönste oder künstlerischste sein, aber es ist ansprechend und erfüllt seinen Zweck. Genau darum geht es. Seien Sie zweckorientiert. Überlegen Sie sich, was Sie mit Ihrer Website erreichen wollen, und bieten Sie Ihren Besuchern eine übersichtliche und leicht zu bedienende Website, die es dem Besucher leicht macht, genau die Aktion durchzuführen, von der Sie wollen, dass er sie ausführt.

Hinweis

Denken Sie an die 80/20-Regel: Haben Sie 80 Prozent des Erfolges in 20 Prozent der Zeit.

7.2 Die vier technischen Bereiche Ihres Internet-Business

Es gibt zig Systeme, Webhosts, Shop-Lösungen etc., die Sie alle mannigfaltig kombinieren können, um Ihr Internet-Business technisch umzusetzen. Gerade am Anfang ist diese Auswahl aber mehr Fluch als Segen. Alles ist verwirrend und man weiß nicht, welche Systeme letztendlich wirklich für einen geeignet sind. Ich stelle Ihnen daher im Folgenden Systeme vor, die ich vorwiegend selbst verwende und von denen ich deshalb weiß, dass sie gut sind. Auf diese Weise können Sie nach Lektüre dieses Teils sofort auf eine Sammlung solider und kompatibler Systeme zurückgreifen und mit der technischen Umsetzung beginnen, ohne sich mit schwierigen Entscheidungen aufzuhalten.

Sie müssen Ihr Internet-Business in folgenden Bereichen technisch umsetzen:

1. Webhosting
2. Content-Management
3. Shop-Management
4. E-Mail-Newsletter/Autoresponder

Bevor ich Ihnen die jeweiligen Systeme vorstelle, zeige ich Ihnen aber noch, welche Anforderungen diese Systeme erfüllen müssen.

7.2.1 Webhosting

Um über das Internet erreichbar zu sein, muss Ihre Website auf einem Computer liegen, der dauerhaft mit dem Internet verbunden ist, einem sogenannten Server.

Ein Webhost betreibt solche Server und bietet Platz darauf an, damit Sie Ihre Website dort hochladen und so im Internet verfügbar machen können. Folgende Punkte muss ein guter Webhost erfüllen.

Verfügbarkeit

Ihr Webhost muss garantieren, dass Ihre Website mindestens 99,9 Prozent der Zeit erreichbar ist. Das ist gleich aus zwei Gründen wichtig:

1. Wenn Ihre Besucher/Kunden Ihre Website nicht erreichen können, können sie auch nicht über Ihre Produkte und Dienstleistungen informiert werden oder bestellen. Das bedeutet Verluste.

2. Wenn die Suchmaschinen feststellen, dass Ihre Website nicht verfügbar ist, kann dies zu schlechten Platzierungen oder gar zum Rausschmiss der Website aus dem Suchmaschinenindex führen.

Um Downtime (die Zeit, in der eine Website aufgrund von Server-Ausfällen oder Wartungen nicht erreichbar ist) zu vermeiden, arbeiten manche Webhosts mit ausfallsicheren Systemen und redundanten Servern. Wenn ein Server ausfällt oder gewartet wird, kommt automatisch ein anderer Server zum Einsatz, der sicherstellt, dass Ihre Website auch weiterhin über das Internet erreichbar ist. Solche Webhosts bieten dann eine 100%ige Verfügbarkeit und sind natürlich zu bevorzugen, kosten aber etwas mehr. Aber auch Webhosts, die keine redundanten Systeme anbieten, aber eine 99,9-Prozent-Verfügbarkeit garantieren, sind in Ordnung.

Sicherheit

Der Anbieter muss in der Lage sein, Ihre Website vor Hackern, Viren und Malware zu schützen. Nichts ist lästiger, als wenn Sie eines Tages feststellen, dass Ihre Website gehackt und ganz übel zugerichtet wurde. Eigentlich stimmt das nicht ganz. Es gibt etwas, das noch lästiger ist: wenn Sie feststellen, dass Ihre Website *schon wieder* gehackt wurde!

Hacker- und Viren-Attacken führen nicht nur zu Einnahmeausfällen, sondern schaden auch Ihrem Ruf. In schlimmen Fällen löschen die Suchmaschinen Ihre Website sogar aus den Suchergebnissen, wenn diese aufgrund einer Hacker- oder Viren-Attacke für Besucher gefährlich wird (beispielsweise ein Virus in die Website implementiert wurde, der auch eine Gefahr für den PC des Besuchers darstellt).

Unlimitierter Datentransfer

Ein weiterer wichtiger Aspekt ist ausreichender Datentransfer. Jedes Mal, wenn jemand Ihre Website im Internet aufruft, müssen Daten vom Server Ihres Webhosts zum PC des Besuchers gesendet werden. Wenn Sie Tausende Besucher im Monat haben und womöglich auch noch die eine oder andere Datei zum Download anbieten, entsteht dadurch ein großer Datentransfer. Manche Webhosts setzen ein Limit für den Datentransfer und verlangen für jede Überschreitung horrende Kosten. Sie wollen sichergehen, dass Sie beim Datentransfer keine Einschränkungen haben, sodass Sie für viele Besucher nicht »Strafe« zahlen müssen. Achten Sie also auf einen unlimitierten Datentransfer.

Speicherplatz

Ihr Webhost muss ausreichend Speicherplatz zur Verfügung stellen, damit Sie alle Dateien Ihrer Website und gegebenenfalls Video- und Audio-Dateien etc. zur Verfügung stellen können. Wie viel Speicherplatz Sie benötigen, hängt davon ab, was Sie Ihren Interessenten und Kunden zur Verfügung stellen wollen. Ihre Website selbst braucht mit Text und Bild nur wenig Platz. Hier reichen 1.000 MB auch schon völlig. Bieten Sie aber beispielsweise eine ganze DVD zum Download an, braucht diese wahrscheinlich alleine schon 5.000 MB. Speicherplatz ist aber meist das geringste Problem. Die meisten Webhosts bieten genügend an.

Domain inklusive

Sie können Ihre Domain (zum Beispiel ihre-website.com) zwar auch extra registrieren, aber viele Webhosts verfügen über Angebote, die bereits die Registrierung mindestens einer Domain beinhalten. Das ist sehr angenehm.

Verwaltung mehrerer Domains

Wenn Sie mehrere Websites unter unterschiedlichen Domains betreiben wollen (beispielsweise ein Informations-Portal und zusätzlich einen Webshop), erkundigen Sie sich beim Webhost, ob es möglich ist, in einem Hosting-Paket mehrere Domains zu verwalten. Erstens ist die Verwaltung über ein Paket einfacher, zweitens ist es natürlich wesentlich billiger, als wenn Sie für jede Domain ein eigenes Paket kaufen müssten.

MySQL-Datenbanken

Systeme zur Verwaltung Ihrer Website-Inhalte (Content-Management-Systeme), Shop-Systeme und E-Mail-Systeme benötigen MySQL-Datenbanken. Sie müssen daher unbedingt sicherstellen, dass Ihr Webhost genügend dieser Datenbanken zur Verfügung stellt. Verwenden Sie beispielsweise ein Content-Management-System, ein Shop-System und ein E-Mail-System, brauchen Sie dementsprechend ein Webhost-Paket, das mindestens drei Datenbanken beinhaltet.

Unterstützung von Programmiersprachen

Damit Sie die notwendigen Systeme zur technischen Umsetzung Ihres Internet-Business korrekt auf dem Server installieren und betreiben können, muss dieser verschiedenste Programmiersprachen unterstützen. Auf jeden Fall unterstützt werden sollte: CGI, Perl, Python, PHP. Achten Sie generell darauf oder fragen Sie nach, ob der Webhost die Voraussetzungen für WordPress und andere Content-Management-Systeme erfüllt. Nennen Sie beim Support, welche Systeme Sie nutzen wollen, und dieser sagt Ihnen, ob der Webhost sie unterstützt.

Software-Installer

Viele Webhosts bieten schon die Möglichkeit, Systeme wie beispielsweise Word-Press über ein schönes Menü mit wenigen Klicks kinderleicht auf dem Server einzurichten. So ersparen Sie sich die Arbeit, ein solches System manuell auf dem Server einrichten zu müssen. Empfehlenswert!

Besucherstatistik

Eine gute Besucherstatistik zeichnet sich dadurch aus, dass sie sich auf das Wesentliche beschränkt, dieses jedoch übersichtlich und verständlich wiedergibt. Ich habe schon einige Besucherstatistiken erlebt, die mir zwar gezeigt haben, wie viele Besucher ich pro Stunde habe, mir jedoch verschwiegen haben, mit welchen Keywords ich gefunden werde. Das ist ein klassisches Beispiel dafür, wie es nicht sein sollte.

Eine gute Besucherstatistik zeigt mir Folgendes:

- monatliche Besucherstatistiken
- tägliche Besucherstatistiken
    - wie viele Besucher
    - wie viele einzigartige Besucher
    - wie viele Seitenaufrufe
- meistbesuchte Seiten
- die Top-Einstiegsseiten (die Seite, die der Besucher als Erstes von Ihrer Website zu Gesicht bekommt, da er über diese, beispielsweise von einer Suchmaschine kommend, in Ihre Website einsteigt)
- die Top-Ausstiegsseiten (die letzte Seite Ihrer Website, die ein Besucher ansieht, bevor er Ihre Website wieder verlässt)
- die Websites, von denen die Besucher zur eigenen Website kommen

- die Keywords, mit denen die eigene Website über Suchanfragen gefunden wurde

Gute Besucherstatistiken sind eine immens wertvolle Hilfe bei der Verbesserung der eigenen Website. Indem Sie die Besucherstatistiken analysieren, können Sie viel über die Performance der einzelnen Seiten Ihrer Website erfahren. Sie studieren, welche Seiten gute Leistungen bringen, und gleichen dann die leistungsschwachen Seiten dem Aufbau und Stil der leistungsstarken Seiten an.

Wenn Sie beispielsweise die Top-Einstiegsseiten mit den Top-Ausstiegsseiten vergleichen, können Sie drei Dinge feststellen:

1. Belegt eine Seite in den Top-Einstiegsseiten einen Spitzenplatz, in den Top-Ausstiegsseiten aber einen der letzten Plätze, zeigt dies, dass diese Seite ausgezeichnet arbeitet. Viele Besucher steigen über diese Seite ein, aber nur wenige verlassen die Website über diese Seite wieder. Diese Seite hat es geschafft, viele Besucher zu bekommen und sie auch zu halten.

2. Die häufigste Variante wird jedoch sein, dass eine Seite in den Top-Einstiegsseiten einen ähnlichen Platz einnimmt wie in den Top-Ausstiegsseiten. Dies deutet auf eine durchschnittliche Leistung der Seite hin. Die Seite beschafft eine gewisse Anzahl an Besuchern und eine ähnliche Anzahl an Besuchern verlässt die Seite auch wieder, ohne eine andere Seite der Website betrachtet zu haben.

3. Die dritte Variante besteht darin, dass eine Seite einen Spitzenplatz in den Top-Ausstiegsseiten, aber einen der letzten Plätze in den Top-Einstiegsseiten belegt. Dies bedeutet: Viele Besucher verlassen Ihre Website über diese Seite, gleichzeitig generiert diese Seite jedoch nur wenige Besucher, sprich, es steigen nur wenige über diese Seite in Ihre Website ein. Dies deutet normalerweise auf eine schlechte Leistung der Seite hin.

> **Vorsicht**
>
> Obige Variante zeigt ganz deutlich, wie heikel Statistik-Auswertungen sind und wie schnell man voreilige Schlüsse ziehen kann, wenn man nicht alle Faktoren berücksichtigt, denn was ist, wenn obige Seite beispielsweise Ihre Verkaufsseite ist?

Die Verkaufsseite generiert nur wenige Besucher (da Verkaufsseiten im Gegensatz zu Informationsseiten nicht für die Suchmaschinen, sondern rein für die menschlichen Besucher optimiert sind) und sie »verliert« alle Besucher, weil sie Ihr Produkt bestellen und deshalb Ihre Website verlassen, um zum Zahlungsabwickler (beispielsweise PayPal) zu gelangen. Viele Besucher verlassen Ihre Website über diese Seite, gleichzeitig generiert diese Seite jedoch nur wenige Besucher. Wäre dies bei einer Informationsseite der Fall, müssten Sie sich Gedanken machen. Da dies jedoch die Verkaufsseite ist, ist es ein gutes Zeichen, dass viele Besucher Ihre Website über diese Seite verlassen! Vorausgesetzt natürlich, Sie machen auch wirklich viele Verkäufe. Irgendwann verlässt der Besucher Ihre Website sowieso. Warum also nicht, indem er Ihr Produkt kauft?

Eine zweite sehr gute Möglichkeit zur Besucherstatistik-Auswertung bieten die Keywords, anhand derer Besucher Ihre Website über Suchanfragen gefunden haben. Sie werden unter diesen Keywords Abwandlungen, Variationen und neue Keywords entdecken, die so gut sind, dass sie eigene Seiten schreiben, die Sie auf diese Keywords optimieren.

7.2.2 Content-Management

Ein Content-Management-System (kurz CMS) hilft Ihnen, die Inhalte Ihrer Website effizient zu verwalten, indem es Design von Inhalt trennt. Mit einem guten CMS können Sie das Design Ihrer Website zentral bearbeiten und es ändert automatisch das Design auf allen einzelnen Seiten Ihrer Website. Gleiches gilt auch für die Navigation. Wenn Sie der Navigation beispielsweise eine Seite hinzufügen, ist diese automatisch auf allen Seiten in der Navigation. Anstatt also die gleiche Änderung auf Hunderten Seiten durchführen zu müssen, muss diese nur einmal durchgeführt werden. Sie sehen, ein gutes CMS ist extrem zeitsparend. Es wäre geradezu fahrlässig, heutzutage ohne CMS zu arbeiten.

Ich kann mich erinnern, wie mühsam es war, als ich das Design meiner ersten Website, die ich noch ohne CMS erstellt hatte, ändern wollte. Ich musste jede der 100 Seiten einzeln bearbeiten! Natürlich habe ich diese Gelegenheit gleich genutzt, um die Website in ein CMS zu integrieren, um so einen Aufwand künftig zu vermeiden.

Ein weiteres Qualitätsmerkmal eines CMS ist dessen Flexibilität. Was ich damit meine? Nun, wahrscheinlich gibt es einzelne Seiten Ihrer Website, die aus bestimmten Gründen etwas vom Standard-Layout abweichen sollen. Beispielsweise könnte es sein, dass der Shop-Bereich Ihrer Website im Gegensatz zum Informations-Bereich nicht rechts über eine dritte Spalte für Werbung verfügen soll. Ein gutes CMS bietet Ihnen hier den nötigen Freiraum, indem Sie nicht bloß ein zentrales Design verwalten können, sondern mehrere Designs für Ihre Website erstellen können und den einzelnen Seiten Ihrer Website eines dieser Designs zuweisen. So verwenden Sie für den Informations-Bereich Ihrer Website beispielsweise ein dreispaltiges Design, während Sie für den Shop-Bereich ein zweispaltiges Design verwenden.

Auch noch zu erwähnen: Ein gutes CMS bietet immer auch die Arbeit mit Blöcken an. Blöcke sind Platzhalter, die Sie ganz flexibel auf den Seiten Ihrer Website platzieren können, auf denen Sie sie haben wollen. Den Inhalt des Blocks können Sie nun zentral verwalten und er wird auf allen Seiten, die Sie mit dem Block ausgestattet haben, aktualisiert. Eine weitere Möglichkeit, Ihre Website sehr flexibel zu gestalten, ohne auf die große Arbeitserleichterung eines CMS verzichten zu müssen.

Wichtig ist mir bei einem CMS-System auch eine übersichtliche und intuitive Benutzeroberfläche. Glauben Sie aber bitte trotzdem nicht, dass Sie sich bloß hinzusetzen brauchen und auf Anhieb alle Funktionen des Systems beherrschen. Die Funktionen eines hochwertigen CMS-Systems sind derlei vielseitig, dass Sie sich im eigenen Interesse die Zeit nehmen sollten, die Hilfestellungen durchzulesen. Obwohl ich technisch versiert bin, nehme ich mir immer ausführlich Zeit, um die Bedienungsanleitungen zu lesen. Es ist mir früher zu oft passiert, dass ich ein Resultat ganz kompliziert herbeigeführt habe, obwohl in der Bedienungsanleitung auf Seite 5 zu lesen ist, dass es ein spezielles Feature gibt, mit dem ich das gleiche Resultat mit einem einfachen Knopfdruck erhalte! Womit wir auch schon beim nächsten Punkt sind:

Ein klares Qualitätsmerkmal für jedes System ist die dazugehörige Hilfestellung. Wenn sie in der Lage ist, Ihnen klar und verständlich zu erklären, wie das System zu handhaben ist, lässt das auch beim System selbst auf gute Qualität schließen. Das ist meine Erfahrung. Egal wie gut die Hilfestellung jedoch ist: Es wird immer Fragen geben, die Sie dort nicht beantwortet finden. Das liegt in der Natur der Sache. Daher ist auch ein guter persönlicher Support per Telefon, E-Mail oder in Form eines guten Forums essenziell. Bei Open-Source-Lösungen wie WordPress muss man mit den Foren arbeiten, wenn man Fragen hat. Bei bezahlten CMS-Systemen können Sie natürlich einen freundlichen E-Mail-Support erwarten, der Ihnen innerhalb von maximal zwei Werktagen zur Seite steht und Ihr Anliegen löst.

Suchmaschinenfreundlichkeit des Content-Management-Systems

Zu einem guten Content-Management-System gehört es, dass es die Website suchmaschinenfreundlich aufbereitet. Dies in dreierlei Hinsicht:

- Website-Struktur

- Website-Anmeldung/Update in den Suchmaschinen

- Inhaltliche Optimierung

Website-Struktur: Damit Suchmaschinen die Relevanz einer Website zu einem Thema überhaupt beurteilen können, müssen sie die Website in ihrer Gesamtheit »verstehen« können. Deshalb ist es wichtig, dass die Website in ihrem Aufbau und ihrer Verlinkung so strukturiert ist, dass die Suchmaschinen-Crawler sie als Gesamtes schnell erfassen und ihren Aufbau schnell erkennen können. Ein gutes Content-Management-System kommt den Suchmaschinen in dieser Hinsicht entgegen, indem es besonderen Wert auf eine klare Linkstruktur legt. Jede Seite Ihrer Website soll nur über eine einzige individuelle URL erreichbar sein und über keine weitere. Beispiel: Die Seite »Gartensessel« Ihrer Sessel-Website ist über `http://www.ihre-website.com/gartensessel.html` erreichbar und über sonst keine URL.

Ohne jetzt ins technische Detail zu gehen, halte ich an dieser Stelle fest, dass manche Content-Management-Systeme mit redundanten Linkstrukturen arbeiten. Eine Seite ist dann beispielsweise sowohl über `http://www.ihre-website.com/gartensessel.html` als auch `http://www.ihre-website.com/285746` erreichbar. Dies ist suchmaschinenoptimierungstechnisch von Nachteil. Warum? Wenn eine Seite Ihrer Website über verschiedene URLs aufrufbar ist, kann dies dazu führen, dass die Suchmaschinen diese eine Seite aufgrund der zwei Aufrufmöglichkeiten für zwei identische Seiten halten. Dies wird als Double-Content (doppelter Inhalt) gewertet. Double-Content ist ein deutlicher Minuspunkt in der Bewertung Ihrer Website durch die Suchmaschinen.

Website-Anmeldung/Update in den Suchmaschinen: Ein gutes Content-Management-System achtet darauf, Ihre Website so oft wie möglich bei den Suchmaschinen in Erinnerung zu rufen, indem es die Website nicht nur einmal einträgt, sondern den Suchmaschinen auch immer jede Änderung, jedes Update und jeden neuen Inhalt schnellstmöglich bekannt gibt. Gleichzeitig muss es aber auch darauf achten, dass man die Suchmaschinen nicht nervt, sprich zu oft auf etwas hinweist. Dies fassen Suchmaschinen nämlich negativ auf (als Spamming), was im schlimmsten Fall mit der Entfernung der Website aus den Suchergebnissen bestraft wird.

Gute CMS-Systeme erstellen suchmaschinenfreundliche Sitemaps, mit denen die Suchmaschinen automatisch auf jede Änderung in Ihrer Website hingewiesen (gepingt) werden. Dieses Pingen geschieht genauso oft, wie es die Suchmaschinen erlauben, und nicht öfter, um wie bereits erwähnt die Suchmaschinen nicht zu verärgern.

Inhaltliche Optimierung: Die inhaltliche Optimierung bezieht sich auf die Suchmaschinenoptimierung des Textes und der Metatags einer Seite Ihrer Website. Wie Sie Ihre Metatags und Texte richtig für die Suchmaschinen optimieren, haben

Sie bereits in Abschnitt 5.2.4 dieses Buches gelernt. An dieser Stelle möchte ich Sie auf einen neuen Punkt hinweisen:

Nicht alle Content-Management-Systeme stellen die Möglichkeit bereit, einer Seite vollständige Metatags hinzuzufügen. Das ist aber wichtig. Sie sollten sichergehen, dass Sie in Ihrem Content-Management-System folgende Metatags selbst definieren können:

- Title
- Description
- Keywords

7.2.3 Shop-Management

Die Anforderungen an ein Shop-System sind, je nachdem, ob Sie digitale Produkte, einen Einseiten-Shop oder ein Online-Versandhaus mit großer Produktauswahl betreiben wollen, sehr unterschiedlich. Für Einseiten-Shops und digitale Produkte empfehle ich beispielsweise Share-it, für Shops mit vielen Produkten gibt es zum Beispiel xt:Commerce.

Generell sollten alle Shop-Systeme folgende Grundanforderungen erfüllen. Bei Systemen zum Verkauf digitaler Produkte kommt noch hinzu, dass Sie in der Lage sein sollten, die digitalen Produkte nach Zahlungseingang automatisch auszuliefern. Auf diese Weise verfügen Sie über einen vollautomatisierten Shop, der keine Mitarbeiter und Zeit zur Verwaltung benötigt.

Benutzerfreundlichkeit: Das Shop-System muss für den Kunden einen übersichtlichen und leicht bedienbaren Online-Shop zur Verfügung stellen. Der Kunde muss Artikel schnell und leicht finden können, sofort sehen können, wie er diese in den Warenkorb legt, und der Bestell- und Bezahlvorgang muss verständlich und übersichtlich gestaltet sein. Für den Shop-Betreiber muss der Administrationsbereich übersichtlich und logisch gestaltet sein. Sie wollen Ihre Kunden, Artikel und Bestellungen schließlich möglichst effektiv verwalten.

Fakturierung: Der Vorgang der Rechnungserstellung muss voll automatisiert und gemäß den gesetzlichen Anforderungen funktionieren. Rechnungen müssen übersichtlich verwaltet, archiviert und bearbeitet werden können.

Artikel-Management und Bestandsverwaltung: Sowohl einzelne Artikel als auch Artikelgruppen müssen einfach bearbeitbar sein. Bestände müssen eingegeben werden können und gemäß Verkäufen beziehungsweise Retournierungen automatisch aktualisiert werden.

Anpassbares Design: Das System muss die Möglichkeit bieten, den Online-Shop an Ihr Corporate Design anzupassen.

E-Mail-Benachrichtigungen: Bei Bestellung muss das System sowohl Kunden als auch Shop-Betreiber über die Bestellung informieren.

Zahlungsmethoden: Das Shop-System muss entweder bereits diverse Zahlungsmethoden beinhalten, wie dies beispielsweise bei Share-it der Fall ist (dieses System stelle ich in Kürze noch vor) oder aber die Möglichkeit bieten, über eine Schnittstelle mit geringem Aufwand einen externen Zahlungsabwickler, auch Payment-Anbieter, zu implementieren.

Exportmöglichkeit von Daten: Dieser Punkt ist ganz wichtig. Sie müssen Kundendaten gut formatiert exportieren können, um sie in anderen Systemen weiterverarbeiten zu können. Ein Beispiel wäre hier, dass Sie die E-Mail-Adressen Ihrer Kunden exportieren können müssen, um diese in Ihr E-Mail-Newsletter/Autoresponder-System importieren zu können.

Partnerprogramm-Modul: Wollen Sie zur Vermarktung Ihrer Produkte oder Dienstleistungen ein Partnerprogramm einrichten und betreiben? Dann sollten Sie darauf achten, dass Sie ein solches über das Shop-System Ihrer Wahl realisieren können.

Natürlich gibt es noch eine Menge weiterer Anforderungen wie beispielsweise Mehrwertsteuer-Einstellungen, Versandkostenberechnung etc. Diese würden allerdings den Rahmen dieses Buches sprengen. Daher ist die weitere wichtigste Anforderung:

Das Shop-System muss testbar sein. Kaufen Sie nicht die Katze im Sack. Achten Sie immer darauf, die Shop-Software vor Nutzung ordentlich auf Ihre individuellen Anforderungen zu testen. Viele Shop-Systeme können Sie online testen. Gehen Sie sicher, dass Sie sowohl den Shop aus Sicht des Kunden als auch aus Ihrer eigenen Sicht (Administrationsbereich) testen. Wenn ein Shop-System keine Online-Demo zur Verfügung stellt, muss es zumindest möglich sein, die Shop-Software 30 Tage zu testen und innerhalb dieser Zeit auch wieder zurückgeben zu können. Dieses Testen ist sehr wichtig, denn bei einem Shop-System geht es um aufwendige Prozesse wie Rechnungserstellung, Kundenverwaltung, Artikelverwaltung, Lagerverwaltung, Kompatibilität mit anderen Bereichen Ihres Internet-Business wie dem E-Mail-Newsletter/Autoresponder-System etc. Sie sollten sichergehen, dass diese Aspekte zu Ihrer Zufriedenheit abgedeckt sind, damit Sie nicht später, nachdem Sie alles eingerichtet haben, plötzlich feststellen, dass Sie auf ein anderes System umstellen müssen.

7.2.4 E-Mail-Newsletter/Autoresponder-System

Ein gutes E-Mail-Newsletter/Autoresponder-System (kurz E/A-System) ist ein ganz wesentliches Werkzeug Ihres Internet-Business. Mit diesem binden Sie die Besucher, die Sie über Ihre Website erhalten, an sich und bauen eine langfristige Beziehung zu Ihren Interessenten auf. Studien haben gezeigt, dass die meisten Besucher erst nach dem 7. bis 12. Kontakt ein Produkt kaufen. Die meisten Besucher kaufen also nicht beim ersten Besuch Ihrer Website, sondern nachdem sie sich in Ihre E-Mail-Liste eingetragen haben und viele zum Thema Ihrer Website relevante und informative E-Mails von Ihnen erhalten haben. Ein gutes E/A-System ist somit ein ganz wichtiges Werkzeug, um Ihren Website-Umsatz zu maximieren. Gehen Sie daher sicher, dass Sie über ein System verfügen, das folgende Anforderungen erfüllt:

Anmeldung/Eintragung: Ein gutes E/A-System bietet Ihren Besuchern eine einfache und professionelle Möglichkeit zur Anmeldung für den Newsletter. Die Anmeldung/Eintragung in Ihre E-Mail-Liste erfolgt für den Besucher hierbei auf Basis des Double-Opt-in-Vorgangs.

Leichte Implementierung in die Website: In einem guten E/A-System können Sie zuerst einmal alle notwendigen Einstellungen vornehmen, um das Anmelde-Formular für Ihren E-Mail-Verteiler gemäß Ihren individuellen Anforderungen anzupassen. Danach können Sie per Knopfdruck den notwendigen HTML-Code anfordern, der es Ihnen ermöglicht, Ihr angepasstes Anmelde-Formular in Ihre Website einzubinden. Dazu müssen Sie nur den HTML-Code an gewünschter Stelle in Ihre Website einfügen und schon erscheint dort das Anmelde-Formular. Wenn Sie mit einem CMS arbeiten, können Sie besagten HTML-Code zum Beispiel gleich direkt in die rechte Spalte des Templates einfügen, damit das Anmelde-Formular für Ihren E-Mail-Verteiler auf jeder Seite Ihrer Website in der rechten Spalte aufscheint.

Import-Funktion: Man sollte unbedingt E-Mail-Adressen in das Newsletter-System importieren können. Diese Funktion benötigen Sie beispielsweise, um Ihre bestehende E-Mail-Liste in das neue System zu übernehmen. Ein weiterer wichtiger Grund für diese Funktion: Stellen Sie sich vor, Sie teilen Ihren Kunden korrekt mit, dass sie beim Kauf automatisch in Ihren E-Mail-Newsletter eingetragen werden. Wie stellen Sie es ohne Import-Funktion an, dass Sie Ihre Kunden-E-Mail-Adressen in Ihr Newsletter-System bekommen?

Ganz wichtig: Im Gegensatz zur Eintragung soll der Import ohne Double-Opt-in möglich sein. Sprich: Sie sollen in der Lage sein, E-Mail-Adressen zu importieren, ohne dass deren Besitzer den Import mit einer Bestätigungs-E-Mail bestätigen müssen. Das hat einen einfachen Grund. Nehmen wir zur Erklärung das vorhergehende Beispiel mit Ihren Kunden:

Sie haben Ihren Kunden (zum Beispiel in den AGB) mitgeteilt, dass diese durch den Kauf automatisch in Ihren E-Mail-Newsletter eingetragen werden. Sie brauchen rechtlich gesehen also kein Double-Opt-in mehr. Sie wollen einfach nur die Kunden-E-Mail-Adressen ins Newsletter-System importieren. Wenn das System den Import jedoch nur mit Double-Opt-in erlaubt, muss jeder Kunde den Import noch bestätigen. Menschen sind jedoch faul und klicken nicht gerne auf Bestätigungslinks. Erfahrungsgemäß gehen Ihnen bei einem Import mit Double-Opt-in mindestens 50 Prozent der Adressen verloren. Wenn wir bedenken, dass jede E-Mail-Adresse bares Geld wert ist (in diesem Fall gehört jede E-Mail-Adresse einem Kunden, der, wenn er schon einmal bei Ihnen gekauft hat, höchstwahrscheinlich wieder bei Ihnen kauft!), lassen Sie somit 50 Prozent Ihres Einkommens liegen.

Fazit

Der Import soll ohne Double-Opt-in möglich sein. Als seriöser Unternehmer importieren Sie ja nur E-Mail-Adressen, die Sie zuvor bereits durch Double-Opt-in erhalten haben. Es gibt also keinen Grund, den Double-Opt-in-Vorgang nochmals anzuwenden und auf diese Weise E-Mail-Adressen zu verlieren, die Sie völlig legal erworben haben.

Verknüpfung der Autoresponder- und Newsletter-Funktionen: Ich arbeite gerne mit einer Kombination von Autoresponder und E-Mail-Newsletter, um den größtmöglichen Marketing-Nutzen zu erzielen. Daher stelle ich an ein gutes E/A-System die Anforderung, dass ich beide Funktionen miteinander kombinieren kann, sprich: Ich lasse dem Leser zuerst eine Autoresponder-Sequenz zukommen und nach deren Ablauf wird er automatisch in meine E-Mail-Liste übernommen und erhält meinen periodisch erscheinenden E-Mail-Newsletter.

Erstellung mehrerer Listen für verschiedene Zielgruppen: Ein gutes E/A-System erlaubt es, dass Sie beliebig viele E-Mail-Listen innerhalb Ihres Newsletter-Verwaltungs-Systems erstellen. Eine Liste beispielsweise für Ihre Interessenten, eine andere für bestehende Kunden und so weiter. Auf diese Weise können Sie Ihre Zielgruppen ganz genau ansprechen und optimieren so den Verkaufserfolg Ihres E-Mail-Marketings.

Personalisierbarkeit: Jedes professionelle E/A-System bietet Ihren Besuchern die Möglichkeit, bei der Eintragung ihre Vor- und Nachnamen anzugeben. Sie als Inhaber nutzen dies, um mit einfachen Platzhaltern Ihre E-Mails zu personalisieren.

Sie schreiben bloß einmal »Hallo VORNAME« (der genaue Wortlaut des Platzhalters, in diesem Fall »VORNAME«, ist natürlich von System zu System verschieden) in der auszusendenden E-Mail. Das E/A-System macht dann daraus für den Abonnenten Herrn Gerhard Grünhuber beispielsweise »Hallo Gerhard« und für die Abonnentin Frau Inge Brummer wird daraus automatisch »Hallo Inge«. Mit personalisierten E-Mails (mit der Personalisierung gleich im E-Mail-Betreff beginnen!) steigern Sie die Öffnungs- und Verkaufsraten gleich einmal um das Doppelte!

Abonnentenverwaltung: Genauso, wie Sie Abonnenten beziehungsweise deren E-Mail-Adressen importieren können sollten, sollten Sie Abonnenten auch entfernen oder neuen Listen zuordnen können. Ein gutes E/A-System bietet Ihnen hier völlige Freiheit.

Terminfunktion mit genauer Uhrzeit: Ein absolutes Muss. Mit dieser Funktion können Sie eine E-Mail vorbereiten und für den Versand einen bestimmten Termin festlegen. Mit dieser Funktion können Sie in aller Ruhe E-Mail-Kampagnen vorbereiten und sie dann automatisch zum perfekten Zeitpunkt versenden lassen. Ohne dass Sie zum Versenden tatsächlich anwesend sein müssen. Das verschafft Ihnen viel Freiheit in der Gestaltung Ihrer Arbeitszeit. Zudem ist diese Funktion sehr wichtig, da je nach Ihrer Zielgruppe Ihre Leser zu bestimmten Zeiten vermehrt E-Mails öffnen und zu anderen weniger. Mit dieser Funktion können Sie Ihre E-Mails zur besten Zeit aussenden.

Ausführliche Abonnenten- und Versand-Protokolle: Eine detaillierte Übersicht über Abonnenten, Anmeldungen, Abmeldungen und den Versand der Autoresponder- und Newsletter-Nachrichten ist Pflicht für jedes gute E/A-System.

Exportfunktion: So wie Sie Abonnenten importieren können müssen, brauchen Sie auch unbedingt eine Exportfunktion, um Ihre Abonnenten später beispielsweise in ein anderes E/A-System zu übertragen. Auch zur Sicherung Ihrer E-Mail-Adressen-Datenbank ist diese Funktion notwendig.

7.3   Webhosting und CMS-Systeme

Viele Menschen greifen auf Webhosts aus den USA zurück, weil diese zu einem günstigen Preis meist ein sehr umfangreiches Angebot bereitstellen. Ich habe beispielsweise einige Jahre mit dem amerikanischen Webhost IX-Webhosting gearbeitet. Das Angebot war genial. Alles wurde unterstützt, alles war unlimitiert. Man konnte in einem Paket so viel Domains verwalten, wie man wollte, so viele Datenbanken erstellen, wie man wollte, und auch die Verwaltung und der Administrationsbereich waren super. Allerdings wurden meine Websites dort ständig gehackt und waren oft stundenlang nicht erreichbar, weil die Server überlastet waren. Der Support hat diese Probleme zwar meist schnell behoben, aber sie sind immer wieder aufgetreten. Das beste Angebot aber nutzt nichts, wenn Ihre Website nicht erreichbar ist. Das ist wie ein Ferrari ohne Benzin. Darum mein (natürlich sehr verallgemeinernder) Tipp: Finger weg von amerikanischen Webhosts. Diese haben zwar ein gutes Angebot, aber packen viel zu viele Websites auf einen Server, was zu Serverüberlastungen und damit zum Ausfall Ihrer Websites führt. Entscheiden Sie sich für einen lokalen Webhost aus Deutschland, Österreich oder der Schweiz.

7.3.1 Alfahosting

Ich selbst verwende Alfahosting. Dieser Webhost erfüllt alle eingangs gestellten Anforderungen und hat mir bisher keinerlei Probleme mit der Website-Verfügbarkeit gemacht. Je nachdem, welchen Tarif man wählt, kann man mit Alfahosting mehrere Domains über einen Account verwalten und mehrere Datenbanken erstellen. Ich stelle die Leistungen der einzelnen Tarife hier nicht näher vor, da sich diese schnell ändern können. Sehen Sie sich die Leistungen einfach auf ihren Websites an und wählen Sie dann den für Sie passenden Tarif.

Ab einem bestimmten Preis sind in den einzelnen Tarifen verschieden umfangreiche Softwarepakete bereits enthalten. Über diese Softwarepakete können Sie ohne technische Kenntnisse mit wenigen Mausklicks ein Content-Management- beziehungsweise Blog-System wie WordPress oder Shop-Systeme wie osCommerce und die alte noch freie Version von xt:Commerce installieren. Mit wenigen Mausklicks werden diese Systeme vollständig für Sie installiert, ohne dass Sie noch extra Datenbanken einrichten müssten, sie mit den Systemen verknüpfen müssen etc. Das ist gerade für technisch nicht versierte Internet-User, die sich auf den geschäftlichen Bereich konzentrieren wollen, ideal. Ansonsten müssten Sie diese Systeme nämlich von Hand auf dem Server installieren, was teilweise viel umständlicher ist.

Ein weiterer Vorteil eines solchen Softwarepakets: Sie müssen nicht mehr sicherstellen, dass der Webhost alle Voraussetzungen zur Nutzung eines Systems wie beispielsweise WordPress erfüllt, denn wenn im Softwarepaket WordPress zur Installation bereitsteht, heißt das natürlich, dass der Webhost alle Voraussetzungen erfüllt, damit dieses System auch läuft.

Produktseite: `http://alfahosting.de/`

Auflistung der Eigenschaften:
`http://alfahosting.de/webhosting-professionell/`

Antworten auf häufig gestellte Fragen (FAQ) finden Sie unter:
http://alfahosting.de/antworten-auf-ihre-fragen/

7.3.2 WordPress

WordPress hat als System zum Betreiben von Blogs angefangen, ist mittlerweile aber schon so umfangreich weiterentwickelt worden, dass es immer mehr zu einem Content-Management-System wird. Mir gefällt an WordPress, dass es sehr einfach zu bedienen ist, sehr zuverlässig läuft und man damit sehr übersichtliche Websites erstellen kann. Obwohl WordPress nicht auf Suchmaschinenoptimierung ausgelegt ist, gibt es zusätzliche Plug-ins, mit denen man dieses Manko ausgleichen kann. Diese stelle ich später noch vor.

WordPress ist ein Open-Source-System und kann völlig legal kostenlos aus dem Internet heruntergeladen und verwendet werden. Im Folgenden gebe ich Ihnen eine kurze Übersicht, wie Sie dieses System verwenden können, um Ihr Informations-Portal zu realisieren.

Die Installation

Es gibt zwei Möglichkeiten, wie Sie WordPress installieren können:

1. den Installer Ihres Webhosts (falls dieser WordPress in seinem Softwarepaket anbietet)

2. Per Hand

Über den Installer Ihres Webhosts: Da WordPress ein sehr bekanntes und viel genutztes System ist, bieten viele Webhosts die Möglichkeit, dieses System mit wenigen Mausklicks auf dem eigenen Server zu installieren. So bietet beispielsweise Alfahosting diese Möglichkeit.

Hierzu loggen Sie sich in Ihr Konto bei Ihrem Webhost ein, gehen dort auf den Menüpunkt *Software* (dieser wird bei jedem Webhost anders bezeichnet) und wählen WordPress aus. Wenn Sie mehrere Domains unter einem Konto verwalten, können Sie nun auswählen, unter welcher Domain Sie WordPress installieren wollen. Zusätzlich können Sie auch auswählen, ob Sie WordPress in einem Unterordner oder direkt im Hauptverzeichnis Ihrer Domain installieren wollen. Installieren Sie WordPress in einem Unterordner, ist Ihre Website später unter www.ihre-domain.de/unterordner erreichbar. Um Ihre Website jedoch direkt über ihre Domain www.ihre-domain.de erreichbar zu machen, installieren Sie WordPress direkt ins Hauptverzeichnis Ihrer Domain.

Per Hand: Bietet Ihr Webhost eine automatische Installation nicht an, können Sie WordPress auch per Hand auf Ihrem Server installieren. Das geht einfacher, als Sie glauben. Gehen Sie hierzu auf die Website `http://de.wordpress.org/` und laden Sie dort die aktuellste Version von WordPress herunter. Wenn Sie das Paket heruntergeladen haben, finden Sie darin eine Datei namens *liesmich.html*. Darin finden Sie eine ausführliche Anleitung, wie Sie WordPress auf Ihrem Server installieren. Achten Sie auch hier wieder darauf, WordPress im Hauptverzeichnis Ihrer Domain zu installieren.

Templates

Wenn Sie WordPress erfolgreich installiert haben, loggen Sie sich in das System ein. Nun sind Sie im sogenannten Dashboard, dem Administrations-Bereich von WordPress.

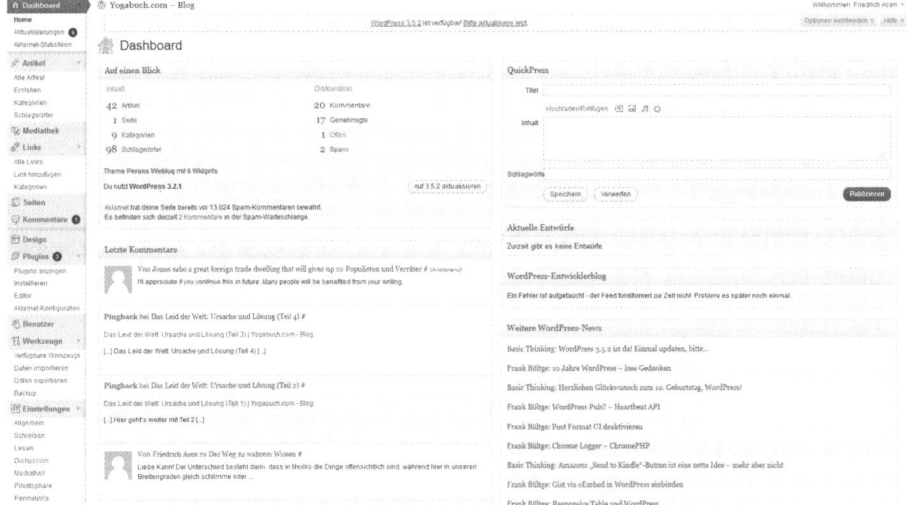

Abb. 7.1: Der Administrationsbereich von WordPress

In der Navigation können Sie nun unter *Design → Themes* das Design Ihrer Website anpassen, indem Sie ein neues Theme (Template, Designvorlage) installieren oder ein bereits aktiviertes bearbeiten. Um ein neues Theme zu installieren, gehen Sie auf den Reiter *Themes installieren*. Dort können Sie sich unter *Empfohlen*, *Neueste* und *Vor kurzem aktualisiert* eine Auswahl interessanter Themes ansehen.

Sie können auch auf *Suchen* klicken. Nun können Sie nach Funktionen filtern und sehr leicht ein Theme finden, das den Anforderungen für Ihr Informations-Portal entspricht. Wählen Sie beispielsweise folgende Filter und klicken Sie dann auf die Schaltfläche *Themes finden*:

- Drei Spalten
- Sidebar links
- Sidebar rechts
- Kopfzeile anpassen
- Individuelles Menü

Ganz gut gefallen mir auch folgende Themes, die Sie kostenlos im Internet finden:

- Artwork
- Demet
- Blue News
- Riviera Magazine

Um Quellen zu finden, wo Sie diese Themes downloaden können, geben Sie einfach den Namen des Themes plus »WordPress theme download« ein. Für das Demet-Theme führen Sie also beispielsweise folgende Google-Suche durch:

demet wordpress theme download

Wenn Sie ein Theme als ZIP-Archiv heruntergeladen haben, gehen Sie in Word-Press wieder zu dem Reiter *Themes installieren*. Neben den bereits erwähnten Optionen finden Sie dort auch die Option *Hochladen*. Nun können Sie das gerade heruntergeladene WordPress-Theme (im obigen Beispiel Demet) in Ihr Word-Press-System hochladen und mit wenigen Klicks installieren und für Ihre Website aktivieren.

Wählen Sie ein Template, das Sie persönlich anspricht, übersichtlich und schlicht ist und den Inhalt in den Vordergrund stellt. Nehmen Sie die in Kapitel 4.1.1 dieses Buches vorgestellten Richtlinien bezüglich Design als Maßstab.

Es gibt Tausende WordPress-Themes, manche kostenpflichtig, manche kostenlos. Probieren Sie eine Google-Suche mit folgenden Phrasen. Sie werden auf zig Listen stoßen, die Ihnen die besten WordPress-Themes vorstellen und zeigen, wo Sie diese downloaden können:

wordpress theme magazin

wordpress theme minimal

wordpress theme 3 spalten

Empfehlenswerte Plug-ins

Um Ihr WordPress-System wirklich effektiv zu gestalten, sollten Sie sich unbedingt folgende Plug-ins installieren. Diese erweitern und verbessern die Funktion von WordPress erheblich.

Plug-ins können Sie ganz einfach installieren, indem Sie in Ihrem Dashboard in der Navigation auf den Menüpunkt *Plugins* gehen. Oberhalb der Liste der bereits installierten Plug-ins sehen Sie eine Schaltfläche mit der Beschriftung *Installieren*. Klicken Sie darauf und geben Sie den Namen des gewünschten Plug-ins ein. Wählen Sie aus der erscheinenden Liste das gewünschte Plug-in und klicken Sie auf *Jetzt installieren*.

Akismet: Wahrscheinlich das beste Plug-in, um Ihre Website vor Kommentar-Spam zu schützen. Wenn Ihre Website erst mal bekannter im Internet ist, erhalten Sie täglich Dutzende, Hunderte Spam-Kommentare. Diese können Sie nicht per Hand bewältigen. Akismet filtert sie intelligent heraus und speichert sie in einem eigenen Spam-Ordner. Sie können diese Kommentare dann einfach löschen oder noch mal durchgehen und prüfen, ob Sie doch welche zulassen wollen. Akismet merkt sich Ihre Entscheidungen und lernt dadurch. Gold wert.

Better WP Security: Obwohl WordPress ständig weiterentwickelt und verbessert wird, finden Hacker immer wieder Lücken, um in das System einzudringen. Es gibt im Internet ausführliche Anleitungen, wie Sie Ihr WordPress-System sichern und undichte Stellen schließen. Diese Anleitungen sind jedoch etwas umständlich und für Laien oft auch unverständlich. Hier schafft das Better WP Security-Plug-in Abhilfe. Mit wenigen Klicks installiert, nimmt es automatisch die wichtigsten Änderungen an Ihrem System vor, um es so sicher wie möglich zu gestalten. Sie können entweder das Plug-in entscheiden lassen, welche Sicherheitsvorkehrungen es im System trifft, oder aber die Sicherheitseinstellungen manuell konfigurieren.

All in One SEO Pack: Dieses Plug-in verschafft WordPress die notwendige Suchmaschinenfreundlichkeit. Mit diesem Plug-in haben Sie die Möglichkeit, für jede Seite, die Sie für Ihre Website erstellen, vollständige Metatags anzugeben (title, description, keywords). Das ist sehr wichtig, denn normalerweise generiert WordPress diese Metatags automatisch aus dem Text der jeweiligen Seite, was nicht zu dem gewünschten Ergebnis führt. Sie wollen die Metatags für jede Seite selbst bestimmen. Halten Sie sich hierbei an die Richtlinien zur Optimierung der Onpage-Kriterien (siehe Abschnitt 5.2.4).

Google XML Sitemaps: Dieses Plug-in erstellt eine XML-Sitemap, die Sie beispielsweise in den Google-Webmaster-Tools anmelden können. WordPress aktualisiert diese Sitemap bei jeder Änderung Ihrer Website automatisch, wodurch Google über diese Änderung informiert wird. Sie können diese Sitemap natürlich auch bei allen anderen Suchmaschinen anmelden.

Wichtige Tipps zur Nutzung

Bitte passen Sie jetzt besonders gut auf, denn das Folgende ist ganz wichtig:

Verwenden Sie eine statische Startseite

Gehen Sie in Ihrem Dashboard im Menü auf *Einstellungen → Lesen*. Nun sehen Sie den Eintrag *Startseite zeigt* und können aus zwei Optionen wählen:

1. Deine letzten Beiträge

2. Eine statische Seite

Wählen Sie Option 2 *Eine statische Seite* und wählen Sie als Startseite die Seite *index.html*, die Sie noch erstellen werden.

Warum das Ganze? Bei einem Blog wollen Sie auf der Startseite die neuesten Beiträge Ihrer Website angezeigt haben. Sie betreiben jedoch ein suchmaschinenoptimiertes Informations-Portal, das eine statische, also gleichbleibende Startseite braucht, die einen Text aufweist, der auf das Hauptkeyword Ihrer Website optimiert ist.

Arbeiten Sie in Ihrem WordPress-System nicht mit Beiträgen, sondern mit Seiten

Beiträge verwenden Sie, wenn Sie einen Blog betreiben. Beiträge werden auf der Startseite nach ihrem Veröffentlichungsdatum gelistet und von WordPress automatisch in Kategorien verwaltet. Das alles wollen Sie nicht. Sie wollen die 3-Ebenen-Struktur verwenden, die ich in Abschnitt 2.1.3 vorgestellt habe.

Seiten sind im Gegensatz zu Beiträgen nicht an die Kategorie-Hierarchie und Struktur gebunden, sondern können völlig frei von Ihnen verwaltet werden.

Wenn Sie eine Seite erstellen wollen, klicken Sie im Menü Ihres Dashboards einfach auf *Seiten → Erstellen*. Erstellen Sie auf diese Weise jede Seite, die Sie für ein Keyword Ihrer Website erstellen wollen. Die suchmaschinenfreundliche Website-Struktur, die wir verwenden, besteht aus drei Ebenen, nämlich: Startseite, Rubrikseiten, Detailseiten.

Wie Sie die richtige Seite als Startseite festlegen, haben Sie schon erfahren. Doch wie legen Sie fest, welche Seite eine Rubrik- und welche eine Detailseite wird? Ganz einfach: Wenn Sie eine Rubrikseite verfasst haben, speichern beziehungsweise veröffentlichen Sie diese ganz normal im System. Nun gehen Sie in Ihrem Dashboard auf *Design → Menüs* und erstellen eine Navigation. Darin nehmen Sie die gerade verfasste und als Rubrikseite gedachte Seite auf. Eine jede Seite, die Sie in diese Navigation aufnehmen, wird von den Suchmaschinen als Rubrikseite gewertet. Nehmen Sie also nur Seiten auf, die Sie auch als Rubrikseiten gedacht haben!

Alle anderen Seiten, also die Detailseiten, kommen somit nicht in die Navigation. Wie erreicht der Besucher sie dann? Indem Sie am Ende der jeweiligen Rubrikseite (also nach dem Haupttext) ihre Detailseiten aufführen und verlinken. Verwenden Sie zur Auflistung der einzelnen Rubrikseiten den Title und die Description der jeweiligen Rubrikseite und machen Sie den Title zu einem anklickbaren Link, der zur Detailseite führt (siehe Abbildung 7.2).

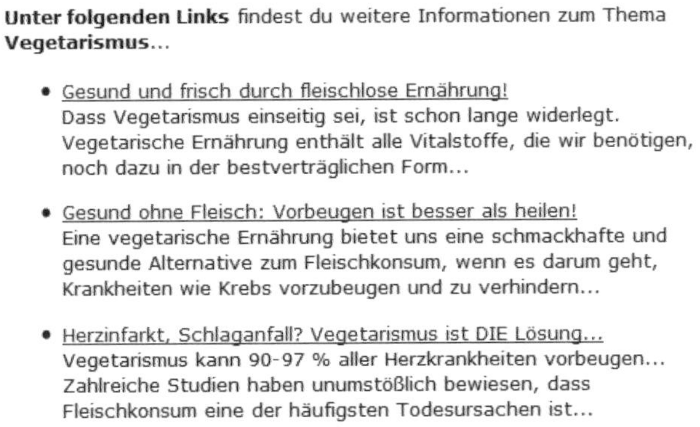

Unter folgenden Links findest du weitere Informationen zum Thema **Vegetarismus**...

- Gesund und frisch durch fleischlose Ernährung!
  Dass Vegetarismus einseitig sei, ist schon lange widerlegt. Vegetarische Ernährung enthält alle Vitalstoffe, die wir benötigen, noch dazu in der bestverträglichen Form...

- Gesund ohne Fleisch: Vorbeugen ist besser als heilen!
  Eine vegetarische Ernährung bietet uns eine schmackhafte und gesunde Alternative zum Fleischkonsum, wenn es darum geht, Krankheiten wie Krebs vorzubeugen und zu verhindern...

- Herzinfarkt, Schlaganfall? Vegetarismus ist DIE Lösung...
  Vegetarismus kann 90-97 % aller Herzkrankheiten vorbeugen... Zahlreiche Studien haben unumstößlich bewiesen, dass Fleischkonsum eine der häufigsten Todesursachen ist...

Abb. 7.2: Anklickbare Links

Erstellen Sie die Metatags für jede Seite selbst. Verwenden Sie nicht die automatisch von WordPress generierten

Wenn Sie eine Seite erstellen, finden Sie unterhalb des Eingabefeldes, wo Sie den Text für die Seite schreiben, weitere Felder, um die Metatags eintragen zu können. Diese Felder finden Sie allerdings nur vor, wenn Sie das bereits erwähnte »All in One SEO Pack«-Plug-in schon installiert haben. Geben Sie hier die Metatags für jede einzelne Seite gemäß den Richtlinien aus diesem Buch ein.

Geben Sie im Permalink einer jeder Seite die Keyword-Phrase als Dateinamen an

Wie bereits erwähnt, ist es Teil einer guten Suchmaschinenoptimierung, das Keyword, auf das eine Seite optimiert wird, als Dateinamen zu verwenden. Das erreichen Sie in WordPress folgendermaßen:

Erstellen Sie eine Seite. Geben Sie Ihre Überschrift und Ihren Text ein. Nun erscheint unterhalb des Eingabefeldes für die Überschrift der Schriftzug *Permalink: http://...* Rechts davon finden Sie eine Schaltfläche mit dem Titel *Bearbeiten*. Klicken Sie darauf. Geben Sie nun das Keyword (kann natürlich auch eine Keyword-Phrase sein, ich verwende diese Begriffe hier synonym) ein, auf das Sie diese Seite optimiert haben, und klicken Sie auf *OK*. Bei mehreren Wörtern, also Keyword-Phrasen, macht WordPress automatisch Bindestriche zwischen den einzelnen Wörtern. Das ist gut so. Achten Sie darauf, dass das immer so ist, denn Dateinamen beziehungsweise Links sollten keine Leerzeichen, sondern stattdessen Bindestriche haben. Ich setze nach dem Dateinamen auch immer noch die Endung .html. Ein Link zu einer Seite sieht in meiner mit WordPress erstellen Website also folgendermaßen aus:

```
http://meine-website.com/keyword-phrase-auf-die-diese-seite-
optimiert-ist.html
```

7.3.3 SBI

SBI ist ein Alles-Inklusive-System (inklusive Webhost) speziell für kleine Internet-Geschäfte – wie Sie eines aufbauen wollen. Ich verwende SBI selbst und liebe es. Mit SBI können Sie ohne HTML-Kenntnisse kinderleicht Seiten erstellen und diese mit Metatags ausstatten. Des Weiteren bietet SBI auch ein Analyse-Tool, das Ihnen genau zeigt, wie Sie Ihre Metatags optimieren sollten, um die bestmögliche Platzierung in den Suchmaschinen zu erreichen. Es bietet aber weit mehr als die oben genannten Möglichkeiten: Es ist CMS-System, E-Mail/Autoresponder-System, Analyse-Tools, Webhosting und eine Vielzahl weiterer Werkzeuge in einem.

Der einzige Grund, warum ich SBI in diesem Buch nicht ausführlicher behandle: SBI ist sehr gut zur Erstellung und Betreuung deutschsprachiger Websites geeignet, die Benutzer-Oberfläche ist allerdings in englischer Sprache. Zudem ist dieses System auch nicht kostenlos. Falls Sie jedoch der englischen Sprache mächtig sind, sollten Sie sich dieses System unbedingt näher ansehen. Es bietet eine breite Palette großartiger Funktionen, genau abgestimmt auf die Bedürfnisse kleiner Unternehmer. Alleine die Community ist den Preis schon wert und eine immense Quelle der Inspiration, wenn es darum geht, über die neuesten Entwicklungen im Internet-Marketing auf dem Laufenden zu bleiben und neue Wege der Vermarktung zu gehen. Ich kann SBI also wärmstens empfehlen.

Produktseite: `http://www.sitesell.com`

Auflistung der Eigenschaften: `http://tools.sitesell.com/`

7.4 Shop-Lösungen

Im Folgenden stelle ich Ihnen mit Share-it und Clickbank zwei Systeme vor, die auf den Verkauf digitaler Produkte spezialisiert sind. Danach gehe ich noch auf Systeme ein, mit denen Sie einen klassischen Webshop mit einer umfangreichen Produktpalette ähnlich Amazon erstellen können.

7.4.1 Share-it

Speziell, wenn Sie digitale Produkte (E-Books, Filme, Hörbücher, Software etc.) verkaufen wollen, ist Share-it eine der besten Shop-Lösungen, die ich kenne. Share-it ist auch zu empfehlen, wenn Sie DVDs oder CDs (mit Software, Filmen oder anderen Inhalten) verkaufen wollen. Sonstige physische Produkte wie Möbel, Schuhe etc. können Sie aber nicht über Share-it vertreiben, da Share-it solche Produkte nicht zulässt. Share-it hat sich darauf spezialisiert, für E-Commerce-Betreiber eine Lösung bereitzustellen, die folgende Leistungen beinhaltet:

- Online-Shop inkl. Warenkorb
- Produktauslieferung per gesichertem Downloadlink
- Zahlungsabwicklung über eine sichere Verbindung
- professionelle Zahlungsmöglichkeiten: Kreditkarte, Banküberweisung, PayPal etc.
- Partnerprogramm-Modul für Ihre Produkte
- Automatische Rechnungserstellung

Kompatibilität

Share-it wird über Links mit der eigenen Website verbunden und ist daher in alle Websites integrierbar (egal, mit welchem Programm oder CMS Sie die Website erstellt haben). Share-it ist somit die ideale Ergänzung für Ihr Informations-Portal.

Praktisch sieht das folgendermaßen aus:

1. Sie stellen Ihr Produkt in das Share-it System, indem Sie Preis, Produktbeschreibung, Auslieferungsart etc. festlegen.

2. Danach generieren Sie mithilfe des Link-Generators, den Sie in Ihrem Share-it-Control-Panel finden, einen Bestell-Link. Je nach Ihren Einstellungen führt dieser zu einem Bestellformular oder zu einem Warenkorb.

3. Den Bestell-Link fügen Sie nun an gewünschter Stelle in Ihre Website ein. Dies geschieht wie mit jedem anderen Link auch. Schreiben Sie beispielsweise: »Klicken Sie hier, um das Produkt jetzt zu bestellen«. Machen Sie diesen Text zum Bestell-Link.

4. Der Besucher klickt auf obigen Link und kommt zum Bestellformular, wo er über das Share-it-System den Bestellvorgang durchführen und die Zahlung abschließen kann.

Das Bestellformular beziehungsweise der Warenkorb sind nicht Teil Ihrer Website, sondern Teil der Share-it-Website. Ihrem Ansehen in den Augen der Besucher schadet das nicht. Es ist normal, mit externen Zahlungsabwicklern zu arbeiten. Viele professionelle Websites tun dies. Um ein einheitliches Aussehen zu ermöglichen, bietet Share-it auch die Möglichkeit, die verschiedenen Shop-Elemente wie Warenkorb, Bestellformulare etc. an das Design Ihrer Website anzupassen.

Kosten

Wenn Sie sich nachher selbst auf der Share-it-Website umsehen, werden Sie schnell bemerken, dass Share-it ein Angebot bereitstellt, für das man anderswo mit Sicherheit mehrere Hundert Euro hinblättert. Share-it bietet Ihnen ein professionelles System fast zum Nulltarif. Die Anmeldung zu Ihrem Share-it-Vendor-Benutzerkonto (Verkäufer-Benutzerkonto) erfolgt kostenlos. Es gibt keine monatlichen Nutzungsbeiträge zu bezahlen und Sie können auch jederzeit wieder aussteigen. Es gibt also keinerlei Verbindlichkeiten oder Fixkosten.

Wann müssen Sie zahlen? Nur, wenn Sie ein Produkt verkauft haben. Für jeden Verkauf bekommt Share-it von Ihnen einen gewissen Prozentsatz des Produktpreises. Share-it bietet in diesem Zusammenhang zwei unterschiedliche Modelle für den Verkauf Ihrer Produkte an:

- Share-it-VALUE: 4,9 % + 1 USD / EUR
- Share-it-FLEX: 8,9 % – mindestens 1 USD / EUR

Unter folgendem Link können Sie sich die beiden Modelle näher ansehen. Am Ende der Seite können Sie zudem anhand Ihres Produktpreises berechnen, welches Modell für Ihre Zwecke profitabler ist. Bieten Sie eher günstige Produkte (um die 25 Euro) an, wird Share-it-FLEX eher für Sie geeignet sein. Bieten Sie Produkte ab 25 Euro aufwärts an, wird Share-it-VALUE rentabler für Sie sein.

```
https://secure.shareit.com/shareit/signup.html?languageid=2
```

Affiliate-Modul

Neben einer effektiven Shop-Lösung erhalten Sie mit Share-it auch eines der Affiliate-freundlichsten Partnerprogramm-Module. Es handelt sich hierbei um das *Affiliate-Management Premium*. Richten Sie sich damit Ihr eigenes Partnerprogramm ein. Sie werden sehen, dass dies zu einer gewaltigen Umsatzsteigerung Ihrer Produkte führen wird.

Im Gegensatz zu anderen Partnerprogrammen bietet das Share-it-Partnerprogramm-Modul Ihren Partnern die Möglichkeit, mithilfe eines Link-Generators Partner-Links zu erstellen, die ganz gezielt auf spezifische Seiten Ihrer Website verweisen. Dies führt zu einer wesentlich höheren Conversion-Rate und somit zu mehr Umsatz für Sie (und natürlich auch für Ihre Partner). Zudem haben Ihre Partner dank der ausführlichen Reports und Statistiken immer den Überblick, was zusätzlich Vertrauen schafft.

Mit dem *Affiliate-Management Premium* erhalten Sie ein Anmeldeformular, das Sie Ihren Besuchern auf Ihrer eigenen Website zur Verfügung stellen können. Über dieses melden sich Ihre Besucher zu Ihrem Partnerprogramm an. Ist der Besucher einmal als Ihr Partner angemeldet, verfolgt und merkt sich Share-it alle über ihn zustande gekommenen Verkäufe und zahlt dem Partner vollautomatisch am Anfang eines jeden Monats die Summe aller zustande gekommenen Provisionen des Vormonats aus. Die Provisionssätze können Sie für jedes Produkt selbstverständlich selbst festlegen.

Kurzum: Mit dem *Affiliate-Management Premium* haben Sie die Möglichkeit, ein hochwertiges Affiliate-Programm aufzubauen, mit dem Sie aufgrund seiner Qualität schnell viele neue zusätzliche Partner für den Vertrieb Ihrer Produkte finden werden. Dieses Modul nimmt Ihnen alle Arbeit wie die Auszahlung und Verwaltung Ihrer Partner ab, sodass Sie sich voll und ganz auf die Vermarktung Ihrer Produkte und die Generierung neuer Partner konzentrieren können. Wenn Sie das *Affiliate-Management Premium* nutzen, erhält Share-it für jeden Verkauf, der über einen Ihrer Affiliate-Partner zustande kommt, eine Servicegebühr von 2 Prozent des Produktverkaufspreises. Für Ihre direkten Verkäufe (also alle Verkäufe, die nicht über Ihr Partnerprogramm zustande gekommen sind) zahlen Sie diese Servicegebühr natürlich nicht.

Auszahlung

Da Share-it Ihre Produkte quasi für Sie verkauft, erhalten Sie die Zahlung pro Verkauf nicht auf Ihr eigenes Konto ausgezahlt. Share-it nimmt die Zahlung entgegen. Dies ist nicht zuletzt deshalb notwendig, damit Share-it erkennen kann, ob eine Bezahlung erfolgt ist und Ihre Produkte dann automatisch für Sie ausliefert. Der

Vorteil für Sie: Sie müssen nicht ständig Ihr Konto im Auge behalten und nachsehen, ob eine Zahlung nun eingegangen ist oder nicht. Share-it erledigt das für Sie und liefert die Ware verlässlich aus, sobald die Zahlung eingegangen ist.

Am Monatsende erhalten Sie einen detaillierten Verkaufsreport (diesen können Sie aber auch jederzeit in Echtzeit in Ihrem Control-Panel verfolgen) und bekommen Ihre Einnahmen je nach Wunsch per Überweisung oder Scheckzahlung (auch noch andere Varianten möglich) verlässlich ausgezahlt. Ich habe diesbezüglich nur gute Erfahrungen gemacht.

Für manche von Ihnen gibt es einen kleinen Nachteil bei Share-it (gegenüber einer selbst gehosteten Shop-Lösung): Da Share-it rechtlich gesehen der Verkäufer Ihrer Produkte ist, wird automatisch die Mehrwertsteuer von Share-it einbehalten und an das Finanzamt abgeführt. Wenn Sie sowieso mehrwertsteuerpflichtig sind, ist dies kein Problem. Wenn Sie aber als Kleinunternehmer von der Abgabe der Mehrwertsteuer befreit sind, entgehen Ihnen auf diese Weise circa 20 Prozent Ihrer Einnahmen. Hier möchte ich aber nochmals anmerken, dass dies keine Eigenheit von Share-it ist, sondern auf fast jede E-Commerce-Plattform zutrifft. Bei Clickbank ist dies beispielsweise genauso der Fall.

Share-it ist eine tolle Möglichkeit, um Ihre Website auf wirklich professionellem Niveau mit einer guten Shop-Lösung (speziell für digitale Produkte) auszustatten. Das Angebot von Share-it ist hochwertig, kundenfreundlich (nicht nur für Sie, auch für Ihre Kunden!) und vor allem sehr preiswert.

Produktseite: `http://www.shareit.de`

Auflistung der Eigenschaften:
`http://www.mycommerce.com/de/share-it/features`

Vergleich der Preismodelle VALUE und FLEX:
`https://secure.shareit.com/shareit/signup.html?languageid=2`

Antworten auf häufig gestellte Fragen (FAQ) finden Sie unter:
`http://www.mycommerce.com/de/share-it/faq`

Support (für Deutsch und Englisch verfügbar):
`http://www.shareit.de/contact.html` oder `sales@shareit.com`

7.4.2 ClickBank

Clickbank ist Share-it in vielerlei Hinsicht ähnlich und ein System, um digitale Produkte (E-Books, Filme, Hörbücher, Software etc.) zu verkaufen.

ClickBank bietet:

- Online-Shop inkl. Warenkorb
- Zahlungsabwicklung über eine sichere Verbindung
- professionelle Zahlungsmöglichkeiten: Kreditkarte, Lastschrift oder PayPal (keine normale Banküberweisung möglich!)
- Partnerprogramm-Modul für Ihre Produkte

Im Gegensatz zu Share-it wird die Produktauslieferung nicht von Clickbank übernommen. Sie müssen das auszuliefernde digitale Produkt auf Ihrem eigenen Server speichern und Clickbank einen Download-Link zur Verfügung stellen, den das System jedem Käufer nach Abschluss des Bestell- und Zahlungsvorgangs zur Verfügung stellt. Ich persönlich fühle mich wohler, wenn ich weiß, dass mein Produkt nur über einen gesicherten Download-Link erreichbar ist und nicht völlig ungeschützt auf meinem Server theoretisch für jedermann zugänglich ist. In der Praxis mag dies gar nicht so viel Unterschied machen, da ja niemand die URL des Ortes kennt, wo ich das Produkt auf meinem Server gespeichert habe. Mir ist es trotzdem anders lieber.

Kompatibilität

ClickBank wird wie Share-it über Links mit der eigenen Website verbunden und ist daher in alle Websites integrierbar (egal, mit welchem Programm oder CMS Sie die Website erstellt haben). Wie bei Share-it sind das Bestellformular beziehungsweise der Warenkorb nicht Teil Ihrer Website, sondern liegen auf dem Clickbank-Server. Im Gegensatz zu Share-it können Sie die verschiedenen Shop-Elemente wie Warenkorb, Bestellformulare etc. nicht an das Design Ihrer Website anpassen.

Kosten

Die Anmeldung zu Ihrem ClickBank-Vendor-Benutzerkonto (Verkäufer-Benutzerkonto) erfolgt kostenlos. Es sind keine monatlichen Nutzungsbeiträge zu bezahlen und Sie können auch jederzeit wieder aussteigen. Es gibt also keinerlei Verbindlichkeiten oder Fixkosten.

Wann müssen Sie zahlen? Nur, wenn Sie ein Produkt verkauft haben. Für jeden Verkauf behält ClickBank 7,5 Prozent des Verkaufspreises plus 1 USD ein. Für die Genehmigung des ersten Produkts fällt eine einmalige Aktivierungsgebühr von 49,95 USD an.

Affiliate-Modul

ClickBank bietet ein umfangreiches Affiliate-Netzwerk, das sich auch im deutschen Markt ständig vergrößert. Wenn Sie Ihre Produkte über ClickBank vertrei-

ben, stehen Ihnen somit Zehntausende potenzielle Affiliates zur Verfügung. Dies ist nicht zu unterschätzen. Im Gegensatz zu Share-it ist es bei Clickbank so, dass sich ein Partner nicht spezifisch für Ihr Partnerprogramm anmeldet, sondern für das ClickBank-Affiliate-Netzwerk. Dadurch kann der Partner alle Produkte als Affiliate vermarkten, die über ClickBank vertrieben werden, auch Ihre. Nun müssen Sie dem Affiliate Ihren ClickBank-HopLink zur Verfügung stellen, den dieser mit seinem ClickBank-Nicknamen ergänzt. Nun hat Ihr Partner einen vollständigen Affiliate-Link, um Ihre Produkte zu vermarkten. Weitere Infos zu HopLinks (aus der Sicht Ihres Partners):
https://support.clickbank.com/entries/23178563-HopLinks

Auszahlung

Da ClickBank wie Share-it Ihre Produkte für Sie verkauft, erhalten Sie die Zahlung pro Verkauf nicht auf Ihr eigenes Konto ausgezahlt. ClickBank nimmt die Zahlung entgegen. Am Monatsende erhalten Sie einen detaillierten Verkaufsreport (diesen können Sie aber auch jederzeit in Echtzeit in Ihrem Control-Panel verfolgen) und bekommen Ihre Einnahmen je nach Wunsch per Überweisung oder Scheckzahlung verlässlich ausgezahlt (ich habe diesbezüglich nur gute Erfahrungen gemacht).

Auch für ClickBank gilt: Da ClickBank rechtlich gesehen der Verkäufer Ihrer Produkte ist, wird automatisch die Mehrwertsteuer von ClickBank einbehalten und an das Finanzamt abgeführt. Als primäre Shop-Lösung für digitale Produkte empfehle ich Share-it. Es ist übersichtlicher, bietet mehr Funktionen und kostet weniger. Sie sollten Ihre Produkte zusätzlich jedoch auch über ClickBank anbieten, um die Schar von potenziellen Partnern zur Vermarktung Ihrer Produkte gewinnen zu können.

Produktseite: http://international.clickbank.com/de/

Auflistung der Eigenschaften:
http://international.clickbank.com/de/monetize-your-knowledge/

Informationen zu den Gebühren:
https://support.clickbank.com/entries/23138991-ClickBank-Geb%C3%BChren

Hilfestellung zum Verkauf von Produkten über ClickBank:
https://support.clickbank.com/entries/23040223-Der-Verkauf-Ihres-ersten-Produkts

Help Center: https://support.clickbank.com/home

7.4.3 Digistore24

Als weiterer Anbieter möchte ich an dieser Stelle auch noch Digistore24 erwähnen. Bei Digistore24 handelt es sich um eine deutsche Firma, die ein ganz ähnliches Angebot wie Share-it bereitstellt. Auch dieses System wird über Links in Ihre Website integriert, sprich die Bestellformulare sind Teil der Digistore24-Website, können aber grafisch an Ihre Website angepasst werden.

Zu bezahlen sind 6,75 Prozent + 1 Euro pro Transaktion. Digistore24 verfügt über ein umfangreiches Affiliate-Modul, mit dem Sie Ihre Affiliates problemlos verwalten können. Auch die Auszahlung von Provisionen an Ihre Affiliates übernimmt Digistore24. Wie bei Share-it gelangt das Geld beim Verkauf eines Produkts zuerst zu Digistore24. Es wird Ihnen dann alle zwei Wochen für die bisher abgeschlossenen Verkäufe ausgezahlt.

Ich habe Digistore24 selbst noch nicht ausprobiert, aber in diversen Blogs und Foren viel Positives darüber gelesen, weshalb ich es hier erwähne.

Produktseite: https://www.digistore24.com/vendors

7.4.4 Systeme für umfangreiche Onlineshops

Zuerst sollten Sie sich einmal die Frage stellen: Brauchen Sie überhaupt eine Shop-Software? Wenn Sie Dienstleister sind und es Ihnen in erster Linie darum geht, einmal Kontakt zum potenziellen Kunden herzustellen, brauchen Sie keinen Onlineshop. Sind Sie beispielsweise Rechtsanwalt, brauchen Sie keinen komplexen Webshop. In diesem Fall genügt für Sie ein Kontaktformular, über das sich Ihr Website-Besucher einen Beratungstermin mit Ihnen ausmachen kann. Sie klären dann im persönlichen Gespräch, welche Dienstleistungen Sie ihm zu welchen Konditionen anbieten.

Wenn Sie ein, zwei Produkte anbieten, können Sie diese, wie bereits eingangs in diesem Buch erwähnt, mithilfe überzeugender und ausführlicher Verkaufstexte vermarkten und dann beispielsweise PayPal als Bezahlungsmöglichkeit in Ihre Website einbinden. Hierzu bedarf es noch keiner komplizierten Shop-Systeme. Spätestens ab zehn verschiedenen Produkten oder Dienstleistungen macht es aber Sinn, über den Einsatz eines Systems für umfangreiche Onlineshops nachzudenken. Wenn Sie beispielsweise ein Fachgeschäft für Fahrräder und Fahrradzubehör betreiben und somit womöglich Hunderte verschiedene Artikel anbieten, sollten Sie ein Onlineshop-System verwenden, das für die Verwaltung so vieler Artikel ausgelegt ist.

Wenn Sie einen großen Onlineshop mit vielen Artikeln erstellen wollen, sollten Sie sich im Vorhinein gründlich überlegen, für welche Software, welches Shop-System Sie sich entscheiden. Denn wenn der Shop einmal läuft, Sie alle Artikel in die Datenbank eingespeist und alle Details zu Ihrer Zufriedenheit abgesetzt haben, wollen Sie nicht auf ein neues System wechseln und alles wieder von vorne einrichten müssen!

Es wäre nicht zielführend, Ihnen in diesem Buch eine bestimmte Software zu empfehlen. Vielmehr empfehle ich Ihnen, sich selbst mit der Thematik zu beschäftigen, sodass Sie eine informierte Entscheidung treffen können. Glücklicherweise ist das Internet diesbezüglich das perfekte Mittel zur Recherche. Recherchieren Sie lieber im Internet, als sich Bücher zu diesem Thema zuzulegen. Warum? Weil gerade beim Thema Shopsoftware die Neuigkeiten von heute morgen schon nicht mehr gültig sind. Das Internet bietet hier also viel aktuellere Information.

Anregungen zu Recherche und Wahl des für Sie passenden Shopsystems

Ich könnte Ihnen zu diesem Thema eine Menge Links bereitstellen, tue dies aber bewusst nicht, da diese schnell veraltet sind. Stattdessen gebe ich Ihnen im Folgenden einige grundlegende Informationen und zeige Ihnen dann, wie Sie dazu eine weiterführende Google-Suche durchführen.

Es gibt Open-Source-Systeme wie beispielsweise osCommerce, die unter freier Lizenz und somit kostenlos zur Verfügung stehen. Diese Software können Sie kostenlos aus dem Internet herunterladen und auf Ihrem Server installieren und einrichten. Bei Alfahosting ist osCommerce in einigen Tarifen bereits inkludiert und kann mit wenigen Mausklicks automatisch installiert werden. Open-Source-Systeme sind für technische Neulinge jedoch nicht unbedingt zu empfehlen, da sie zwar sehr flexibel sind, aber oft technische Kenntnisse voraussetzen.

WordPress als CMS-System habe ich Ihnen bereits vorgestellt. Für WordPress gibt es Shop-Plug-ins, mit denen Sie Ihr Informations-Portal um einen Webshop-Bereich erweitern können oder aber unter einer zusätzlichen Domain (*Ihr-Web-shop.de*) einen eigenen Webshop auf WordPress-Basis erstellen können.

Es gibt auch eine Vielzahl lizenzpflichtiger Shopsysteme wie Gambio, Magento oder xt:Commerce. Diese bieten teilweise kostenlose Basis-Versionen an. Gemäß den eingangs aufgelisteten Anforderungen stellen alle diese Anbieter eine Demo-Version ihrer Shop-Systeme zur Verfügung. Nutzen Sie diese, um sich ein Bild zu machen!

1. Führen Sie nun eine Google-Suche mit folgenden Suchphrasen durch:
   - *shopsoftware im vergleich*
   - *online-shop-systeme im vergleich*
   - *top 10 shopsysteme*

- *open source shopsysteme*
- *wordpress ecommerce deutsch*

2. Achten Sie darauf, dass die Information aktuell ist. Werfen Sie ein Auge auf das Veröffentlichungsdatum.

Ein Wort zu den Bezahlmöglichkeiten in Ihrem Onlineshop

Egal, für welches Shopsystem Sie sich letztendlich entscheiden: Achten Sie darauf, dass Sie damit in Ihrem Onlineshop möglichst viele Bezahlungsmöglichkeiten für Ihre Kunden bereitstellen können.

Folgende Bezahlungsmöglichkeiten sollten Sie auf jeden Fall in Ihrem Shop anbieten:

- Kreditkarte
- Rechnungskauf
- PayPal

Des Weiteren sind zu empfehlen:

- Sofortüberweisung
- Lastschrift

Und eventuell:

- Anzahlungskauf
- Ratenzahlung

Während in Share-it Zahlungsarten wie Kreditkarte, Überweisung und PayPal bereits enthalten sind, stellen andere Shop-Systeme noch keine Zahlungsabwicklung bereit. Diese muss dann über externe Payment-Anbieter eingebunden werden. Hier müssen Sie darauf achten, dass das Shop-System die Einbindung externer Payment-Anbieter ermöglicht, und dass Ihr bevorzugter Payment-Anbieter Ihr bevorzugtes Shop-System unterstützt. Auch hier verschafft eine ausführliche Google-Suche Antworten. Sollte diese nicht genügen, schreiben Sie direkt an den Support der einzelnen Shop-Systeme und Payment-Anbieter, die Sie in Betracht ziehen.

Zwei bekannte Payment-Anbieter sind beispielsweise:

https://masterpayment.com/de

https://www.micropayment.de/

Weiterführende Informationen zu Systemen für umfangreiche Online-Shops finden Sie im Online-Leserbereich unter http://insider.david-asen.de.

7.5 Professionelle E-Mail-Newsletter/ Autoresponder-Lösungen

Ein professionelles E-Mail-Newsletter/Autoresponder-System (kurz E/A-System) ist ein integraler Bestandteil eines professionellen Internet-Auftritts. Welche Anforderungen ein solches System erfüllen muss, habe ich bereits erwähnt. Folgenden entscheidenden Punkt möchte ich Ihnen aber noch unbedingt mitteilen:

7.5.1 Verwenden Sie immer den passenden Server

Leider wissen viele Webmaster nicht, dass man ein E/A-System nicht einfach so verwenden kann. Ein E/A-System ist ein Software-Script, das man erstens auf einem Server installieren muss, um es nutzen zu können, zweitens muss der Server je nach Script gewisse technische Standards erfüllen und drittens darf es keine Limits hinsichtlich des E-Mail-Versandvolumens geben. Bevor ich auf diese entscheidenden (!) Aspekte näher eingehe, möchte ich vorwegschicken: Die meisten E/A-Systeme kann man nicht nur kaufen, sondern auch mieten. Wenn Sie ein E/A-System mieten, müssen Sie sich um Server und technische Anforderungen keine Sorgen machen. Schließlich stellt bei Miete der Anbieter sicher, dass das System auf einem Server betrieben wird, der für das Script geeignet ist. Beim Kauf eines E/A-Systems müssen Sie hingegen selbst darauf achten, einen geeigneten Server für das Script zu finden. Was ist nun das große Problem? Warum sind nicht alle Server für E/A-Systeme geeignet?

Die meisten Server erlauben es nicht, dass man pro Tag mehr als maximal 300 E-Mails versendet. Damit ist *nicht* gemeint, dass Sie pro Tag maximal 300 *verschiedene* Nachrichten versenden dürfen. Nein! Wenn Sie eine Nachricht an einen Empfänger versenden, gilt das als eine Nachricht. Wenn Sie eine Nachricht an zehn Empfänger versenden, gilt das als zehn versendete Nachrichten. Sie sehen: Wenn Ihr Server maximal 300 versendete Nachrichten pro Tag erlaubt, können Sie auf diesem Server nur eine E-Mail-Liste mit maximal 300 Abonnenten betreiben. Das ist natürlich mehr als störend, wenn Sie eine professionelle E-Mail-Liste mit mehreren Tausend Abonnenten betreiben möchten.

Die Lösung: Installieren Sie das E/A-System Ihrer Wahl auf einem Server, der das Script nicht nur perfekt unterstützt, sondern es Ihnen auch erlaubt, uneingeschränkt viele E-Mails zu versenden. Informieren Sie sich zu diesem Zweck genau über die technischen Anforderungen Ihres E/A-Systems und leiten Sie diese an den Webhost, den Sie nutzen wollen, weiter. Lassen Sie sich vom Webhost Ihrer Wahl schriftlich bestätigen, dass seine Server alle Anforderungen des E/A-Systems erfüllen und es *keine* Limits hinsichtlich der Anzahl von zu versendenden E-Mails gibt. Kann ein Webhost diese Punkte nicht bestätigen, müssen Sie sich einen anderen Webhost suchen. Hier gibt es kein Drumherum. Natürlich können Sie ein E/A-System immer auch mieten. Dann können Sie sicher sein, dass alle Anforderungen erfüllt sind.

7.5.2 Mailresponder

Ich nutze dieses System selbst zur Verwaltung meiner E-Mail-Liste. Es erfüllt alle Anforderungen, die ich eingangs in diesem Buch an ein E/A-System gestellt habe, bravourös und funktioniert sehr zuverlässig. Sie können das Mailresponder-System sowohl mieten als auch kaufen. Einen Überblick über die Mietpreise finden Sie hier:

`http://mailresponder.de/follow-up-autoresponder-mieten.html`

Einen Überblick über die Kaufpreise finden Sie hier:

`http://mailresponder.de/follow-up-autoresponder-kaufen.html`

Auch wenn der Kaufpreis bei einmalig 399,90 Euro liegt, kommt es Ihnen auf Dauer weit billiger, das Mailresponder-System zu kaufen anstatt zu mieten. Warum? Die Mietversion kostet mindestens 14,95 Euro im Monat und verwaltet für diesen Preis maximal 2.500 Abonnenten. Für 14,90 Euro zusätzlich pro Monat können Sie Pakete zur Verwaltung von jeweils 10.000 weiteren Abonnenten erwerben. Sollten Sie also eine E-Mail-Liste haben, die mehr als 2.500 Abonnenten beinhaltet, müssten Sie bei der Mietversion bereits mindestens 29,85 Euro im Monat bezahlen. Im Jahr sind das 358,20 Euro, fast schon so viel, wie es kostet, das System zu kaufen. Nach 16 Monaten haben Sie den Kaufpreis samt Installationsservice durch Entfallen der Mietkosten schon wieder wettgemacht. Bei der Kaufversion können Sie zudem unbegrenzt viele Abonnenten verwalten.

Achtung, ein ganz wichtiger Faktor ist in obiger Berechnung noch nicht berücksichtigt: Wenn Sie das Mailresponder-System mieten, wird es automatisch auf einem geeigneten Server betrieben. Dieser kostet Sie nichts zusätzlich. Wenn Sie das System jedoch kaufen, müssen Sie es auf einem eigenen, geeigneten Server installieren und dieser kostet natürlich zusätzlich etwas. Gerade Server, die keine Limitierung beim Versand von E-Mails haben, können sehr teuer werden. Wenn Sie also feststellen, dass Sie für einen Server, über den Sie unlimitiert viele E-Mails versenden können, 30 Euro im Monat zahlen müssen, macht es keinen Sinn, wenn Sie das Mailresponder-System kaufen. Dann können Sie es gleich mieten, zahlen für die Verwaltung von bis zu 12.500 Abonnenten 29,85 Euro und haben im Preis schon einen geeigneten Server inkludiert. In diesem Fall kommt

Sie das Mieten also sogar wesentlich billiger. Haben Sie allerdings 30.000 bis 40.000 Abonnenten in Ihrem E-Mail-Newsletter, würden Sie bei Miete schon 74,55 Euro im Monat zahlen. In diesem Fall macht es wiederum Sinn, sich das System zu kaufen und die 30 Euro zusätzlich pro Monat in einen geeigneten eigenen Server zu investieren.

Letztendlich müssen Sie sich ansehen, wie viel ein System im Kauf oder in Miete kostet, wie viel ein geeigneter Server pro Monat kostet und wie viele Abonnenten Sie zu verwalten haben. Wenn Sie diese Faktoren kennen, müssen Sie das Ganze nur noch nüchtern durchrechnen, um zu sehen, welche Variante Sie am günstigsten kommt. Ich hoffe, obige Berechnungen dienen Ihnen als hilfreiche Grundlage.

Produktseite: `http://mailresponder.de/`

Auflistung aller Leistungen und Funktionen:
`http://mailresponder.de/eigenschaften.html`

Einen Überblick über die Mietpreise finden Sie hier:
`http://mailresponder.de/follow-up-autoresponder-mieten.html`

Einen Überblick über die Kaufpreise finden Sie hier:
`http://mailresponder.de/follow-up-autoresponder-kaufen.html`

14-tägiger Gratistest:
`http://mailresponder.de/follow-up-autoresponder-testen.html`

7.5.3 Mailchimp

Obwohl es auf den ersten Blick etwas ulkig wirkt, ist Mailchimp eines der bekanntesten E/A-Systeme weltweit. Die Benutzeroberfläche dieses Systems gibt es nur in englischer Sprache, das System selbst eignet sich aber zu 100 Prozent, um es für einen deutschen Newsletter-Verteiler zu verwenden. Alle Standardtexte können in deutscher Sprache angepasst werden.

Einer der scheinbar großen Vorteile von Mailchimp ist, dass es kostenlos ist. Allerdings nur, wenn Sie nicht mehr als 2.500 Abonnenten in Ihrem System verwalten und nicht mehr als 12.000 E-Mails pro Monat versenden. Pro Monat können Sie also 4 Aussendungen an alle 2.500 Abonnenten versenden (das würde 10.000 versendete E-Mails bedeuten). Zudem bekommen Sie ein Werbebanner in die Fußzeile jeder E-Mail gepackt. Auch ganz wichtig: In der kostenlosen Version können Sie keine Autoresponder-Kampagnen einrichten beziehungsweise verwenden. Die kostenlose Version von Mailchimp erfüllt somit nicht die Anforderungen an ein E/A-System, die ich eingangs in diesem Buch stelle.

Wenn Sie das Werbebanner vermeiden, mehr als 2.500 Abonnenten verwalten und Autoresponder einrichten möchten, müssen Sie auf einen der kostenpflichtigen Tarife von Mailchimp zurückgreifen. Mit diesen Tarifen erhalten Sie dann ein vollwertiges E/A-System, das den in diesem Buch gestellten Anforderungen genügt. Der Preis für das kostenpflichtige und somit vollwertige Angebot von Mailchimp beginnt bei 7,59 Euro pro Monat für 500 Abonnenten (der Unterschied zur Free-Version ist hier, dass Sie unbegrenzt viele E-Mails versenden können, keine Werbebanner am Ende der E-Mail haben und zudem Autoresponder einrichten können) und liegt für die Verwaltung von bis zu 5.000 Abonnenten schon bei 37,93 Euro. Um 10.000 Abonnenten verwalten zu können, müssen Sie bereits 56,89 Euro hinblättern.

Im Vergleich kommt das Mailresponder-System wesentlich günstiger. Damit können Sie für 29,85 Euro im Monat bereits 12.500 Abonnenten verwalten und erhalten natürlich alle Funktionen, die ein professionelles E/A-System bieten soll.

Im Folgenden noch ein paar hilfreiche Links zu Mailchimp:

Produktseite: `http://mailchimp.com/`

Auflistung aller Leistungen und Funktionen:
`http://mailchimp.com/features/`

Überblick über die Preise: `http://mailchimp.com/pricing/`

Vergleich des Funktionsumfangs der kostenlosen und kostenpflichtigen Version:
`http://mailchimp.com/pricing/free/`

7.5.4 Flatrate Newsletter

Bei dem Flatrate Newsletter handelt es sich um ein sehr gutes E/A-System, das ich persönlich zwar noch nicht ausprobiert habe, mir aber von einem befreundeten Internet-Marketer, der absoluter Experte im Bereich E-Mail-Marketing ist, kürzlich wärmstens empfohlen wurde.

Auch dieses System erfüllt alle Anforderungen, die ich in diesem Buch an ein E/A-System stelle, und ist recht preiswert. Das Flatrate-Newsletter-System bietet alle Funktionen, die auch das von mir verwendete Mailresponder-System bietet. Im Grundpaket, das bei zwölfmonatiger Bindung 29,63 Euro pro Monat kostet, ist bereits die Verwaltung von 10.000 Abonnenten inkludiert. Hinsichtlich Funktionsumfang und Preis ist der Flatrate Newsletter dem Mailresponder-System sehr ähnlich.

Im Folgenden noch ein paar hilfreiche Links zum Flatrate-Newsletter-System:

Produktseite: `http://www.flatrate-newsletter.de/`

Auflistung aller Leistungen und Funktionen:
`http://www.flatrate-newsletter.de/leistungen-features`

Überblick über die Preise: `http://www.flatrate-newsletter.de/preise`

14-tägiger Gratistest: `http://www.flatrate-newsletter.de/#gratistest`

7.6 Analyse-Tools

Wenn Ihre Website erst einmal läuft und viele neue Besucher generiert, wird es Zeit, dass Sie mit der Analyse Ihrer Besucherströme beginnen. Mit einem guten Analyseprogramm können Sie genau feststellen, über welche Kanäle ein Besucher auf Ihre Website gestoßen ist und welchen Weg er auf Ihrer Website geht, bis er schließlich Ihr Angebot in Anspruch nimmt. Gute Analyse-Tools machen hierbei keinen Unterschied, ob der Leser gleich beim ersten Besuch Ihrer Website Ihr Angebot in Anspruch nimmt oder beispielsweise über 30 Tage hinweg immer wieder einmal Ihre Website besucht, bis er schließlich ein Produkt kauft oder Kontakt zu Ihnen aufnimmt.

Spätestens ab 100 Besuchern pro Tag sollten Sie mit der grundlegenden Analyse Ihrer Besucherströme beginnen und diese Analyse immer weiter ausbauen und vertiefen, je mehr Besucher Sie erhalten. Kein Medium ist für Analysen so gut geeignet wie das Internet – hier können Sie kleinste Schwachstellen beheben, interessanteste Zusammenhänge erkennen und so detailliert wie sonst nirgendwo das Verhalten Ihrer Besucher analysieren und deren Entscheidungen nachverfolgen. Wenn Sie Ihre Besucherströme professionell analysieren, können Sie die Profitabilität und den Umsatz Ihrer Website vervielfachen. Dieser Punkt ist nicht zu unterschätzen. Hier geht es um viel Geld.

In diesem Zusammenhang möchte ich Ihnen Google Analytics vorstellen. Dies ist ein kraftvolles Analyse-Tool für Websites, das professionellen Ansprüchen gerecht wird. Sie können es kostenlos nutzen und leicht in die eigene Website einbinden. Es gibt Foren, in denen Sie Ideen, Probleme und Anliegen mit anderen Nutzern diskutieren können, es gibt allerdings keinen offiziellen Support. Daher empfehle ich Ihnen stark, sich mit Hilfe von Fachliteratur in Google Analytics einzulesen. Das System bietet extrem viele Möglichkeiten und ist dementsprechend komplex.

Produktseite: `http://www.google.com/analytics/`

Mir ist es ein Anliegen, dass ich Ihnen in diesem Buch hochwertige Lösungen für die Realisierung Ihrer Webpräsenz vorstelle. Um diesen Eindruck nicht infrage zu stellen, habe ich darauf verzichtet, die Links zu den hier vorgestellten Systemen als Affiliate-Links zu gestalten. Ich verdiene keinen Cent damit, dass ich in diesem Buch diese Systeme vorstelle. Weder wurde ich dafür bezahlt noch erhalte ich Provisionen, wenn Sie eines dieser Systeme für Ihre Zwecke erwerben.

Kapitel 8

Online-Leserbereich

Herzliche Gratulation! Sie haben durchgehalten :)

Ich hoffe, Ihnen mit diesem Buch ein solides und umfassendes Verständnis vermittelt zu haben, wie man sich als Selbstständiger erfolgreich im Internet positionieren kann, um neue Kundenschichten zu erschließen und den Umsatz des eigenen Unternehmens massiv zu erhöhen. Wie Sie spätestens jetzt wissen, bietet das Internet wirklich unglaubliche Möglichkeiten, Ihr Geschäft effektiv auszubauen und wahrscheinlich scharren Sie schon in den Startlöchern, um sofort mit der Umsetzung der hier präsentierten Strategien und Anleitungen zu beginnen.

Um Sie bei der Umsetzung Ihres Internet-Geschäfts bestmöglich zu unterstützen, habe ich zu diesem Buch einen Online-Leserbereich eingerichtet, in dem Sie viele weiterführende Infos finden. Wenn irgendwie möglich, habe ich es in diesem Buch vermieden, spezifische technische Anleitungen und Angaben zu machen, da diese meist von heute auf morgen nicht mehr aktuell sind. Im Online-Lesebereich kann ich genau solche Informationen aber problemlos auf dem neuesten Stand halten. Daher finden Sie dort auch ganz konkrete Anleitungen beispielsweise zu technischen Aspekten, die ich in diesem Buch ausspare.

Doch nicht nur technische Details können Sie im Online-Lesebereich einsehen. Ich habe dort auch viele interessante Infos zu weiteren Themen zusammengestellt:

- Rechtliche Aspekte (Muster für Website-Impressen, Gewerbeinformationen, Links zu Websites zum Thema Online-Recht)
- Weitere hilfreiche Systeme (Tests und Vergleiche von Shop-Lösungen, CMS-Systemen etc.)
- Social-Marketing (Tipps zur Arbeit mit Facebook, Twitter, Youtube und vielen weiteren Social-Diensten)
- Ressourcen und Infos zur Nutzung von Wordpress (Praktische Tipps, Links zu guten Templates und Plug-Ins)
- Listen hochwertiger Webkataloge und Artikelverzeichnisse (zur Generierung eingehender Links für Ihre Website)

- Empfehlungen zu weiterführender Literatur, die ich selbst verwende

- Suchmaschinenoptimierung

- Anleitungen zur Implementierung von Google Analytics

- Tipps zur Website-Analyse

- Affiliate-Marketing

- AdSense

- Fachwissen zu spezifischen Aspekten des Online-Marketings

Betrachten Sie den Online-Leserbereich als die dynamische Weiterführung dieses Buches. Ich weiß, dass der Teufel oft im Detail liegt. Wenn Sie also bei der Umsetzung der in diesem Buch beschriebenen Strategien mal nicht mehr weiter wissen, schauen Sie im Online-Leserbereich nach. Sie werden dort mit großer Wahrscheinlichkeit Antworten auf Ihre Fragen finden.

Den Online-Leserbereich finden Sie unter:

`http://insider.david-asen.de/`

Es war mir eine Freude, Sie ein Stück auf Ihrem Weg zum eigenen erfolgreichen Internet-Geschäft begleiten zu dürfen und hoffe, dass Sie Ihr Geschäft mit Hilfe des Internets nun höchst gewinnbringend ausbauen können. Alles Gute, viel Gewinn und zufriedene Kunden!

Ihr
David Asen

Glossar

Browser: Auch Web-Browser genannt. Ein Browser ist ein Computerprogramm, mit dem Sie Websites aus dem Internet ansehen können. Sprich: Sie können damit im Internet surfen. Die vier bekanntesten sind Internet Explorer, Firefox, Google Chrome und Apples Safari. Wenn Sie auf der Suche nach einem sicheren Browser sind, da Sie Angst haben, dass sich Ihr Computer im Internet einen Virus, Spyware oder Ähnliches einfängt, kann ich Ihnen Firefox empfehlen.

CPC: Die Abkürzung für Cost per Click, zu Deutsch: Kosten pro Klick. Hierbei handelt es sich um eine Kennzahl, die angibt, wie viel Sie als Werbetreibender an den Inhaber einer anderen Website zahlen müssen, wenn jemand dort auf Ihre Anzeige klickt und somit auf Ihre Website gelangt. Schalten Sie beispielsweise auf Google eine Werbeanzeige für ein gefragtes Keyword, kann es sein, dass Sie mehrere Euro pro Klick an Google zahlen müssen. Für weniger gefragte Keywords sind Preise um die 50 Cent normal. Wenn Sie im Internet Werbung betreiben, müssen Sie stets durchrechnen, ob es sich das Schalten von Werbung lohnt.

CSS: Die Abkürzung für Cascading Style Sheets. Das ist eine Befehlssprache, die verwendet wird, um für Websites unabhängig vom Inhalt ein einheitliches Design zu gestalten. Mit CSS kann man Inhalt und Design klar trennen und eines unabhängig vom anderen verwalten.

Domain: Eine Domain ist die Adresse, über die Ihr Internetauftritt erreichbar ist. Zum Beispiel: *http://IhreDomain.com*. Eine Domain meldet man über einen Domain-Registranten oder Webhost an.

Es gibt Domains mit internationalen Endungen wie *.com*, *.org*, *.net* und geografischen Endungen wie *.de*, *.at*, *.ch* (für Deutschland, Österreich, Schweiz).

Durchklickrate: Diese wird auch als **Clickthroughrate** bezeichnet und gibt an, wie viel Prozent der Besucher einer Seite auf einen bestimmten Link klicken. Wenn Sie ein Infoportal betreiben, wollen Sie beispielsweise, dass viele Besucher auf die im Text eingearbeiteten Links zu Ihren Produkten und Dienstleistungen klicken. Eine sehr gute Durchklickrate von 20% gibt an, dass Sie es schaffen, von 100 Besuchern Ihres Infoportals, 20 zu Ihrem kommerziellen Angebot zu leiten.

E-Commerce: Dieser Begriff bezeichnet alle Formen des elektronischen Handels, wie sie heutzutage im Internet schon weit verbreitet sind. Alle Unternehmen, die durch Web-Shops Umsätze über das Internet machen, sind somit vollständig oder teilweise E-Commerce-Unternehmen.

E-Mail: Bedeutet elektronische Post. Mit einem geeigneten Computerprogramm (zum Beispiel Outlook Express,

Windows Mail) können Sie über das Internet Nachrichten in Sekundenschnelle versenden und empfangen. Zum Empfangen brauchen Sie eine eigene E-Mail-Adresse, zum Versenden die des Empfängers. Eine E-Mail-Adresse kann zum Beispiel so aussehen: *Ihr-Name@IhrWebhost.com*.

HTML: HTML ist die grundlegende Programmiersprache des Internets. Wohl 90 Prozent aller Websites werden in HTML geschrieben. Aufgrund der Eingeschränktheit von HTML verwenden viele professionelle Programmierer heutzutage zusätzlich Programmiersprachen wie PHP.

Anstatt HTML zu lernen, empfehle ich Ihnen jedoch, sich lieber darauf zu konzentrieren, ein gewinnbringendes Internet-Geschäft aufzubauen. Mit guten CMS-Systemen wie WordPress können Sie ohne jegliche HTML-Kenntnisse sehr leicht eine professionelle und vor allem erfolgreiche Website erstellen.

IP-Adresse: Eine typische IP-Adresse sieht zum Beispiel folgendermaßen aus: *72.14.207.104*

Doch was hat es mit dieser Zahlenkombination auf sich?

Die IP-Adresse ist die eigentliche Adresse Ihres Internetauftritts. Doch da es für Ihr Marketing nicht sehr angenehm wäre, wenn Sie auf Ihren Briefbögen und Visitenkarten eine solche Nummer als Ihre Website angeben müssten, gibt es die bereits erwähnten Domains. Diese werden quasi über die IP-Adresse gelegt und so wird aus einer unmerkbaren IP-Adresse wie zum Beispiel *72.14.207.104* plötzlich die schicke und einprägsame Domain: `http://Ihre-Domain.com`.

Konversionsrate: Diese wird auch als Conversionrate bezeichnet und gibt an, wie viele Besucher Ihres Webshops letztendlich einen Kauf abschließen. Im Gegensatz zur Durchklickrate wird hier also nicht gemessen, wie viele Besucher zu Ihrem Webshop weiterklicken, sondern wie viele Besucher, die schon in Ihrem Webshop sind, letztendlich kaufen. Marktüblich sind Werte zwischen 0,5 bis 5%, wobei 5% schon durchaus gut ist. Die Konversionsrate findet natürlich auch Anwendung, wenn Sie eine Werbemail ausschicken und festhalten wollen, wie viel Prozent der Leser einen Kauf abgeschlossen haben. Wie auch die Durchklickrate ist die Konversionsrate eine wichtige Kennzahl zur Messung der Leistung Ihrer Marketing-Bemühungen.

Link: Ein Link (engl. für Verbindung) ist ein Verweis beziehungsweise eine Verknüpfung zu einer Seite der gleichen Website, zu einer anderen Website oder sonstigen Datei im Internet.

Metatags: Eine Website besteht aus mehreren Seiten oder Pages. Jede dieser Pages kann mit Metatags ausgestattet werden. Metatags sind nichts anderes als eine kurze Beschreibung des Inhalts der Page. Metatags werden gegliedert in: Title (Titel), Description (Beschreibung) und Keywords (Schlüsselwörter). Metatags sind für die Suchmaschinen wichtig. Sie erklären den Suchmaschinen, worum es in einer Page geht. Für eine erfolgreiche Platzierung in den Suchmaschinen ist es extrem wichtig, die Metatags effektiv zu optimieren. Sind Ihre Metatags gemäß ganz genauen Richtlinien für bestimmte Suchbegriffe optimiert, haben Sie bessere Chancen auf eine Topplatzierung in den Suchmaschinen.

PageRank™: Dies ist eine Technologie, die von der Suchmaschine Google entwickelt wurde, um die Qualität einer Website zu messen. Diese Technologie arbeitet mit vielen Parametern und beobachtet so zum Beispiel, wie lange sich Besucher auf Ihrer Website aufhalten, wie viele Seiten Ihrer Website sie sich ansehen, wie viele andere Websites auf Ihre Website verweisen und vieles mehr.

Pages: Seiten oder Pages sind die kleinste Einheit einer Website. Eine jede Page ist eine eigene Datei, die über Links mit den anderen Pages einer Website verbunden ist.

Server: Ein Server ist ein Computer, der ständig mit dem Internet verbunden ist. Auf diese Weise können alle Websites und sonstigen Dateien, die sich auf diesem Server befinden, rund um die Uhr über das Internet abgerufen werden.

Small-Business: Dieser Begriff bezeichnet alle kleinen und mittleren Unternehmen, die das Internet wirtschaftlich nutzen. Small-Business-Unternehmen erwirtschaften große Gewinne, indem sie sich auf ganz besondere Marktnischen spezialisieren.

Spam: Mit diesem Begriff bezeichnet man im weitesten Sinne alle unverlangten, massenhaften und meist strafba-

ren Versendungen von Inhalten über das Internet oder E-Mail. Obwohl **Spamming** im Internet überall vorkommt, wo es nur möglich ist, kennt man dieses Problem vor allem von den unerwünschten Werbe-E-Mails, die massenweise in die Posteingänge flattern. Versender von Spam werden als Spammer bezeichnet.

Suchmaschinen-Optimierung: Suchmaschinen-Optimierung bedeutet, Ihre Website so aufzubereiten, dass sie von den Suchmaschinen gut verstanden wird und deren Aufnahmerichtlinien entspricht. Leider verstehen viele Webdesigner Suchmaschinen-Optimierung noch immer als den Versuch, die Suchmaschinen auszutricksen, und arbeiten so gegen die Suchmaschinen anstatt mit ihnen.

Surfen: Sobald man sich vor einen Computer setzt und dort den Browser öffnet, um sich Internet-Seiten anzusehen, nennt man dies »im Internet surfen«.

URL: Eine URL ist die genaue Adresse einer Datei im Internet. Die URL geben Sie in das Adress-Feld Ihres Browsers ein. Auf diese Weise gelangen Sie zu der gewünschten Website. Ein Beispiel für eine URL ist: `http://www.webde-sign-und-marketing.com/index.html`.

Jede URL setzt sich zusammen aus:
1. dem Protokoll (*http://*)

2. der Domain (*www.webdesign-und-marketing.com*)

3. und der Ziel-Datei (*index.html*).

In manchen Fällen kann man die Ziel-Datei in der URL weglassen. Das ist dann der Fall, wenn Sie direkt zur Index-page einer Domain wollen. Wollen Sie beispielsweise zur Page `http://www.webdesign-und-marketing.com/index.html`, genügt es, wenn Sie einfach `http://www.webdesign-und-marketing.com` ohne *index.html* in Ihren Browser eingeben.

Die Abkürzung »URL« steht für Uniform Resource Locator.

Webdesign: Im eigentlichen Sinne bedeutet Webdesign die bloße grafische Gestaltung eines Internetauftritts. Oft versteht man darunter aber auch die komplette Gestaltung einer Website samt Inhalten und Strukturierung. Gutes Webdesign zeichnet sich dadurch aus, dass es dezent im Hintergrund bleibt und die Inhalte der Website in den Vordergrund rückt. Die Besucher Ihrer Website interessiert es nicht, ob Ihre Website einen Design-Preis gewonnen hat. Sie wollen gute Informationen. Webdesign sollte deshalb immer schlicht und einfach sein, den Inhalt in den Vordergrund rücken und eine gute und verständliche Navigation beinhalten.

Webhost: Ein Webhost ist ein Server, sprich ein Computer, der ständig mit dem Internet verbunden ist. Damit andere Leute Ihre Website über das Internet ansehen können, ist es notwendig, dass Sie Ihre Website auf einen Webhost hochladen beziehungsweise installieren.

Website: Unter einer Website versteht man den gesamten Internetauftritt einer Person oder Firma mit all seinen Teilbereichen und einzelnen Seiten. Eine Website gliedert sich meistens in die Hauptseite (Homepage) und in Unterseiten. Die Seiten einer Website werden auch gerne Pages (engl. für Seiten) genannt.

Webspace: Ein Webspace ist ein Speicherplatz für Ihre Website, den Ihnen ein Webhost zur Verfügung stellt. Es gibt Gratis-Webspace, auf die Sie Ihre Website kostenlos hochladen können. Allerdings wird dann vom Webspace-Anbieter meistens störende Werbung auf Ihrer Website angezeigt. Für ein professionelles Internet-Business empfiehlt sich ein professioneller Webspace-Anbieter (sprich Webhost).

Index

Jessica Livingston

Founders at Work

**Die Anfänge erfolgreicher IT-Startups
33 Pioniere im Gespräch**

■ **33 Interviews mit erfolgreichen
IT-Startup-Gründern**

■ **Erfahrungsberichte aus der
Entstehungsphase namhafter
Unternehmen**

■ **Einstiegstipps für künftige
Unternehmer**

Die meisten Startups basieren auf scheinbar verrückten Ideen. Doch in manchen Fällen entsteht daraus tatsächlich ein großes,
erfolgreiches Unternehmen. Entscheidend ist
hierbei oft das erste Jahr. Wer es nicht selbst
durchlebt hat, wird überrascht sein, welche
Unwegsamkeiten sich in dieser Frühphase
eines Startups ergeben können.

Durch diese einzigartige Sammlung von
Interviews, die 2008 mit erfolgreichen Unter-
nehmensgründern geführt wurden, erfährt
der Leser aus erster Hand, was sich hinter
den Kulissen dieser Welt abspielt: Was hätte man besser früher wissen sollen? Welche
Rolle spielt der Faktor Glück? Wann hätten die
Akteure die Brocken am liebsten hingewor-
fen und warum haben sie es letztendlich doch
nicht getan? Welche Ratschläge können sie
anderen potenziellen Firmengründern geben?

Wenn Sie selber ein Startup gründen oder für
eines tätig werden möchten, gewährt Ihnen
dieses Buch wertvolle Einblicke in Unternehmen, die sich bereits erfolgreich etabliert
haben. Die hier dargestellten Schilderungen
von Begebenheiten, die sich insbesondere in
den Anfängen dieser Unternehmen zugetra-
gen haben, vermitteln dem an der Existenzgründung und am Geschäftsleben allgemein
interessierten Leser darüber hinaus Erkenntnisse, die zweifellos auch zur Verbesserung
der Produktivität im eigenen Berufsleben
beitragen können.

Probekapitel und Infos erhalten Sie unter:
www.mitp.de/9109

ISBN 978-3-8266-9109-6

Alexander Beck

Google AdWords

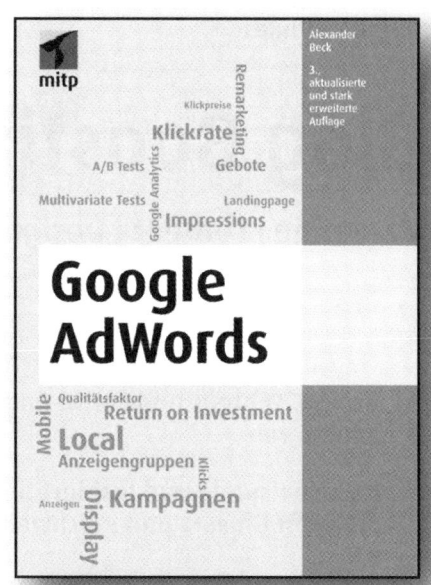

- **Effektiver Aufbau Ihrer Kampagnen und Anzeigengruppen**

- **Erfolgreiche Keywords, Anzeigentexte und Landingpages**

- **Auswertung, Optimierung und Professionalisierung Ihrer Kampagnen**

3., aktualisierte und stark erweiterte Auflage

Sie präsentieren sich im Internet mit einer eigenen Website und wollen von potentiellen Kunden gefunden werden? Sie wagen sich erstmalig an Google AdWords? Sie sind mit Ihren bereits laufenden Kampagnen unzufrieden? Sie wollen endlich alle Möglichkeiten kennen, beurteilen und einsetzen?

In diesem Buch lernen Sie umfassend alle Aspekte von AdWords kennen. Sie erfahren, wie Sie Kampagnen professionell erstellen und betreuen; wie Sie die neuesten Funktionen und Tools einsetzen, um den größten Erfolg aus Ihren Kampagnen herauszuholen; wie Sie AdWords gezielt optimieren, um Ihre Leistungsdaten und Gewinne zu steigern.

Über den Autor:
Alexander Beck ist Partner bei der e-dialog KG in Wien und verantwortlich für die Bereiche Search und Conversion-Optimierung. Er betreut Kunden im gesamten deutschsprachigen Raum. Darüber hinaus hält er Vorträge und Seminare zum Thema Online-Marketing.

Stimmen zum Buch:
»Alexander Beck weiß, wovon er spricht. Er ist einer der wenigen echten Experten, die auch in der Lage sind, ihr Wissen gut aufbereitet verständlich mit anderen zu teilen. Google AdWords ist mittlerweile wirklich sehr komplex geworden und Beck hat die richtige Mischung sowohl für Einsteiger, als auch für Fortgeschrittene parat. Nach der Lektüre dieses Buches wissen Sie, wie man Kampagnen strategisch plant,

erfolgreich umsetzt und dabei auch noch eine Menge Geld sparen kann.«
Prof. Dr. Mario Fischer, Autor und Herausgeber von Website Boosting

»Zum Thema Google-Marketing gibt es für mich genau ein Standardwerk: dieses Buch. Mit dem Adwords Learning Center kann man die Prüfung bestehen... mit diesem Buch wird man ein Professional. Zur Steuerung von Teams und Agenturen oder als Handbuch für das daily business die Pflichtlektüre im deutschsprachigen Raum.«
Alexander Nemet, Search & Int. Marketing, ImmobilienScout GmbH

»Beck gelingt es, ein Buch sowohl für Einsteiger als auch für Fortgeschrittene und Profis zu schreiben. Zahlreiche Beispiele, Tipps und Tricks decken das gesamte AdWords-Spektrum ab. Absolute Kaufempfehlung für alle, die ihre AdWords professionell und erfolgreich betreiben wollen.«
Marcus Tober, Geschäftsführer, Searchmetrics GmbH

»Dieses Buch ist Pflicht für jeden Marketer, der sein Budget ziel- und erfolgsorientiert einsetzen möchte. Eine einfache Anleitung für den professionellen Einsatz von Suchmaschinen-Marketing, die sich in Kürze ausbezahlt.«
Marco Hassler, Autor des Buches Web Analytics

Probekapitel und Infos erhalten Sie unter:
www.mitp.de/9113

ISBN 978-3-8266-9113-3

Michael Firnkes

Blog Boosting

Marketing | Content | Design | SEO

- **Design, Content und Marketing optimieren**
- **Praxisbeispiele und Insidertipps für mehr Umsatz und Reichweite**
- **Die Dos und Dont's der Blogosphäre**

Bloggen ist im deutschsprachigen Raum längst kein Nischenthema mehr. Auch hierzulande entsteht mehr und mehr die Möglichkeit, mit Weblogs haupt- oder nebenberuflich Geld zu verdienen. Vom privaten Fotoblog bis hin zum umfassenden Online-Portal oder Corporate Blog – jeder Blogger erhofft sich mehr Leser, größere Reichweite, höhere Einnahmen und die Verbreitung seines Themas. Ein professionelles Blog-Marketing wird deshalb immer wichtiger.

In diesem praktischen Ratgeber finden Sie hilfreiche Tipps zum Aufbau und zur Optimierung Ihres Blogs. Autor Michael Firnkes erklärt spezielle Blog-Marketingmaßnahmen, Suchmaschinenoptimierung für Blogs, die Verwendung nützlicher Addons und Plugins und den Einsatz von PR, Eigenwerbung und Kooperationen. So erreichen Sie in Zukunft noch mehr Leser.

Teilweise können Sie schon mit kleinen Veränderungen große Wirkung erzielen. Wussten Sie zum Beispiel, dass ein einfaches Plugin mit Verweisen auf ähnliche Artikel die Besuchszeit auf Ihrem Blog um 60% erhöhen kann? Oder dass die regelmäßige Überprüfung Ihrer alten Affiliate-Texte Ihre Einnahmen um 40% steigern kann?

Alle Maßnahmen sind vielfach praxiserprobt, leicht nachvollziehbar und stammen aus der sechsjährigen Erfahrung des Autors als ProBlogger. Zahlreiche Best-Practice-Ansätze, hilfreiche Insider-Tipps und ein Handlungsplan zur konkreten Umsetzung der Maßnahmen runden dieses Handbuch ab.

Über den Autor:
Nach journalistischer Tätigkeit und diversen Aufgaben im Bereich Marketing bei einem der größten deutschen Internetportale bloggt der Informatiker und Autor Michael Firnkes nun seit sechs Jahren – inzwischen hauptberuflich. Unter www.blogprofis. de gibt er wertvolle Tipps zum professionellen Bloggen.

Probekapitel und Infos erhalten Sie unter:
www.mitp.de/9238

ISBN 978-3-8266-9238-3

Mathias Kempowski

Facebook-Commerce

**Erfolgreich auf Facebook verkaufen:
Marketing, Shops, Strategien,
Monitoring**

- **Facebook-Marketing: Fans gewinnen,
  Gruppen aufbauen, Fanpage bewerben**

- **Produkte verkaufen: Strategien und
  Lösungen für Facebook-Shops**

- **Mit vielen praktischen Beispielen und
  zahlreichen Tipps zu Tools und Dienst-
  leistern**

Social-Media-Marketing machen alle – es wird Zeit für Social-Commerce! Viele Nutzer sind mindestens einmal am Tag auf Facebook oder mit ihren Smartphones ununterbrochen online — das sind nicht nur potenzielle Fans, sondern auch potenzielle Kunden.

Mathias Kempowski erklärt Ihnen zunächst die Grundlagen des Facebook-Marketings: Was macht eine gute Unternehmensseite aus? Wie gewinnen Sie echte Fans? Und wie können Sie sich z.B. durch Gruppen eine zusätzliche Community aufbauen?

Danach geht er einen Schritt weiter – denn das Ziel aller Mühen soll am Ende der Verkauf Ihrer Produkte und Dienstleistungen sein. Anhand praktischer Beispiele erfahren Sie, wie ein erfolgreicher Facebook-Shop aufgebaut ist, wie Sie ihn

mit iFrames individualisieren und aus welchen Shop-Lösungen Sie wählen können.

Darüber hinaus lernen Sie, wie Sie unter anderem Facebook-Apps, Affiliate-Marketing und Newsletter einsetzen können, um Ihren Gewinn zu steigern.

Ein Kapitel zum Facebook-Monitoring und Hinweise zu rechtlichen Fallstricken runden das Buch ab.

Über den Autor:
Mathias Kempowski unterstützt Unternehmen beim Aufbau und der Vermarktung eigener Firmenblogs und Unternehmensseiten auf Facebook. Als Blogger gibt er Tipps zu Themen wie Existenzgründung und Selbstständigkeit.

Probekapitel und Infos erhalten Sie unter:
www.mitp.de/9295

ISBN 978-3-8266-9295-6

Sabrina Kirnapci

Erfolgreiche Webtexte

Online-Shops und Webseiten inhaltlich optimieren

- ■ Optischer und inhaltlicher Aufbau von Webtexten
- ■ Ansprache der Zielgruppe
- ■ Keywords für die Suchmaschinenoptimierung

Webtexte dienen der Suchmaschinenoptimierung, Kundengewinnung, Benutzerführung, Verkaufsförderung und Kundenbindung. Sie sind neben aussagekräftigen Bildern das wichtigste verkaufsfördernde Werkzeug einer kommerziellen Webseite oder eines Online-Shops.

Erfolgreiche Webtexte sind auf das Leseverhalten im Internet abgestimmt. Sie enthalten relevante Suchbegriffe, damit die Webseite von den Suchmaschinen richtig in den Index eingeordnet und bei entsprechenden Suchanfragen gelistet wird. Auch eine auf Produkt und Zielgruppe abgestimmte Tonalität ist ein wichtiger Erfolgsfaktor.

In diesem Ratgeber erhalten Sie Tipps zum optischen und inhaltlichen Aufbau erfolgreicher Webtexte und lernen, wie Sie den Leser gezielt ansprechen. Die Basistexte der Webseite sind ebenso ein Thema wie Pressemitteilungen fürs Web, Blogtexte und Meldungen in den sozialen Netzwerken. Shopbetreiber erfahren, wie sie

mit Kategorietexten und Produktbeschreibungen den Umsatz ankurbeln können. Sie erhalten Tipps zur Suchmaschinenoptimierung und zum Linkaufbau und erfahren, worauf sie beim Kauf von Webtexten achten sollten. Texter profitieren von der Zusammenstellung kostenloser Texter-Tools und nützlicher Formeln.

Mit diesem praktischen Handbuch erlernen Sie die Grundlagen zum Schreiben eigener erfolgreicher Webtexte.

Über die Autorin:

Sabrina Kirnapci ist freie Hörfunk-Redakteurin, war in PR-Abteilungen mittelständischer Unternehmen festangestellt und arbeitete als freie Texterin für Werbe- und SEO-Agenturen. 2007 gründete sie die Textagentur Ki-Worte, die 2010 in shoptexte.de umbenannt wurde. Als Expertin für Webtexte und Shoptexte hat sie bereits diverse Fachartikel zu den Themen »Redaktionelle Suchmaschinenoptimierung«, »Online-Marketing« und »Online-PR« veröffentlicht.

Probekapitel und Infos erhalten Sie unter:
www.mitp.de/9084

ISBN 978-3-8266-9084-6